单壁篱架

双壁篱架

地膜覆盖

地膜覆盖

整地起垄

起垄栽培

高宽垂T形架

生草栽培

双十字V形露地栽培

澧县刺葡萄

湘酿1号（王先荣）

紫秋刺葡萄

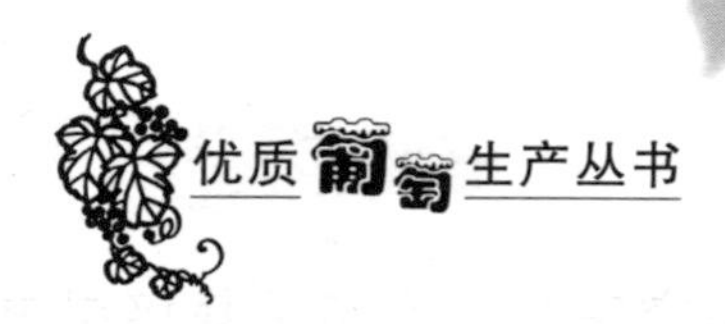

南方葡萄优质高效栽培新技术集成

石雪晖　杨国顺　金　燕　主编

中国农业出版社

编　者

国家葡萄产业技术体系栽培研究室华中西南区栽培岗位
湖南省葡萄工程技术研究中心

主　编　石雪晖　杨国顺
金　燕

编写人员（按姓名笔画排序）
王先荣　王美军
石雪晖　白　描
刘昆玉　杨国顺
金　燕　钟晓红
姚　磊　徐　丰
倪建军

前　言

葡萄味美可口、营养丰富，是深受人们喜爱的水果，在国内外市场上具有广阔的前景。葡萄在世界水果生产中占有重要地位，2011 年世界葡萄种植面积为 708.6 万 hm^2，在世界水果种植面积中排名第一。2012 年我国葡萄栽培总面积达 66.5 万 hm^2，葡萄产量为 1 054 万 t，葡萄酒产量 138.2 万 t，其中鲜食葡萄栽培面积和产量已连续多年雄居世界首位，葡萄生产已成为我国果树产业的重要组成部分，同时也是各地促进农民增收致富的重要产业之一。农业部启动国家葡萄产业技术体系之后，全国各地的葡萄产业正在稳步、有序地发展。

我国南方地区是改革开放以来发展最快的葡萄产区，目前，南方葡萄栽培面积与产量分别占全国总面积和总产量的 23%和 22%左右。随着我国农业产业结构的调整，包括葡萄产业在内的果品业在农村经济中的地位愈来愈重要。我国也面临着与世界葡萄商品的竞争，同时也面临与世界葡萄市场接轨的问题。

编者于 20 世纪 80 年代末以来，一直致力于葡萄研究。本书全面介绍了葡萄苗木繁殖与高接换种技术，葡萄园的建立，土、肥、水管理，整形修剪，花果管理，植物生长调节剂的应用，病虫害防治，自然灾害及防御，以及采收与产后处理等技术，有望为南方的农业产业结构调整、农村致富、农业增效、农民增收发挥积极作用。

由于中国地域辽阔，各地的生态环境和主栽品种不尽相同，物候期也有很大差异，葡萄产区主要集中在西北、华北、渤海湾周边和黄淮海地区。长江以南广大地区，近年葡萄生产虽有较大发展，但由于生态条件的限制，制约着葡萄生产的发展。近年来通过采用避雨栽培，栽培品种突破了单一的欧美杂种的局限，欧亚种葡萄种植面积正在不断扩大。本书主要针对南方葡萄栽种实际情况，较为详细地介绍了南方葡萄产区适宜栽植、推广的部分优良品种，集成了南方葡萄优质高效栽培的新技术，可供广大葡萄科技工作者、农村工作者和农民朋友参考，有望推动葡萄产业健康、持续发展。

本书在编著过程中，得到了湖南省农业科学院姚元干研究员，湖南省澧县优质葡萄办公室主任郭光银、副主任蔡尧平及其成员尹银春、陈湘云，湖南省长沙市中崛果业有限公司董事长彭佳，湖南省湘潭市三益生态农业公司董事长傅海军，以及湖南农业大学园艺园林学院果树学博士研究生周敏，硕士研究生黄乐、聂松青、陈文婷、陈斌、廖淼玲、莫银屏、李宁枫、郭亮、郑辉艳，本科生王吾谦、肖玉凤、赵玉华等大力支持。本书汲取了国内外同行专家的研究成果，参考并引用了有关论著中的资料，在此对各位同仁及作者表示诚挚的谢意！

由于知识的局限性，本书不妥之处在所难免，敬请广大读者指正，以便再版时修改。

编　者

2014 年 3 月于湖南农业大学

目　录

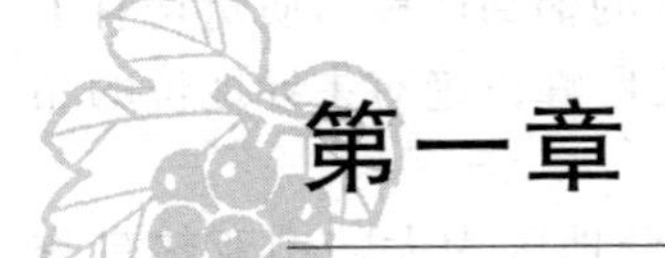

第一章 概述

一、南方葡萄生产的特点与发展趋势

南方地区是我国改革开放以来发展最快的葡萄产区。1978年南方葡萄栽培总面积约为0.18万hm^2。目前，南方葡萄栽培面积与产量分别占到全国总面积和总产量的23%和22%左右，葡萄种植已形成产业规模，葡萄栽培管理技术在全国处于较高水平。

我国南方葡萄产业发展迅速的原因及优势主要有以下几个方面：

1. 成熟早，冬季无需埋土越冬 我国南方属于亚热带季风气候，水资源丰富，年均气温16℃以上，降水量900mm以上，有效积温5 100℃以上，积温比北方高，葡萄成熟时间较北方早，错开了北方葡萄上市的高峰，有利于抢占早期市场。冬季气温高，葡萄生产无需埋土越冬。

2. 葡萄生产见效快、收益高 葡萄第一年栽种，第二年即可挂果，第三年便可受益。特别是近几年，种植葡萄收入较高。

3. 鲜食葡萄有市场、有潜力 鲜食葡萄批量少，价格高，有一定的市场空间，今后一段时期内仍将为卖方市场。

4. 栽培技术的提高导致品种格局多元化 避雨栽培、限产栽培、架型改革、覆盖垄栽与根域限制等栽培新技术的研发与应用，观光休闲、二次结果等新技术迅速普及，尤其是设施避雨栽培综合技术的大面积推广，使南方地区的葡萄产量与质量均有了新的飞跃。南方鲜食葡萄品种也从以往巨峰占绝对主导地位的品种格局向多元化发展。

5. 一年两收栽培模式 南方大部分地区为大陆型亚热带季风气候，具有光、热、水资源丰富、年平均气温与活动积温高、无霜期长、光照时间长等特点，为实现葡萄一年两收提供了得天独厚的条件。广西南宁等地利用单氰胺破眠剂打破葡萄休眠，一年内收获生育期完全不重叠的两茬产量，使果农增加一倍以上的收入。由于南北气候的差异，南方的葡萄第一次果比北方提早一个月上市，而第二次果可在 11 月至元旦节间供应，市场前景广阔。

6. 特色葡萄品种加工与综合利用 充分利用野生葡萄资源进行加工与综合利用。如湖南利用刺葡萄酿制刺葡萄酒、加工刺葡萄汁、从种子中提取葡萄籽油、果皮中提取原花青素与白藜芦醇等，广西利用毛葡萄酿制毛葡萄酒等均已成为当地的特色产品。

二、南方葡萄产业发展历程与趋势

长江以南主要种植葡萄的省份有湖南、湖北、四川、广西、云南。统观南方各地葡萄产业的发展历程，可以将其分为起步阶段、缓慢发展阶段、快速发展阶段 3 个阶段。

1. 起步阶段 南方各地一直以来都有种植，但至新中国成立初期仅限于庭院零星种植，未成规模，葡萄产业也处于空白状态。20 世纪 50～70 年代柳子明教授引导农民种植康拜尔早生、白香蕉、康太等品种，并引种了北醇、公酿 2 号、白羽等酿酒品种，开创了南方葡萄良种种植先河。这一时期，朝鲜援助中国的国际友人柳子明教授选用小白玫瑰香在温室栽培，取得了一年七熟挂果的试验成果。1958 年秋，该成果在北京举办的“教育与生产劳动相结合展览会”上展出。

2. 缓慢发展阶段 20 世纪 70～90 年代，一些农业院校、科研院所投入部分科研力量，开办葡萄种植技术培训班，建设葡萄引种示范基地，由点到面推广欧美杂种葡萄、酿酒葡萄，促进南方各地葡萄栽培面积不断发展。

1976 年夏天，湖南省轻工业厅决定依托湖南农学院开发湖南省的葡萄与葡萄酒产业，以柳子明教授为首、魏文娜教授等参加的课题组，在条件极为困难的情况下建立了葡萄品种园，编写教材，举办了第一期葡萄种植培训班（30 多人）。溆浦、宁乡、湘潭、长沙等地成为湖南省首批葡萄引种示范基地，由点到面逐步推广。

1977 年，溆浦县酒厂率先成功酿造优质红葡萄酒。为了推进南方葡萄产业的发展，国家轻工业部决定以上海酿酒总厂为龙头，组织联合南方八省（自治区）（湖南、湖北、江西、广西、福建、四川、浙江、云南）成立了南方葡萄栽培与酿酒协作组织。1979 年，湖南农学院从全国各地引进 17 个葡萄品种，筛选出了北醇、北红、北玫、白羽、白玛拉加等品种为酿造红、白葡萄酒的适宜品种，并在南方各地进行推广。

20 世纪 80 年代初，魏文娜教授先后开展了“葡萄引种栽培及推广”“湖南野生葡萄资源调查研究与利用”等项课题的研究，研究了白香蕉、巨峰、北醇、北红、白羽、白玛拉加等品种的栽培技术，并有了一定的种植规模；经过 3 年的调查，基本摸清了湖南省野生葡萄的种质资源。

一系列的葡萄新品种、新技术带动南方各省葡萄产业的发展，如湖南省 20 世纪 70 年代开始种植面积不足 600hm^2，80 年代稍低于 2 570hm^2，90 年代即达 4 570hm^2。湖北省在 20 世纪 80 年代前葡萄面积和产量都很少，80 年代不足 200hm^2，90 年代增加到 1 500hm^2。四川省在 20 世纪 80 年代以前，只有零星种植；80 年代中期开始，以成都龙泉区为中心的城市周边地带开始种植巨峰葡萄，但由于落花落果严重，病害发生频繁，一直不能形成规模；90 年代初，推广使用赤霉素等保花保果剂，“双篱架”栽培模式，促使巨峰葡萄呈大面积发展的态势。广西在

80年代中期，开始引种栽培巨峰葡萄并获成功，但由于当时受栽培技术制约，至90年代末期，葡萄产量不稳定，栽培效益较低，发展缓慢。

3. 快速发展阶段 进入21世纪，葡萄新品种、栽培新技术、新成果的运用、转换与推广，以及国家葡萄产业技术体系的设立，拉动南方各省份的葡萄产业快速发展。

（1）新品种引进及选育 20世纪90年代初，湖南农业大学与湖南农康园艺有限责任公司先后从中国农业科学院郑州果树所、沈阳农业大学、北京植物园等单位引入242个欧亚种品种和38个砧木品种（定植在澧县小渡口镇、湖南农业大学基地、益阳市大通湖区千山红镇、宁乡县煤炭坝镇、吉首、湘潭、永顺等地，分别于2000年、2001年进入结果期），从中筛选出适合湖南种植的鲜食品种12个（红地球、美人指、红宝石、高妻、维多利亚、比昂扣、夏黑无核、户太8号、红旗特早玫瑰、巨玫瑰、玫瑰香、金手指），均进行了品种登记。利用湖南省丰富的刺葡萄资源，已选育出鲜食与加工兼用型品种——紫秋刺葡萄；通过诱变等措施，培育出了刺葡萄酿酒新品种——湘酿1号。两个品种均已进行了品种登记。

（2）新技术研究 为使欧亚种葡萄能在南方各地区成功栽培，通过选用高抗砧木及合理的砧、穗组合，避雨栽培，培育合理树形和修剪方式等配套技术，生产的鲜果经湖南省权威机构检测为无公害产品。攻克了欧亚种葡萄在南方高温、高湿地区高效栽培的技术难题，实现了高产、优质、高效无公害栽培，一年定植、两年丰收、每667m^2纯利超万元的目标。为拉长鲜果供应期，研究葡萄熟期调控机理与技术，采用多品种搭配和实施促成栽培与二次结果技术，使鲜果供应由1个月延长到4个月，经济效益倍增。该项成果已于2008年11月通过湖南省省级成果鉴定，达国内领先水平。

（3）新产品研发 为充分发掘本地刺葡萄种质资源，研发出了具有湖南省地域特色的刺葡萄酒，刺葡萄酒澄清透澈、果香浓郁、口感醇厚、酒体丰满、典型性强。此外，还研制出刺葡萄汁、刺葡萄籽油、刺葡萄花色素苷等产品。

（一）湖南省葡萄产业发展现状

1. 面积与产量及分布 据统计，2013 年湖南省的葡萄种植面积达 3.85 万 hm^2（包括刺葡萄），年总产量为 69.53 万 t。鲜食葡萄栽培面积在 2.67 万 hm^2 以上，其中欧亚种葡萄约占 33%，主要以红地球、红宝石无核、美人指、维多利亚等为主栽品种。欧美杂种葡萄占 42.6%左右，主要为巨峰、红瑞宝、早生高墨、藤稔、京亚、夏黑无核等。另外，湖南省特有的刺葡萄资源除具有高抗、耐瘠薄、丰产稳产、加工性能好等特点外，还可以依山顺势建棚搭架，在怀化市刺葡萄可以种植在海拔 800m 以下的坡地。目前湖南省的刺葡萄种植面积已达 6 800hm^2，约占葡萄总面积的 23%。

2. 品种布局 湖南省葡萄产业经过多年的发展，逐步形成了四个各具特色且区域化明显的集中产区：湘西北（常德、益阳、岳阳、张家界、湘西自治州）优质欧亚种葡萄避雨栽培区；湘南（衡阳、郴州、邵阳、娄底、永州）巨峰系列鲜食葡萄栽培区；湘西（怀化）优质特色刺葡萄栽培区；湘中（长沙、湘潭、株洲）城郊高效观光葡萄采摘区。

常德市主要是以澧县为主的欧亚种葡萄主产区，品种主要是红地球、维多利亚、红宝石无核、美人指、森田尼无核、比昂扣、圣诞玫瑰、奥古斯特、优无核等品种，欧美杂种有夏黑无核、户太 8 号、高妻、金手指、醉金香等品种。截至目前，澧县已发展葡萄 1 600hm^2 以上，年产鲜食葡萄 4 万余 t，每 667m^2 纯收入达到了 1.0 万元以上；共培育葡萄种植大户 3 100 多户，其中 6hm^2 以上标准化葡萄园 33 个。拥有南方最大的葡萄种质资源圃和良种繁育圃，收集保存种质资源 1 000 多份，是湖南省保存葡萄种质资源最多的资源圃。

衡阳市葡萄种植主要分布在珠晖区、蒸湘区、常宁市、衡阳县和衡南县、祁东县等地，其中以珠晖区栽培面积最大，约占总面积的1/3。主栽品种为巨峰、红瑞宝，占总面积的78%左右，其次是藤稔和红富士等欧美杂种，占总面积的15%左右。此外还有少量的红地球、美人指、京秀、粉红亚都蜜等欧亚种品种，占总面积的5%左右。其次为常宁市的欧亚种葡萄占的比重最大，品种以红地球为主，栽植面积已达200hm²。

怀化市是以东亚种刺葡萄种植为主，同时种植有欧亚种葡萄和欧美杂种葡萄品种，欧亚种葡萄主要是红地球、红宝石无核、美人指等品种，欧美杂种葡萄主要是巨峰系品种。

益阳、株洲、湘潭、邵阳、郴州、永州、娄底等市是以欧美杂种葡萄为主，主栽品种为巨峰系品种。岳阳、张家界、湘西自治州是以欧亚种葡萄为主，主栽红地球、维多利亚、红宝石无核、美人指等品种。

长沙、株洲、湘潭市主要是发展以城郊观光采摘为主的葡萄园，主要品种是红地球、红宝石无核、美人指、比昂扣、魏可、维多利亚等。随着人们消费观念的改变和休闲旅游业的发展，中大型葡萄采摘园会越来越受欢迎，这将会进一步带动城市周边地区葡萄产业的发展，葡萄产业也会成为当地的农业支柱产业之一。

3. 市场状况 以澧县欧亚种葡萄为例，批发与零售约各占50%的比例，澧县的葡萄零售有一部分是果农在207国道两旁摆摊销售，大概占零售总量的50%左右。另外组织送货到各大城市的水果批发市场及超市进行销售，主要销往武汉、南昌、合肥、广州、深圳、上海等国内城市。湖南省本地葡萄一般销售到9月底，11月后主要是北方葡萄占据整个市场，从元旦到春节期间主要是国内贮存的葡萄与从美国和智利进口的红地球葡萄占据市场。湖南省葡萄的贮藏保鲜量较少，不足5%的贮藏量，且以冷库贮藏为主。

（二）湖北省葡萄产业发展现状

1. 面积与产量及分布 根据湖北农业厅信息处统计，到2013年，湖北省葡萄面积达1.2万hm^2，产量21.49万t，分为鄂北产区、平原产区及城郊型产区三个类型。鄂北产区包括襄阳、随州、应城、钟祥等地，其中以随州随县尚市镇最为集中；平原产区为新兴产区，其中公安县发展最快，其次是松滋、潜江市；城郊型产区主要分布湖北省70多个县市周边。

2. 品种布局 湖北省鄂北产区以巨峰为主，少量京亚，平原产区以藤稔为主，少量夏黑、红地球等。欧美杂种巨峰、藤稔等占全省总面积的70%以上；观光、高效栽培以欧亚类红地球、美人指等和欧美种夏黑、甬优1号、醉金香、巨玫瑰等品种为多。2013年，公安县、荆州区、武汉市等藤稔、夏黑面积有一定增加，黄冈、恩施等地开始发展夏黑、红地球、醉金香等。

3. 市场状况 湖北省葡萄销售市场仍主要是湖北省武汉、襄樊、宜昌以及省内各中小城市等本地市场，主产区公安县的藤稔销售市场保持传统的湖北、河南、湖南、安徽等市场外，北京、福建、广东等地市场销售量持续增长，湖北省内市场约占其总产量的60%。

（三）四川省葡萄产业发展现状

1. 面积与产量及分布 2013年四川省葡萄栽培面积约2.5万hm^2，其中鲜食葡萄2.4万hm^2，酿酒葡萄约0.1万hm^2；葡萄总产量约45.3万t，其中鲜食葡萄总产量约43.2万t，酿酒葡萄产量约2.1万t。鲜食葡萄的集中产区位于成都市龙泉驿区和双流县，面积分别达到了0.49万hm^2和0.23万hm^2。四川气候生态条件十分多样化，各生态区域光照、雨量、积温、昼夜温差等差异显著，因此在盆地内及盆周山区，攀西地区，以及川西高原地带等形成了不同的葡萄生产区域。盆地内产区以成都龙泉山脉一带；都市葡萄观光园产业带以成都市郊双流县永安—黄龙溪一线为核心；安宁河谷产区以西昌为代表，新发展地区由华蓥、彭山、丹棱、崇州、大邑、邛崃、绵竹、资阳、简阳、新津、绵阳等市县组成，酿酒葡萄产区以小金、茂县、丹巴等藏族农牧区县为中心。

2. 品种布局 四川省葡萄主栽品种有巨峰、红地球。此外，各地还种植了希姆劳特、金星无核、克瑞森、夏黑、美人指、金手指、醉金香、白罗莎、巨玫瑰、红富士、郑州1224、京早晶、金手指、京亚、雨水红、香悦、红宝石无核、贵妃玫瑰等。巨峰栽培集中在成都市龙泉驿区、双流县、彭山县、华蓥市、绵竹市、绵阳市涪城区、丹棱县、乐山市、峨眉山市，以及南部县等地；红地球集中栽培在双流县、彭山县、西昌市、崇州市等地。

3. 市场状况 四川省市场上鲜食葡萄主要品种为巨峰、红地球（部分为国外进口）及夏黑，其次为无核白、火焰无核、美人指、克瑞森（部分为国外进口）、黑提（国外进口）等，其中巨峰葡萄约占市场消费量的70%，其次为红提约占10%，夏黑约占8%，剩余品种总共占有市场的12%左右。鲜食葡萄销售市场为分布在城镇各地的水果零售店、农贸市场，销售量估计占80%，其次为“农家乐”“采摘园”“葡萄节”“网络销售店”等直接销售方式，约占10%，其他约占10%。

（四）广西壮族自治区葡萄产业发展现状

1. 面积与产量及分布 2013年面积预计可以达到2.8万hm^2，产量达38万t。全区葡萄一年两收栽培面积1万hm^2。广西葡萄种植主要分布在桂林、河池、柳州等市，近年随着一年两收技术的推广，南宁、崇左、百色、玉林等市有较快发展。桂林是广西最早种植葡萄的地区，也是广西鲜葡萄最大产区；河池葡萄面积排第二，以种植毛葡萄为主；柳州葡萄果园面积排第三。上述三市葡萄面积占88.5%，产量占91.5%，产值占97.6%。

2. 品种布局 广西葡萄栽培品种有20多个，主要有巨峰、夏黑、红地球、温克、美人指、维多利亚和野生毛葡萄。全区巨峰等欧美杂种占总种植面积的45%左右；红地球、温克等欧亚种葡萄占总种植面积的30%左右；毛葡萄占总面积的25%左右，主要集中栽培区为河池市。

3. 市场状况 广西葡萄产量近94%为鲜食葡萄，约6%为毛葡萄的杂交后代，用于酿酒。早熟品种主要有夏黑、维多利亚等，中熟品种主要有巨峰、意大利、白罗莎里奥、凌丰等，晚熟品种主要有温克、红地球、美人指、毛葡萄等。主要市场为产地500km范围的区内外大、中城市及县城。产品销售主要通过外地客商和本地客商直接到果园收购外销，只有少量果园通过吸引当地城镇居民前来果园休闲采摘。

（五）云南省葡萄产业发展现状

1. 面积与产量及分布 截至2013年年末，云南省葡萄栽培面积3.2万hm^2，其中鲜食葡萄2.8万hm^2，酿酒葡萄0.4万hm^2；总产量91万t，其中鲜食葡萄86万t，酿酒葡萄5万t；云南省葡萄栽培最集中的区域是金沙江、红河、澜沧江、怒江、南盘江等水系，主要分布在海拔1 000～2 000m，但在德钦、维西等县最高已分布到2 400m以上。主要分为早熟葡萄栽培产业带，包括金沙江流域的元谋、宾川、永仁、永胜、华坪、永善、巧家、东川；红河哈尼族彝族自治州的蒙自和建水。中熟葡萄栽培产业带，包括文山壮族苗族自治州的文山县、丘北县、砚山县，楚雄彝族自治州的大姚县、南华县，玉溪市的红塔区、通海县、江川县，大理白族自治州的弥渡县、祥云县，红河州的弥勒县。晚熟葡萄栽培产业带，包括昆明市的富民县、嵩明县、石林县，曲靖市的麒麟区、陆良县，昭通市的昭阳区、鲁甸县，丽江市、保山市等。

2. 品种布局 自20世纪80年代初期起，以巨峰、红富士、无核白鸡心、红地球等一系列鲜食品种陆续引入云南省。全省先后从全国各地引进鲜食和酿酒葡萄品种达到150个左右，其中酿酒品种超过20个，进行试验种植。经过筛选试验，现在主要种植鲜食品种为红地球、夏黑、无核白鸡心、克伦生、水晶，2011

年形成80%为红地球，15%为夏黑，5%为其他品种；酿酒品种为赤霞珠、蛇龙珠、白羽、梅麓辄、水晶、烟73等品种。境内分布有29种野生葡萄种质资源。

3. 市场状况 云南省内市场上较多的鲜食葡萄品种主要是红地球50%、巨峰类品种20%、黑虎香10%、无核白鸡心5%、夏黑10%、其他品种5%。云南4～7月成熟的葡萄主要销往昆明和省外，部分出口到东南亚或俄罗斯等地。其他月份成熟的主要在省内销售，但曲靖市9～10月成熟的红地球葡萄也有一部分销往东南亚国家和地区。全省葡萄总产量的80%销售在国内，20%销往俄罗斯及东南亚国家和地区。云南将成为国内鲜食葡萄生产的重要市场，市场发展潜力较大。

（六）存在问题

1. 科技投入不足，推广队伍缺乏 世界农业科研投入平均为总投入经费的1%，一些发达国家已超过5%，而我国仅占0.2%左右。南方各省对葡萄新品种的引进、选育，新技术的开发、应用，苗木基地建设，果实包装、贮藏和加工等方面严重不足，极大地影响了基础研究和应用研究，影响了科技成果转化。

2. 产后处理及流通环节薄弱 当前，南方各省的葡萄销售主要是果农在家等客，销售处于被动地位；销售龙头企业带动作用小；部分地区采后保鲜不当，产业化生产水平较低，缺乏组织良好的葡萄产业销售网络；分级、包装等产后环节还很薄弱，严重影响了葡萄产业经济效益的发挥。

3. 盲目发展，品种单一 目前，品种区域化问题尚未受到重视，存在盲目发展的现象。欧美杂种主要仍为巨峰系品种为主，欧亚种大都以红地球为主，从而使成熟期过于集中，出现季节性相对过剩。新品种比例偏小，一些早、中熟品种，如夏黑无核、户太8号、金手指、高妻、无核白鸡心等虽有所发展，但面积较小。

4. 苗木繁育滞后，市场混乱 葡萄种苗的生产和管理缺乏有力的监督，苗木质量参差不齐，脱毒苗木生产远远不能满足生产发展的需要。苗木生产和销售混乱，存在严重的自由育苗、自由买卖的现象。

5. 葡萄品质欠佳 目前，鲜果含糖量普遍较低，外观也存在诸多缺陷，如果色差、果粉薄、果粒小、生理病害严重等，大大降低了商品性。

（七）发展趋势

南方各省葡萄产业研究重点应在以下几个方面：栽培品种与砧木的选育，砧、穗组合与脱毒研究；鲜食葡萄质量标准体系的建立与无公害化生产关键技术的集成及产业化示范；推行葡萄定向栽培；建立完善的葡萄采后商品化处理技术体系和冷链物流体系；加快加工品种的选育、加工成品的研发。

1. 葡萄生产良种化和栽培优势区域化 南方主栽品种依旧是巨峰及红地球，重点发展黑巴拉多、早生内玛斯、阳光玫瑰、东方之星、金手指、户太8号等早熟品种，适当发展红宝石无核、魏可、比昂扣、摩尔多瓦等优良的中、晚熟品种。进一步优化葡萄优势带，加快城镇周边地区发展观光葡萄，丰富品种花色，尽可能满足消费者的需求。

2. 葡萄产业标准化和品牌化 虽然制定了一些相关标准，但是与国外的标准差距很大，所以应尽快制定与国际接轨的葡萄生产和产品出口质量系列标准。认真加强市场调研，开拓国内外市场，按国际市场需求组织鲜食葡萄生产。同时，积极开展网上交易、期货交易；实施“引进来、走出去”的战略。

3. 市场与龙头企业建设相结合，推进葡萄产业化 以市场为导向抓好从产前、品质、安全到采后的包装贮藏与低温物流已成为葡萄发展的方向。实行“龙形”经济模式发展，重点是外向牵动，培育加工、贮藏龙头企业。首先，积极吸引果品批发商投资建立基地，扩大出口的份额；其次，充分发挥葡萄酒加工企业在葡萄生产中的作用，积极鼓励企业建设加工专用基地，采用“公司＋农户”“企业＋中介组织＋农户”“市场＋经济人＋农户”

“企业＋基层科技推广机构＋农户”等多种形式，实施葡萄生产产业化经营；再次，提高刺葡萄的加工能力、拓宽加工种类；最后，加速发展贮藏保鲜业，实现葡萄周年供应，达到增值增效。

4. 加大资金投入，增强产业发展后劲 葡萄已成为南方多地的农业高效产业之一，从省到市、县都应加大财力投入，提升葡萄产业的整体水平，使其在农业增效、农民增收中发挥更大的作用。一是增加葡萄良种引进的投入，推行良种的适地适栽，生产优质果品，增强果品的市场竞争力；加强优良葡萄苗木基地建设，加速更新改造老葡萄园，提高优良品种占有率。二是增加葡萄的基础设施建设投入，增强葡萄园抗旱与排水能力。三是加大新技术推广的投入，提高葡萄产品生产水平；当前以病虫害综合防治、果实套袋等为主要内容，推动葡萄无公害果品生产。四是加大对农民培训的投入，通过举办各种类型的培训班，发放技术资料等，发挥和提高葡萄合作组织对果农的指导和服务意识。通过开展对产前、产中和采后各环节的技术培训，提高农民的综合素质，以加速新技术的推广。

5. 联合攻关，研发省力化栽培技术 以南方各地农业院校、科研院所、研究中心为平台，结合国家葡萄产业技术体系将全省各级、各类葡萄科技人员组织起来，围绕葡萄产业的科技需求，联合开展葡萄产业技术攻关，提升产业技术和研发水平。随着劳动力市场价格上升，研发葡萄节本省力栽培技术已迫在眉睫，如喷药、挖沟等机械的研发，中、小花型品种的选择（节省花穗整形的时间），“傻瓜”整形、简易修剪、配方施肥等，既省工省力，又节本增效。

6. 提高葡萄产业发展的组织化程度 南方各地葡萄产业的组织化程度还不高，主要还是以分散的农户经营为主。充分发挥葡萄协会、专业合作社的作用，提高农民进入市场的组织化程度和农业综合效益，必须推广农民专业合作社模式，大力发展葡萄专业合作社，以促进和提高葡萄生产规模化和专业化水平。

第二章 葡萄的主要种类和优良品种

一、主要种类

葡萄在植物学分类上，属于葡萄科（Vitaceae）葡萄属（*Vitis* L.）。葡萄属又分为两个亚属，即真葡萄亚属（*Euvitis* Planch.）和麝香葡萄亚属（*Muscadinia* Planch.）。

麝香葡萄亚属有3个种，即圆叶葡萄（*V. rotundifolia* Michaus.）、乌葡萄（*V. munsoniana* Simpson.）和墨西哥葡萄（*V. popenoei* Fennell）。一年生枝有皮孔，节部无横隔，卷须不分叉，花序和果穗小。染色体数目为2n＝40。生长在北美热带和亚热带森林中，对病虫有高度抗性，为抗性育种的优良材料，并可作抗根瘤蚜、线虫和真菌病害的砧木。

真葡萄亚属卷须分叉，枝条节部有横隔，染色体数目为2n＝38。包括68个种，约有20个种用于生产浆果和砧木，根据地理分布将各种分属于3个种群。后来在长期的杂交育种进程中又培育出一个新的种群，即欧美杂种。

（一）欧亚种群

欧亚种群又叫欧洲种群，仅有欧亚种葡萄（*V. vinifera* L.）1个种，起源于欧洲、亚洲西部和北美，目前广泛分布于世界各地的鲜食和加工优良品种多属于本种。栽培历史至少有5 000～7 000年，已形成数千个栽培品种，葡萄产量占世界葡萄总产量的90%以上。本种适宜日照充足，生长期较长，昼夜温差较大，夏干冬湿和较温暖的生态条件。抗寒性较弱，不抗根瘤蚜和真菌性病害。

本种在长期栽培历史中，通过人工杂交育种、引种和选择，受地理条件、生态因子的影响，形成许多复杂的类型，大致可归纳为3个生态地理品种群。

1. 东方品种群（*V. vinifera* proles orientalis Negr.） 分布在中亚、中东及远东各国，以鲜食和无核制干品种占绝大多数，在我国栽培的代表性品种有无核白、龙眼、牛奶、粉红太妃等。

2. 黑海品种群（*V. vinifera* proles puntica Negr.） 分布在罗马尼亚、保加利亚、希腊、土耳其和原苏联的摩尔达维亚、格鲁吉亚等黑海沿岸地区。以酿酒和鲜食兼用品种居多，少数为鲜食品种，在我国栽培的代表性品种有白羽、晚红蜜、花叶白鸡心等。

3. 西欧品种群（*V. vinifera* proles occidentalis Negr.） 分布在法国、西班牙、葡萄牙、意大利、英国等西欧各国，绝大多数为酿酒品种，如世界著名品种雷司令、贵人香、赤霞珠、黑比诺等。

（二）美洲种群

美洲种群包括28种，仅数种在栽培和育种中加以利用。

1. 美洲葡萄（*V. labrusca* L.） 又名狐葡萄，野生于美国东北部和加拿大南部，可耐－30℃低温，抗病力中等，抗根瘤蚜能力弱，对石灰质土壤敏感，易患失绿病。果实有“狐臭”或“草莓”香味。生产上较多栽培的是本种与欧亚种的自然杂交品种，如康可、卡托巴、奈加拉、康拜尔早生、玫瑰露等。

2. 河岸葡萄（*V. riparia* Michx.） 原产北美东部的森林及河谷上，可耐－30℃低温，抗真菌性病害和根瘤蚜的能力很强，对石灰质土壤敏感，易患失绿病。果实小，味酸，不宜鲜食。在育种中利用它作抗病和抗根瘤蚜材料，较为著名的葡萄砧木品种贝达就是本种与美洲葡萄的杂交品种。

3. 沙地葡萄（*V. rupestris* Scheele.）　原产于美国中南部，野生在干旱的沙砾地，蔓性灌木状，果小，无栽培利用价值。但本种对真菌性病害和根瘤蚜具高抗，且抗寒、抗旱，可用作抗根瘤蚜的砧木和杂交亲本。

4. 伯兰氏葡萄（*V. berlandieri* Planch.）　又称冬葡萄、西班牙葡萄，原产美国南部和墨西哥北部。抗石灰质能力很强，耐旱、抗病、抗根瘤蚜。果小，味甜带酸涩。本种主要用于培育抗根瘤蚜和抗石灰质土壤的砧木，一些著名的砧木品种如 Kober、5BB、420A、SO4 等就是本种与河岸葡萄的杂交后代。

此外，夏葡萄、圆叶葡萄、山平氏葡萄等也属于美洲种群。

（三）东亚种群

东亚种群包括 39 种以上，分布在中国、朝鲜、韩国、日本、原苏联远东地区的森林、山地、河谷及海岸，绝大多数种仍处于野生状态，主要用作砧木和育种原始材料，少量用于酿酒。起源于我国的有 10 多种，比较重要的种有：

1. 山葡萄（*V. amurensis* Rupr.）　分布在东北长白山、兴安岭和华北等山区。抗寒性极强，枝芽可耐－40℃严寒，根系可抗－14～－16℃低温，对一般真菌性病害抗性强，但不抗霜霉病和根瘤蚜。生长势强，绝大多数为雌雄异株，类型颇多。我国已选育出双庆、双优、双丰、双红等两性花类型用于人工栽培，并从野生类型中选出左山一、左山二、长白 5 号、长白 6 号、长白 9 号和通化 1 号、通化 2 号、通化 3 号等优良株系。果穗重 22.0～72.9g，果粒重 0.57～1.25g，可溶性固形物含量 8.8%～16.7%，含酸量 1.66%～3.64%。果实用于酿酒，呈宝石红色，浓郁醇香，极富特色，是酿制红葡萄酒的优良原料。

2. 蘡薁（*V. thunbergii* Sieb. & Zucc. 或 *V. adstricta* Hance）又名董氏葡萄，野生分布在华北、华中和华南等地区。结实能力很强，果枝率 80%以上，结果系数 3 以上，果实黑色、小粒、小穗，可酿酒和入药。北京植物园曾利用它作杂交亲本培育出北丰、北紫等制汁品种。

3. 葛藟（*V. flexuosa* Thunb.） 野生于海南、浙江、湖北、湖南、云南等省山区，果小，味酸，抗病性强，可酿酒和入药。江西农业大学用它与玫瑰香杂交，育出酿酒葡萄品种玫野。

4. 刺葡萄（*V. davidii* Foëx.） 野生于湖南、福建、江西、浙江等省丘陵山区。嫩梢和一至二年生枝蔓密生皮刺。果粒较小，紫黑色，可溶性固形物含量较高，可供鲜食和酿酒。可作为抗病、耐湿育种的亲本和砧木。选育的优良品种有江西省选育的塘尾葡萄，湖南农业大学选育的紫秋、湘酿1号等。

（四）杂交种群

杂交种群指葡萄种间进行杂交所培育成的杂交后代，如欧亚种与美洲种的杂交后代称为欧美杂交种，山葡萄与欧亚种的杂交后代称山欧杂交种。由于选育出的杂交后代往往吸取双亲优良性状而屏弃不良性状，具有较强的适应能力和优良的经济性状，深受生产者的欢迎。目前在我国广为栽培的欧美杂交种的后代就有很多品种，如巨峰的亲本为石原早生（欧美杂交种）×森田尼（欧亚种）；以巨峰为亲本的杂交后代——黑奥林、先锋、藤稔等；紫珍香是沈阳玫瑰（玫瑰香四倍体枝变、欧亚种）与紫香水（欧美杂交种）的杂交后代；夕阳红是沈阳玫瑰（欧亚种）与巨峰（欧美杂交种）的杂交后代；北醇是玫瑰香（欧亚种）与山葡萄（东亚种群中的山葡萄种）的山欧杂交种等。

二、南方栽培的优良鲜食葡萄品种

（一）无核鲜食葡萄品种

1. 碧香无核 别名旭旺1号，欧亚种。由吉林省农业科学院育成，亲本为1851×莎巴珍珠。1994年获得无核杂交后代，经反复筛选、预试和区试，2004年1月通过吉林省农作物品种审定委员会审定，并定名为碧香无核。

新梢直立，枝蔓分布均匀，长势中庸。幼叶浅紫红，无茸毛，有光泽；叶中大，绿色，心脏形，表面平滑，叶背无毛；3～5裂，叶脉紫红色。花序较小，花芽分化早，二次结果能力强。果穗圆锥形带歧肩，平均单穗重600g左右。果粒圆形，黄绿色，平均粒重4g左右；果刷长，不落粒；果皮较薄、脆、香且具弹性，与果肉不分离；肉脆，无肉囊，可切片，口感好；可溶性固形物含量22%～28%；含酸量低，果实转色即可食用，货架期长。自然无核；具浓郁的玫瑰香味。在长沙地区3月中旬萌芽，5月上旬开花，7月上旬果实成熟。

该品种萌芽率高达75%～80%，结果枝率达75%～80%，花芽易形成，坐果率高，丰产性强。耐热性强，抗寒、抗旱、抗病能力强。在栽培上注重控制产量，疏花疏果，修整果穗；加强根外钾肥的追施；冬季以短梢修剪为主；注意防治绿盲蝽；宜采用避雨栽培。

2. 红宝石无核 别名无核红宝石、宝石无核、鲁比无核、鲁贝无核，欧亚种。由美国加州大学H. P. 奥尔姆杂交选育，原沈阳农学院园艺系1983年从美国引入。

新梢绿黄色；幼叶紫红色；成叶心脏形，中等大，叶背有极疏丝毛；5裂，上裂刻较深，裂刻基部U形。果穗大，长圆锥形，平均穗重650g左右，最大穗重1 200g，果粒着生紧密。果粒小，卵圆形，自然平均粒重4.2g，生长调节剂处理后可达到5～6g；果粉中等厚，果皮薄而脆，紫红色，果肉硬脆，汁中等多，无核，有玫瑰香味，可溶性固形物含量15%～16%。抗黑痘病的能力弱，对其他病害抗性中等，成熟期遇雨易裂果。在湖南长沙市8月下旬至9月中旬成熟，属晚熟品种，丰产性强，易落粒，不耐贮运。

3. 克里森无核 原名Crimson Seedless。别名绯红无核、克瑞森无核、克伦生无核、淑女红。欧亚种。亲本为皇帝×C33-199。美国加州大学农学院杂交选育。1998年山东省酿酒葡萄研究所从美国引入。

植株生长势极强，嫩梢红绿色，有光泽，无茸毛。幼叶紫红色，叶缘绿色；成龄叶片中等大小，绿色；叶片深 5 裂；锯齿中等锐，两侧凸。叶柄长，叶柄洼半闭合，呈圆形或深矢形。果穗圆锥形，有歧肩，中等大，平均穗重 500g 左右，最大穗重 1 000g左右。果粒着生中等紧，果粒亮红色，充分成熟时为紫红色，中等大，平均粒重 4g 左右，最大粒重 6g 左右，无核；果粉较厚，果皮中等厚。果肉较硬、浅黄色、半透明，味甜，果皮与果肉不易分离。可溶性固形物含量 18%～19%，可滴定酸含量 0.5%左右，糖酸比达到 20 以上。品质极佳，自然无核。长沙地区 3 月中旬萌芽，5 月上旬开花，9 月上、中旬果实成熟。

该品种为目前最晚熟的鲜食无核品种。花芽分化差，产量不稳定，果粒着色差，须控制树势，促进花芽分化，实现稳产，促进着色，增大果粒。抗病性弱，果穗极易感染白腐病，须及时防控。适合棚架和“高、宽、垂”架栽培，宜中、短梢结合修剪。

4. 黎明无核 原名 Dawn Seedless，欧亚种。原产地美国。由美国加州大学 Davis 分校 H. P. 奥尔姆育成。亲本为 Gold×Per-lette。1983 年由沈阳农业大学从美国引入我国。在河南、山西、辽宁、新疆、湖南等地有栽培。

植株生长势强，嫩梢黄绿色，茸毛少。幼叶绿色，光滑，有光泽；成龄叶片心脏形，中等大至大，叶片光滑，上、下表面均无茸毛，下表面叶脉着生刺毛；叶片 5 裂，锯齿两侧凸；叶柄洼半闭合，拱形。果穗圆锥形，平均穗重 509.2g，最大穗重 800g 以上。果粒着生紧密，果粒圆形，黄绿色，充分成熟为金黄色，平均粒重 3.8g，最大粒重 4.3g；果粉中等厚而果皮薄。果肉硬而脆，可溶性固形物含量为 17.7%，可滴定酸含量为 0.65%，汁中等多，味甜，无核。在长沙地区 3 月中旬萌芽，5 月上旬开花，7 月中旬果实成熟。

芽眼萌发率为 71%，结果枝率为 70%，产量高。从萌芽至浆果成熟需120d。浆果中早熟。抗黑痘病、白腐病力较强，抗葡萄霜霉病力中等。不裂果。该品种果实对生长调节剂处理较为敏感，坐果后用50～100mg/L赤霉素处理，可明显使果粒膨大。

该品种为早、中熟鲜食无核品种，品质较好。抗病性弱，花期特别不抗灰霉病。冬季以中、长梢修剪为主。

5. 粒粒特　欧亚种，以色列最新育成的专利品种。植株长势旺，新梢黄绿稍带浅红条纹。成龄叶大，3～5裂，裂刻深。果穗长圆形，穗重800g以上；果粒长椭圆形，深紫色，着生紧密；粒重8～10g，有果粉；果肉脆，可溶性固形物含量为19%～20%，品质极上，自然无核。在河北省秦皇岛地区4月中旬萌芽，5月下旬开花，果实8月中、下旬成熟，耐贮运。该品种发展前景较好，是最具发展潜力的巨大粒无核新品种。在南方须采用避雨栽培，以减轻病害。

6. 早熟红无核　别名火焰无核、红光无核、早熟大粒红无核、弗蕾无核、火凤凰、红珍珠，欧亚种。美国Freson园艺站育成。多亲本杂交选育：[（绯红×无核白）×无核白]×[（红马拉加×TifaihiAhmer）×（亚历山大×无核白）]，由中国农业科学院郑州果树研究所1983年从美国引入。

嫩梢黄绿色；幼叶黄绿带浅红色；成龄叶心脏形，中等大，不平展呈皱纹状，下表面有少量茸毛，叶脉和叶柄基部红色；叶片深5裂，锯齿锐，两侧凸；叶柄洼拱形。果穗圆锥形，自然穗重400～600g，经生长调节剂处理可达600～800g，最大穗重1 500g以上。果粒圆形，着生紧密，自然果粒重3g左右，经生长调节剂处理可达5g，纵、横径2cm；果皮鲜红色；果肉脆，汁中等多。可溶性固形物含量15%，可滴定酸0.5%，味甜鲜，口感好，自然无核。在长沙地区于3月中旬萌芽，4月下旬开花，果实于7月上、中旬成熟。较耐贮运。

该品种较抗黑痘病，易感霜霉病，有轻度日灼与裂果。冬季修剪以留7～8芽中梢修剪为主，结合3芽短梢修剪，每667m^2

留芽9 000～10 000个。在南方适宜避雨栽培或促早栽培。

7. 紫甜无核 欧亚种。昌黎县李绍星葡萄育种研究所杂交育成。亲本为牛奶×皇家秋天，2000年杂交，2003年开始开花结果，2004—2007年经复选及区域试验，2010年通过河北省林木品种审定委员会审定。

嫩梢梢尖开张，紫色，茸毛疏；新梢半直立，梢尖茸毛中等；成熟枝条颜色为暗褐色，横截面近圆形。幼叶黄褐色，表面有光泽，下表面茸毛极疏；卷须间断分布，卷须长度20cm；成熟叶片肾形或心脏形，绿色，叶缘上卷，深5裂，上裂刻开张，基部U形，秋叶颜色呈黄色。果穗长圆锥形，紧密度中等，平均单穗重500g左右；果粒长椭圆形，整齐度一致，平均单粒重6g左右，果粒大小均匀，自然生长状态下呈紫黑至蓝黑色，套袋果实呈紫红色，果粒着色均匀一致；果粉较薄，果皮厚度中等，与果肉不分离；果肉质地脆，颜色淡青色，淡牛奶香味，味极甜，可溶性固形物含量20%～24%，果实含酸量0.3%～0.4%；果汁含量中等，出汁率85%；果实自然无核；果刷长，不落果。在河北省昌黎县，一般在4月16～18日萌芽，6月1～2日开花，7月底果实开始上色，9月12日左右成熟，从萌芽至成熟需148d。

该品种长势中庸，早果性好，果实挂树贮藏时间长，在南方宜采用避雨栽培。

8. 红标无核 欧美杂种。由河北省农林科学院昌黎果树研究所与昌黎县合作育成。亲本为郑州早红×巨峰。2004年通过品种审定。

植株生长势强。结实力强，每果枝平均着生果穗2个。果穗圆锥形，平均穗重200～300g。果粒着生较紧，果粒椭圆形，紫黑色，平均粒重4g，果粉中等厚。果肉较脆，味甜，可溶性固形物含量15%左右。鲜食品质优。在河北昌黎地区，4月中旬萌芽，5月下旬开花，7月下旬浆果成熟。浆果早熟。抗病力强。

该品种为早熟鲜食无核品种。粒大、色艳、品质优。用生长调节剂处理后，平均穗重500～800g，平均粒重7～8g。应及时摘心、疏花、疏果，严格控制负载量。在华北、西北、东北以及中部等地均可种植。宜小棚架栽培，可用于保护地栽培。在南方须采用避雨栽培，以减轻病害。

9. 金星无核 原名Venus Seedless。别名维纳斯无核，重庆改名为蓝色海洋。欧美杂种。原产地美国。美国阿肯色州农业试验站育成。亲本为Alden×NY4600。1983年原沈阳农学院园艺系（现沈阳农业大学园艺学院）从美国引入我国。1994年，通过辽宁省农作物品种审定委员会审（认）定。全国各地均有栽培，在辽宁、吉林、黑龙江、山西、内蒙古、湖南等地栽培较多。

植株生长势强。嫩梢绿色，有紫红色条纹，有浓密茸毛；成熟枝条深褐色，枝蔓较粗，节间较长，转色正常；卷须分布不连续。幼叶黄绿色，带红色，上、下表面密被白色茸毛；成龄叶片心脏形，叶片大，表面茸毛稀疏，下表面密被较厚白色茸毛；叶片3裂，裂刻浅；叶缘锯齿较钝；叶柄长，微红色；叶柄洼矢形。果穗圆锥形，穗重300～400g，果穗大小整齐，果粒着生紧密。果粒近圆形，蓝黑色，平均粒重4～6g；果粉较厚，果皮较厚而韧；果肉软，汁多，粉红色，味香甜，有浓草莓香味，风味中等。有退化的绿色软种子，不影响食用。可溶性固形物含量为15%～17%，可滴定酸含量为0.5%～0.6%。在湖南省长沙地区7月中、下旬果实成熟。

该品种为早中熟鲜食无核品种。花芽易形成，丰产性中等；副梢结实力中等。适合全国各地尤其适宜高温多湿地区栽培。宜采用棚架栽培。适应性强，耐高温、高湿，抗寒和抗病力强。但果穗、果粒均偏小。在栽培上重点施好壮果肥，可施入氮、磷、钾复合肥40～50kg，钾肥20kg，分2次施入，间隔期10d左右；施肥量要根据土质、挂果量、当年树体生长状况作调整。冬季修剪以留5～7芽中梢修剪为主，结合留3芽短梢修剪，每$667m^2$留芽量7 000个左右。

10. 瑞峰无核 欧美杂种。北京市农林科学院林业果树研究所育成，为先锋的芽变。1993年发现，2004年通过北京市农作物品种审定委员会审定并定名推广。

嫩梢开张，花青素着色好，茸毛极密，新梢半直立，节间绿色带红条纹，茸毛密；成熟枝条红褐色，表面光滑，节间较短。幼叶黄色，花青素着色程度强，上表皮无光泽，茸毛极密；成叶心脏形、厚、5裂，叶片重叠多，叶缘锯齿侧直，叶柄洼宽拱形，叶背密被毡毛；叶柄相对于主脉短；卷须间断性。果穗圆锥形，平均穗重200～300g。果粒近圆形，平均粒重5g左右，果皮蓝黑色；果肉软，可溶性固形物含量18%左右，可滴定酸含量0.6%左右；无核或有残核。在长沙地区于3月中旬萌芽，4月下旬开花，果实于8月中、下旬成熟。

该品种抗病性较强，抗旱、抗寒能力中等，栽培容易。冬季以长、中、短梢混合修剪，在南方多采用避雨栽培。

11. 无核早红 别名8611、金藤7号，欧美杂种。是我国培育的首例三倍体（2n＝3x＝57）葡萄新品种。由河北省农林科学院昌黎果树研究所与昌黎县合作育成。亲本为郑州早红×巨峰。1986年杂交，1997年11月通过鉴定，1998年4月通过品种审定，并正式定名。

嫩梢绿色，带紫红色，有稀疏茸毛；新梢半直立，茸毛稀，节部紫红色；枝条横截面呈近圆形，表面有条纹，红褐色；节间长10～15cm，卷须分布不连续。幼叶绿色，叶缘紫红色，上表面茸毛密，下表面茸毛极密；成龄叶片近圆形，较大，下表面茸毛中等密；叶片3或5裂，上裂刻深，下裂刻浅；叶柄洼拱形或矢形，叶柄长8.5cm左右，叶柄和叶脉均紫红色。果穗圆锥形，平均穗重200g左右。果粒近圆形，鲜红色或紫红色，平均粒重约4.5g；果皮和果粉均中等厚；果肉较脆，酸甜适口。可溶性固形物含量为14.0%～14.5%。在长沙地区于3月中旬萌芽，4月下旬开花，果实于7月上旬成熟。

该品种为早熟无核品种。植株生长势强，容易形成花芽，自然坐果率高，极易丰产。适应性强，抗旱，耐盐碱，抗病力强，对白腐病、霜霉病、黑痘病等病害的抗性与巨峰相似。在栽培上应严格控产栽培，须注重疏果，以增大颗粒、提高糖度、促使着色，使果穗松散。

12. 夏黑无核　别名黑夏，欧美杂种。由日本山梨县果树试验场杂交选育，亲本为巨峰×无核白。1992年登录。1998年南京农业大学园艺学院从日本引入我国。

新梢黄绿色，有茸毛；枝蔓较粗，节间较长，转色、成熟正常。幼叶乳黄至浅绿色，叶面有光泽，叶背密生茸毛；成叶近圆形，极大，叶背有稀疏丝状茸毛，3或5裂，上、下裂刻均深。果穗圆锥形，有双歧肩，经生长调节剂处理穗重可达500g左右，果粒着生紧密或极紧密。果粒近圆形，紫黑或蓝黑色，自然平均粒重2g左右，经生长调节剂处理后可达6～7g；果粉厚，果皮中厚；果肉硬脆，有浓郁的草莓香味，味浓甜，无核，可溶性固形物含量可达18%～20%。植株生长势极强，丰产，抗病力中等。在长沙地区7月上旬成熟。

该品种抗病力中等，果穗较易感染炭疽病，果粒偏小，果穗在运输销售过程较易落粒，耐贮运性较差。对控产栽培要求较高，如超量挂果，成熟期明显推迟，成为中熟品种，又严重影响花芽分化，出现明显的大小年，且易感染溃疡病。须采用控产栽培，以提高其经济效益。

13. 月光无核　欧美杂种。由河北省农林科学院昌黎果树研究所育成。1991年杂交育成，亲本为玫瑰香×巨峰，经过初选、复选和区域试验，性状表现稳定，2009年底通过河北省农作物品种审定委员会审定。

果穗重500～800g，果穗整齐度高。果粒近圆形、紫黑色，着色能力极强且着色均匀一致，平均单粒重 7～9g；果肉较脆，口感甜至极甜，稍具草莓香味，可溶性固形物含量 19.5%～21.9%。在河北昌黎果实于 8 月下旬成熟。

该品种平均果枝率为 86.6%，结实力极强；副梢易萌发，应注意疏芽、抹梢和副梢摘心，以利通风透光；副梢的结实力强，容易结二次果。抗病性较强，如对霜霉病、白腐病、炭疽病的抗性超过夏黑，与巨峰相似。抗逆性强，生长势强，根系发达，直根性较强，对土壤类型要求不严格，适宜在沙质土上栽植，抗旱性较强。冬季修剪以中、长梢修剪为主。在南方宜采用避雨栽培。

（二）有核鲜食葡萄品种

1. 瑞都香玉 欧亚种。北京市农林科学院林业果树研究所以京秀作母本，香妃作父本于 1998 年杂交育成。2007 年通过北京市审定。

植株生长势中庸或稍旺。新梢半直立，节间背侧绿色具红条纹，节间腹侧绿色，无茸毛；嫩梢梢尖开张，茸毛中多。卷须间断。叶片心脏形，绿色，中等大小，中等厚，5 裂，叶缘上卷，上裂刻稍重叠，下裂刻开张，锯齿形状为双侧凸，叶柄比主脉短，叶柄洼为矢形，叶背毡毛，茸毛密度中等；幼叶黄色，上表面茸毛密度中等，下表面茸毛密，上表面有光泽，叶片厚度中等。果穗长圆锥形，有副穗或歧肩，平均穗重 432.0g，果粒着生紧密度为中等至松。果粒椭圆形或卵圆形，平均粒重 6.3g，最大粒重 8.0g；果皮黄绿色，果皮薄至中等厚，果粉薄，果梗拉力中等。果肉脆，硬度中至硬，汁液多，其玫瑰香味、肉质、风味与香妃相近。可溶性固形物含量 16.20%，稍有涩味。种子 2～4 粒。不裂果。在北京市一般 4 月中旬萌芽，5 月下旬开花，8 月中旬果实成熟。

该品种萌芽率 71.17%，结果枝率 87.47%，结果系数 1.71，花序着生在结果枝的第 2～7 节，丰产性强，枝条成熟较早，花芽分化开始早，萌芽较整齐，自花授粉结实率高。在南方须采用避雨栽培，提高结果部位，保持树冠下部通风透光，以减少病虫害发生；适当疏花疏果；果实成熟期注意补充磷、钾肥；冬季采用中、短梢结合修剪。

2. 桃太郎　别名瀬户ジャイアンツ（Seto Giants）。欧洲种，二倍体。由日本冈山县赤磐郡瀬戸町花泽茂选育而成，亲本为グザルカー×ネオマスカット。1989年品种登录。2002年洛阳市园林科学研究所通过中日友好交流，从日本冈山县引进的特大粒鲜食葡萄优良品种。

树势非常旺盛，枝梢粗壮，生长发育期呈直立形，发育良好。嫩枝呈红色，茸毛少，枝梢粗，但节间比较短或中等。叶色淡，叶片3裂，断面呈凸凹形，叶片表面和背面都有光泽，叶柄粗长；叶片呈直立形，受光情况良好。新梢易从基部脱落，至开花期逐渐变强。果穗圆柱形，有歧肩，果粒着生紧密，单穗重500～600g。果实黄绿色，短倒卵形，有籽葡萄的果形为椭圆形，和无花果的形状相似，平均粒重13～16g，若管理得好，粒重可达20g，每果含种子2～3粒。经赤霉素处理的无核果，由于果实急速膨大而成为特大果；可在表面清晰地看到由心室数引起的2～3条筋状的小沟，2条筋状沟的葡萄外观像桃子；平均粒重20～22g，大粒可达30g。可溶性固形物含量18%～19%。果肉致密，酸味少，果皮薄，但不裂果，连皮吃无涩味。耐贮藏，不落粒。留树保鲜效果更好，霜降后也不变味。在浙江省宁波地区8月下旬果实成熟。

桃太郎属中熟品种，花芽分化良好。幼树期营养生长旺盛，易形成徒长枝。其萌芽、开花期和巨峰相比均晚2周左右。因此，在幼树期要控制肥水，使其形成坚实的骨干枝。为了防止9月以后生长的枝条不充实而冬季抽条，可采取摘心或使用生长抑制剂的方法加以控制。该品种早果性差，幼树管理上应以扩大树冠为主，3～4年后再让其结果，效益更好。幼树期营养生长迅速，单性结实差，即使用赤霉素处理后，也会出现粒数不足及中粒化现象，不能充分表现该品种的优良特性。但4年后就会有相当出色的表现。在修剪上多采用双枝更新的方法进行，可有效防止结果部位外移。

该品种在生产上应以生产高品质的大粒、无核葡萄为方向。为了使果粒发育充分，生产粒大、外观感觉好的果品，应及时疏果。一般在生产上要做两次疏果，第一次在能够确定果实的正常膨大后10d左右进行，第二次在用赤霉素处理前结束。疏果后每串葡萄应保留40粒左右，这样的果穗成熟后在800～1 000g。

3. 比昂扣 原名ロザリオビアンコ，别名Rosario Bianco。欧亚种，二倍体。原产地日本。1976年，日本植原葡萄研究所育成。亲本为Rosaki×Muscat of Alexandria。1987年8月品种登录，登录号为第1405号。1986年中国科学院植物研究所北京植物园从日本引入我国。

植株生长势极强。嫩梢黄绿色；梢尖开张，绿色，无茸毛，有光泽；新梢生长直立，枝条横截面呈圆形，成熟枝条黄褐色。幼叶黄绿色，带橙黄色晕，上表面有光泽；成龄叶片肾形，中等大，较薄，光滑，上、下表面均无茸毛；叶片3或5裂，上裂刻深，基部扁平或圆形；下裂刻浅，基部平；锯齿多为圆顶形；叶柄洼开张椭圆形，基部圆形。两性花。果穗多为圆锥形，平均穗重450g左右，最大穗重680g，果穗大小整齐；果粒短椭圆形，黄绿色，平均粒重8.5g左右，最大粒重14g；果粉厚，果皮薄、韧，果皮与果肉不易分离，果肉脆，汁多，味甜，可溶性固形物含量为19%～22%。每果粒含种子1～4粒，多为2粒，种子与果肉易分离。在长沙地区，3月底至4月初萌芽，5月上、中旬开花，8月下旬至9月上旬果实成熟。

该品种为晚熟鲜食品种。穗大，粒大，整齐，美观，果粒晶莹剔透。味甜，脆爽，有淡玫瑰香味，品质上等。但萌芽迟且欠

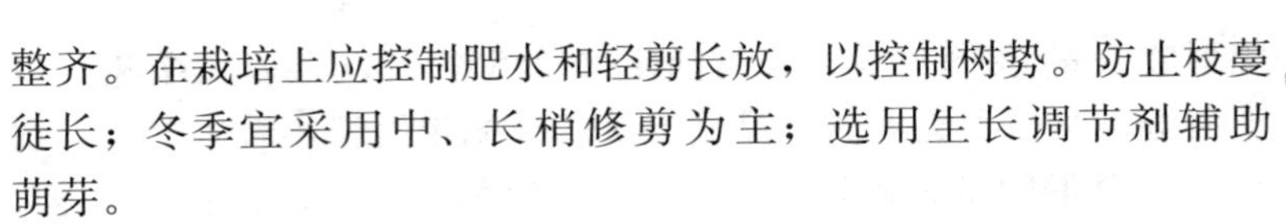

整齐。在栽培上应控制肥水和轻剪长放，以控制树势。防止枝蔓徒长；冬季宜采用中、长梢修剪为主；选用生长调节剂辅助萌芽。

4. 红巴拉多　原名ベニバラード。欧亚种。原产地日本。日本山梨县甲府市的山孝之氏 1997 年杂交培育，亲本为バラード×京秀。2005 年 2 月品种登录，登录号第 12722 号。张家港市神园葡萄科技有限公司 2009 年由日本引进。

植株长势强，芽眼萌芽率高，成枝率强，枝条成熟度好。每果枝平均着生果穗数 1～2 个。用 SO4 作砧木嫩梢和幼叶呈红色（贝达砧木呈黄绿色），幼叶正反面均无茸毛，叶片 5 裂，中等大小。果穗圆锥形，果粒着生中等紧密，大小整齐，穗重 500～600g，大穗可达 1 500g。果粒椭圆形，平均粒重 8～12g；果皮薄、鲜红色，果粉薄。肉脆，无香味，口感好。味甜，可溶性固形物含量为 18%～21%；种子 2～3 粒。在长沙地区果实于 7 月中、下旬成熟。

该品种花芽分化好；抗病性较强，充分成熟后留树贮藏的时间长，疏果整穗简单、省力，南方须采用避雨栽培。在设施栽培条件下，不易裂果，不掉粒。冬季留中、长梢修剪为好。

5. 红地球　别名晚红、美国红提、全球红、大红球、金藤 4 号。欧亚种。美国加州大学 H. P. 奥尔姆杂交选育。亲本为 $C_{12-80} \times S_{45-48}$。1982 年在美国正式发表。1987 年沈阳农业大学葡萄实验园从美国引入，1994 年通过品种审定。

植株生长势强，幼树新梢易贪长，枝蔓中等粗；新梢先端稍带紫红色条纹，中、下部为绿色，成熟较晚，在南方幼龄树部分枝蔓不能正常成熟；梢尖 1～3 片幼叶微红色，叶背有稀疏茸毛；成叶 5 裂，上裂刻深，下裂刻浅，叶正背两面均无茸毛，叶缘锯齿较钝；叶柄淡红色。果穗短圆锥形，平均穗重 800g 左右，大的可达 2 500g 左右；果粒圆形或卵圆形，平均粒重 12g 左右；果皮暗紫红色、中等厚；果肉硬脆，能削成薄片，味甜。可溶性

固形物含量15%～17%，可滴定酸0.5%～0.6%，无酸味，口感偏淡，爽口，无香味。品质上等。果刷粗而长，着生牢固，耐拉力强，不脱落，耐贮运。结果枝率70%，每果枝挂1.3穗，栽后二年开始结果，三年株产8kg，五年每667m^2产量2 000kg，极丰产。不抗黑痘病，要提早预防。果实易着色，成熟期遇大雨也不易裂果。在长沙地区3月下旬萌芽，5月上旬开花，8月下旬果实成熟，属晚熟品种。

该品种在栽培上应采取措施促花芽分化，实现稳产，促使着色，增加糖度。预防果实日灼，做好防治果穗白腐病为重点的病害。冬季修剪以留8芽中梢修剪为主，部分枝蔓可放至10芽，结合2～3芽短梢修剪，南方中、东部地区留芽量不少于10 000个。在南方须采用避雨栽培。

6. 红罗莎里奥 原名ロザリオロッソ，别名罗莎里奥罗索、Rosario Rosso。欧亚种，二倍体。原产地日本。由日本植原葡萄研究所育成。亲本为Rosario Bianco×Ruby Okuyama。1984年杂交，1988年结果。1999年，张家港市神园葡萄科技有限公司从日本引入我国，同期南京农业大学园艺学院也有引入。

植株生长势中等。嫩梢黄绿色，有条纹，不光滑；新梢自然弯曲，红褐色；梢尖闭合，黄绿色，无茸毛，有光泽；梢尖顶部稍带金黄色。幼叶绿色，上、下表面均有光泽；成龄叶片肾形，叶片5裂，上裂刻极深，下裂刻稍浅，叶柄洼宽拱形，叶缘锯齿圆顶形。两性花。果穗圆锥形，平均穗重515g，最大穗重860g左右，果穗大小整齐，果粒着生紧密。果粒倒卵形，淡红色或鲜红色，根据不同地域，也有的稍带紫色；平均粒重7.5g，最大粒重11g左右；果粉厚，果皮薄而韧，半透明，种子清晰可见，果皮与果肉难分离；果肉脆，无肉囊，汁多，绿黄色，味甜，稍有玫瑰香味，无涩味。可溶性固形物含量为20%～21%。每果粒含种子2～3粒，多为2粒。种子与果肉易分离。鲜食品质极上等。在长沙地区果实于8月下旬至9月上旬成熟。

该品种花芽易分化，丰产、稳产；果穗大，风味佳。但发芽率低，果实着色较难，有轻度落粒，抗病性中等，易发生果穗白腐病。在栽培上宜采用避雨栽培，促进萌芽与着色，冬季以留7～8芽中梢修剪为主，结合3芽短梢修剪，每667m²留芽量10 000个左右。

7. 甲斐乙女　原名甲斐乙，别名Kaiotome。欧亚种。二倍体。原产地日本。由日本山梨县志村富男育成，亲本为Rubel Muscat和甲斐路。1987年杂交，1998年品种登录，登录号为第6148号。1999年，南京农业大学园艺学院从日本引入我国。

植株生长势极强。嫩梢黄绿色，带淡紫红色条纹；梢尖半张开，绿色，有少量白色茸毛，有光泽；新梢生长直立，成熟枝条红褐色。幼叶黄绿色，上表面有光泽，下表面无茸毛；成龄叶片心脏形，叶片5裂，上、下裂刻均浅，叶缘锯齿圆顶形；叶柄洼矢形。两性花。果穗圆锥形，有副穗，平均穗重450g左右，最大穗重570g左右。果穗大小整齐，果粒着生紧密。果粒短椭圆形，鲜红色，单粒重10～12g，果粉厚；果皮中等厚、与果肉不易分离；果肉脆，汁多，味甜，无涩味。可溶性固形物含量为19%～21%。鲜食品质上等。每果粒含种子0～2粒，多为2粒，种子与果肉易分离。在长沙地区果实于8月下旬至9月上旬成熟。

该品种为极晚熟鲜食品种。糖度高，酸味适度。稍有裂果。在南方着色困难，须控制产量，促进着色。宜采用避雨栽培，以减轻病害。

8. 金田0608　欧亚种。河北科技师范学院和昌黎金田苗木有限公司合作育成，2000年以秋黑葡萄作为母本、牛奶葡萄作父本进行杂交选育而成。2005年性状稳定，完成复选，2007年通过河北省林业局组织的技术鉴定。

植株生长势中庸，副芽结实力强。幼叶上表面紫红色，有光泽，茸毛疏；成龄叶片心脏形，绿色；叶面平，叶背有刺毛，极疏。两性花。第1花序着生在3～4节。每果枝果穗数1～2穗。全株果穗及果粒成熟一致，成熟时不落粒。果穗圆锥形，有歧肩，有副穗，果粒着生中等紧密，平均穗重905g。果粒鸡心形，平均单粒重8.3g；果皮紫黑色，着色一致；果粉和果皮厚度中等，果皮韧。果肉较脆，有清香味。可溶性固形物含量高是其突出特点，可溶性固形物含量高达22.0%，味甜，品质上等。在冀东地区，4月13～16日开始萌芽，6月1～2日进入始花期，9月24～28日成熟。从萌芽到浆果成熟需161～165d，属于极晚熟品种。

该品种适宜在新疆、河北、山东、辽宁等地栽培。在南方须采用避雨栽培，棚架和T形架栽培均可，以中、短梢修剪为主。注意疏花疏果，控制产量，适时采收，以保证浆果充分成熟。

9. 京蜜 欧亚种。中国科学院植物研究所北京植物园育成，亲本为京秀×香妃。1997年杂交，2001年初果，2003年选出，2004年进行区试及品种比较试验，2006年定名。2007年12月通过北京市林木品种审定委员会审定。

生长势中等。嫩梢黄绿，梢尖开张，无茸毛。幼叶黄绿色，上表面有光泽，下表面无茸毛；成龄叶片心脏形，较小，绿色，上表面无皱褶，下表面无茸毛；叶片5裂，上裂刻较深，上裂片闭合，下裂刻浅，开张；锯齿两侧凸，叶柄洼开张椭圆形，基部U形。叶柄绿色有红晕，叶柄短于中脉。新梢生长较直立，无茸毛，新梢节间为绿色；卷须分布不连续，中等长。冬芽暗褐色，着色一致；枝条黄褐色，无刺，有条纹，节间短，中等粗。果穗圆锥形，平均穗重373.7g，最大穗重617.0g，果粒着生紧密，果粒大小整齐。果粒扁圆形或近圆形，大部分果粒有3条浅沟，黄绿色，成熟一致，平均粒重7.0g左右，最大粒重11g左右；果粉薄，皮薄、肉脆、汁中等多、味甜。每果粒含种子2～4粒，多为3粒。可溶性固形物含量17.0%～20.2%，可滴定酸含量0.31%，味甜，有玫瑰香味，肉质细腻，品质上等。成熟后可延迟采收45d而浆果不掉粒，不裂果，可溶性固形物含量可继续积累，风味更加浓郁。

隐芽萌发力中等，副芽萌发力中等。芽眼萌发率66.6%，枝条成熟度良好。早果性好，极丰产，正常结果树一般产果22.5t/hm^{2}为宜（3m×1m，篱架）。在长沙地区露地栽培，从萌芽至浆果成熟所需天数为95～110d，果实于7月初成熟，为极早熟品种。

该品种在南方须采用避雨栽培，篱、棚架栽培均可。宜中、短梢修剪，注意控制产量和进行疏花、疏果。加强病虫害防治。

10. 玫瑰香　原名Muscat Hamburg，别名紫玫瑰香（安徽、山东）、紫葡萄（安徽）、麝香葡萄（北京）、红玫瑰（河北石家庄）。欧亚种。原产地英国。此品种确切引入我国的年代和引自国家已无从查考。现广泛分布在全国各葡萄产区。天津市汉沽区、北京市、湖南长沙等地栽培面积较大。

植株生长势中等。嫩梢绿色，略带紫红色条纹，白色茸毛中等多；枝条横截面扁圆形，粗糙，浅褐色，有深褐色条纹和黑褐色斑点，附有白粉；节间短，中等粗；卷须分布不连续，2～3分叉。幼叶黄绿色，叶脉间带橙红色，上、下表面密生白色茸毛；成龄叶片心脏形，中等大，绿色；上表面有光泽，叶脉附近稍有皱纹，主叶脉黄绿色或浅绿色，带紫红色，基部疏生茸毛；下表面有中等密的白色茸毛，叶脉上密生刺状毛，主叶脉黄绿色，茸毛密生；叶片5裂，上裂刻深或中等深，下裂刻中等深或浅。锯齿锐，裂片先端锯齿三角形，延长变尖，边缘锯齿窄三角形；叶柄洼开张，基部尖形，椭圆形。叶柄长短不一致，较粗，黄绿色，上部带紫红色，密生黑色斑点。两性花。果穗圆锥形间或带副穗，平均穗重368.9g，最大穗重730g，果粒着生中等密。果粒椭圆形，紫红色或黑紫色，平均粒重5.2g，最大粒重7.6g，果粉厚；果皮中等厚、有涩味。果肉致密、稍脆，汁中等多，味甜，有浓玫瑰香味，可溶性固形物含量为17.7%～21.6%，可滴定酸含量为0.51%～0.97%，出汁率为75%以上；鲜食品质上等。每果粒种子1～4粒，多为3粒，种子与果肉易分离。

该品种进入结果期早，结实力强，隐芽、冬芽和夏芽副梢结实力均强；果实具有浓郁的玫瑰香味；耐运输和短期贮藏。但抗寒力和抗病性较弱；在高温、高湿或多雨的气候条件下易感黑痘病和霜霉病；在肥水供给不足，结果过多时，果穗易产生"水罐子病"；使用过高浓度的波尔多液时幼叶易产生药害；管理不好易落花落果和果粒大小不整齐，应及时夏剪和严格控制负载量；喜肥水，宜选择排水良好，富含有机质的土壤栽植。对气候条件的选择较严格，适合在温暖、雨量少的气候条件下种植。在南方须采用避雨栽培，棚架、T形架均可，以中、短梢修剪为主。

11. 美人指 原名マニキュアフィンガ-，别名红指、红脂、染指、Manicure Finger。欧亚种。原产地日本。1984年由日本植原葡萄研究所杂交育成。亲本为尤尼坤×巴拉蒂（Baladi）。1991年中国农业科学院从日本引入我国。

植株生长势极强。新梢绿色带紫色；梢尖闭合，黄绿色，无茸毛，有光泽；新梢生长直立；成熟枝条红黄色。幼叶绿黄色，叶片上表面有光泽；成龄叶片近圆形，叶片多为5裂，裂刻极深。锯齿圆顶形；叶柄洼开张、椭圆形，基部三角形。果穗圆锥形，穗重400～700g，最大穗重可达1 750g，果粒着生中等紧密。果粒尖卵形，鲜红色或紫红色，单粒重9～11g，最大粒重20g左右；果粉中等厚，果皮薄而韧，无涩味。果肉硬脆，汁多，味甜，可溶性固形物含量为17%～19%，可滴定酸含量0.5%左右，鲜食品质上等。每果粒含种子1～3粒，多为3粒，种子与果肉易分离。湖南省长沙地区8月下旬至9月初果实成熟。

该品种为晚熟鲜食品种。果粒恰如染了红指甲油的淑女手指，外观奇特艳丽；果实成熟后可留树保存。但花芽分化与产量不稳定；枝蔓成熟度很差；抗病力弱，易感白腐病和炭疽病；稍有裂果；果实极易日灼；不耐贮运，货架期短。须采用避雨栽培，控制树势，提高枝蔓成熟度，促进花芽分化，稳定产量；及时防治病虫害；冬季修剪时，应尽可能多留已成熟的枝蔓，以长梢修剪为主，每 667m^2 留芽量应达到 12 000 个以上。

12. 圣诞玫瑰　别名秋红。欧亚种。美国加州大学 H. P. 奥尔姆育成，亲本：S44－3SC×9－1170。1987 年沈阳农业大学从美国引入，1995 年通过辽宁省农作物品种审定委员会审（认）定。

植株生长势强。新梢紫红色，一年生枝深褐色，节间呈之字形曲折。幼叶绿色，光滑无毛；成龄叶心脏形，5 裂，上裂刻较深，下裂刻中等或浅，主脉分叉处向上凸起，叶片正、背两面均光滑无毛，叶缘锯齿较尖，叶柄紫红色。果穗长圆锥形，果粒着生较紧密，穗重 600～700g。果粒长椭圆形，深紫红色，单粒重 7～9g，果皮中等厚而韧、与果肉不易分离，不裂果；果肉硬脆，能削成薄片，肉质细腻，味甜，可溶性固形物含量 15%～16%，品质佳；果刷大而长，果粒附着极牢固，特耐贮运，长途运输也不脱粒，可窖藏至来年 4 月。在湖南澧县 3 月下旬萌芽，5 月上旬开花，9 月中旬果实成熟。

该品种抗病性中等。易感果穗白腐病；花芽分化好，极丰产；果实硬、脆、甜，有玫瑰香味，口感好；耐贮运。但果粒偏小，易裂果。果粒着生太紧密，容易感染果穗白腐病。须采用避雨栽培，控制树势，控制产量，加强病虫害防治；冬季以留 6～7 芽中梢修剪为主，与留 3 芽短梢修剪相结合，每 667m^2 留芽 8 000个左右。

13. 天山　别名金山。欧亚种。原产地日本。日本山梨县志村葡萄研究所的志村富雄氏杂交培育，亲本为白罗莎里奥×ベイジャーガン。

树势生长旺盛。果穗圆锥形，穗重 600g 左右，可溶性固形

物含量16%～18%；果粒青黄色，充分成熟时黄色，果粒巨大，单粒重25～30g，盛花期和盛花后10～15d用赤霉素25mg/L+施特优3～5mg/L处理两次，可以使粒重达到40g左右。皮薄，肉质爽口，可以连皮食用。在日本山梨县，成熟期为9月上旬至9月中旬。需注意病害的防治，栽培管理与其母本白罗莎类似。在秦皇岛地区9月下旬成熟，应尽早引进栽培推广。

14. 维多利亚 欧亚种，二倍体。原产地罗马尼亚。由罗马尼亚德哥沙尼试验站Dr. Victoria Lepadatu和Dr. Gh. condei共同育成。亲本为绯红×保尔加尔。1978年进行品种登记。目前已成为土耳其、南非等国的鲜食葡萄主栽品种和主要出口鲜食品种之一。1996年，河北省农林科学院昌黎果树研究所自罗马尼亚布加勒斯特农业大学引入我国。

植株生长势中等偏弱。嫩梢绿色，具极稀疏茸毛；枝条黄褐色，节间中等长。幼叶黄绿色，边缘稍带红晕，上表面有光泽，下表面茸毛稀疏；成龄叶片近圆形，中等大，黄绿色，叶缘稍下卷；叶片3或5裂，上裂刻浅，下裂刻深；锯齿小而钝；叶柄洼开张宽拱形，叶柄黄绿色。果穗圆锥形或圆柱形，单穗重500～600g。果粒着生中等紧密。果粒长椭圆形，绿黄色，单粒重9～11g；果皮中等厚，果肉硬而脆，味淡甜，爽口。可溶性固形物含量12%～15%，可滴定酸含量0.4%左右。每果粒含种子多为2粒，种子与果肉易分离。鲜食品质中等。在湖南省长沙地区7月中、下旬果实成熟。

该品种较早熟；花芽易分化，丰产、稳产；果穗外观好，果粒较大，可溶性固形物含量偏低，口感淡。较抗灰霉病，抗霜霉病、白腐病力中等，果实膨大后期至成熟易感染白腐病；果实在花期遇低温阴雨易产生无核果；果实即将成熟时易裂果；在南方须采用避雨栽培；及时补充硼肥，辅助授粉，以提高坐果率、减少无核小果；冬季修剪以短梢修剪为主，结合留5～6芽中梢修剪。每667m^{2}留芽量6 000～7 000个。

15. 温克　原名ウィンク，别名魏可、美人呼、温可、Wink。欧亚种，二倍体。原产地日本。日本山梨县志村富男育成。亲本为 Kubel Muscat 和甲斐路。1987 年杂交。1998 年品种登录，登录号为第 6149 号。1999 年南京农业大学园艺学院从日本引入我国。

植株生长势极强。嫩梢淡紫红色；梢尖半开张，黄绿色，无茸毛，有光泽；新梢生长自然弯曲、节间背侧青绿色，腹侧青紫色；成熟枝条棕色。幼叶黄绿色，带淡紫色晕，上表面有光泽，下表面叶脉上有极少量丝状茸毛；成龄叶片心脏形，中等大，下表面叶脉上有极少量丝状茸毛；叶片 5 裂，裂刻中等深，上裂刻基部多为矢形，下裂刻基部多为三角形；锯齿圆顶形；叶柄洼矢形，基部椭圆形。果穗圆锥形，单穗重 400～600g，果穗大小整齐，果粒着生疏松。果粒卵形，紫红色至紫黑色，单粒重 8～10g；果粉厚，果皮中等厚，韧，无涩味；果肉脆，汁多，味甜。可溶性固形物含量 19%～21%，可滴定酸 0.5%左右。每果粒含种子 1～3 粒，多为 2 粒，种子与果肉易分离，有小青粒。鲜食品质上等。在湖南省长沙地区 9 月上、中旬果实成熟。

该品种为晚熟鲜食品种。果粒大，着色好，稍有裂果；比甲斐路品种抗病。成熟后可较长时间挂在树上，适合延迟栽培；宜在生长季长的干旱、半干旱地区栽培。在南方须采用避雨栽培；预防果实日灼，坐果后果实开始膨大至硬核期采用叶幕遮果和果穗及时套袋；双十字 V 形架果穗节位直至第 10 节位上发出副梢不抹除，留 3 叶摘心，使果穗在叶幕下，可减轻和避免果实日灼；果实进入着色期，不再发生日灼，抹除副梢，增加叶幕透光度，有利果实着色。花期前后防好灰霉病、穗轴褐枯病，坐果后注意白粉病的发生和防治，果实膨大期防好白腐病；冬季修剪以中梢留 7～8 芽修剪为主，结合留 3 芽短梢修剪，每 667m^2 留芽量 8 000～10 000 个。

16. 早生内玛斯　别名早生新玛斯。欧亚种。由日本育成，亲本为巴拉得×新马特。

长势中庸，枝条易成熟，节间比较长。果穗圆锥形，穗重600g左右，果粒着生紧密。果粒长圆锥形，金黄色，单粒重10～12g。可溶性固形物含量可达24%左右，果实有浓郁玫瑰香味，品质极上。种子1～3粒，多数为2粒。在山东省的西、南部7月中下旬果实完全成熟，在湖南省澧县7月中旬果实充分成熟，可留树贮藏到国庆节。可以无核化栽培。

该品种花芽易形成，结果系数高，丰产、稳产，每果枝一般2～3穗，多次结果能力强。在栽培上必须控制产量。南方宜采用大棚避雨栽培。重点防好穗枯病等病害。

17. 宇选1号（巨峰优株） 欧美种。四倍体葡萄。浙江省农业科学院园艺研究所与乐清联宇葡萄研究所共同育成。1995年发现变异优株，1999年开始进行性状表现记录和配套技术研究。2009—2011年经多点区试，2011年12月通过浙江省非主要农作物品种审定委员会审定，定名为宇选1号。

植株生长势较强，成熟枝条表面呈条纹、黄褐色，横截面近圆形，节间较巨峰稍粗短，卷须间隔。嫩梢叶淡紫红色（较巨峰稍深），成龄叶片大而厚，5裂，裂刻较浅，叶色深绿，叶表面有网状皱褶，叶背茸毛中等。叶缘锯齿大而钝，叶柄洼拱形。冬芽较巨峰稍大。两性花。果穗圆柱形，无歧肩，无副穗，果穗重500～750g，全穗果粒成熟不一致，果梗与果粒易分离；果粒着生紧密。果粒椭圆形、整齐一致，横截面近圆形，果粒紫红色，果粉厚，果粒平均重12.5g；果皮厚、有涩味，果肉与果汁颜色均浅，汁液多，质地软。可溶性固形物含量17.5%～19.5%，含酸量4.11g/kg，维生素C含量36.6mg/kg；略有草莓香味；有种子1～3粒，与果肉易分离；落花落果与巨峰相似。设施栽培条件下3月初萌芽，4月中旬开花，6月中旬新梢开始成熟、果实开始着色，7月中、上旬果实成熟，从萌芽至果实充分成熟需130d左右，比巨峰早熟约7d，属中熟偏早品种。

该品种成花容易，须采用避雨栽培，选择排灌方便、土质疏松、肥力中等的地块建园。宜采用飞鸟形架式，结合 T 形树形或用水平棚架，长、短梢混合修剪。及时加强肥水管理，基肥以牛、羊粪等低热量有机肥为主，不施催芽肥、壮梢肥，齐芽后至开花前不灌水，开花前喷 2 次硼酸加磷酸二氢钾，保持中庸树势，确保坐果。生理落果期后施入膨果肥，硬核期施入着色肥，促进果粒着色，提高果实品质。每次施肥结合灌透水 1 次。南方地区需加强黑痘病、炭疽病、霜霉病、白粉病、灰霉病等病害的防治。

18. 翠峰　原名すいほう，别名 Suiho。欧美杂种。四倍体。原产地日本。由日本福冈县农业综合试验场园艺研究所育成。亲本为先锋×森田尼。1975 年杂交，1996 年以葡萄农林 13 号命名，登录号为第 5075 号。1999 年金华市金藤藤稔葡萄有限公司从日本引入我国。

植株生长势极强。嫩梢黄绿色，节处稍带紫色；梢尖闭合，黄褐色，无茸毛，无光泽；新梢生长直立；新梢节间背侧黄绿色，枝条红褐色。幼叶绿色，带橙黄色晕，有光泽，叶缘下卷，上表面网状皱，下表面沿叶脉有刺毛；成龄叶片中等大，叶脉上有少量茸毛。叶片 5 裂，大小不一致。叶柄洼多为开张宽拱形，基部直线状。两性花。

果穗多为圆柱形，平均穗重 460g 左右，最大穗重 760g；果穗大小整齐，果粒着生紧密。果粒长椭圆形，黄绿色或黄白色，极大，平均粒重 14g 左右，最大果粒 18g；果粉中等厚，果皮薄而脆，果肉较硬，味酸甜。可溶性固形物含量为 18%～20%。鲜食品质上等。种子 2～3 粒，与果肉易分离。在长沙地区果实于 8 月上、中旬成熟。

该品种为中熟鲜食品种。穗大，粒大，整齐美观，品质上等。在巨峰系品种中属品质优良类型。抗病力较弱。在南方宜采用避雨栽培。可行无核化处理。要认真防好果穗白腐病和炭疽病。冬季修剪以留6～7芽中梢修剪为主，结合3芽短梢修剪，每667m²留芽量为7 000～8 000个。

19. 东方之星 原名オリエンタルスター，别名Oriental Star。欧美杂种。原产地日本。是农业食品产业技术综合研究机构在广岛县丰田郡安芸津町育成，亲本为安芸津21号×奥山红宝石，1989年杂交，2004年品种登录。2009年张家港市神园葡萄科技有限公司从日本引进。

植株生长势强。梢头和幼叶都有较多白色茸毛，嫩梢先端呈浅红色，成熟的枝梢呈褐色，叶形略长，叶片略小，呈五角形，深5裂，成熟叶为绿色，叶柄长、红色。果穗圆锥形，平均穗重600g左右，最大穗重1 000g左右。单粒长椭圆形，自然粒重10g左右；果皮紫红色，果皮与果肉不易分离，肉质硬，盛花期后14d用25ml/L赤霉素处理，单粒重可达12g；果粒长椭圆形，有香味。种子1～2粒。在长沙地区3月中旬萌芽，5月上、中旬进入初花期，5月中旬盛花期，6月上旬开始第一次幼果膨大，7月底至8月上旬果实成熟。

该品种长势强，花芽分化好；可行无核处理；不裂果，不脱粒，耐贮运，抗病性、抗逆性均强，但在南方仍宜采用避雨栽培。

20. 高妻 别名金藤3号、京高新2号。欧美杂种。由日本山越幸男以先锋×森田尼杂交选育，巨峰系第二代品种，1995年沈阳农业大学园艺系从日本引入我国。

植株生长势稍强，枝梢粗，新梢及幼叶绿色，有茸毛；成龄叶心脏形，属特大叶型品种，有稀疏茸毛，5裂，裂刻深。叶片生长正常，不易提前黄化。果穗大，圆锥形有歧肩，果粒着生中等紧密，平均穗重400g左右。果粒短椭圆形，自然粒重10～12g，比巨峰略大；果皮紫黑色，皮厚，剥皮稍难。果实可溶性固形物含量15%～16%，汁多、味甜，品质上等。种子1～4粒，2粒居多。成熟期稍晚于藤稔7d左右，属中熟品种。长沙地区3月中、下旬萌芽，4月底至5月初开花，8月中、下旬果实成熟。

该品种生长势强，花芽分化好，丰产、稳产，但果实易裂果，管理不当裂果较重。在栽培上应控制产量；防止裂果。

21. 光辉　欧美杂种，四倍体。2003年沈阳市林业果树科学研究所以香悦作母本、京亚作父本杂交育成，2010年9月通过辽宁省农作物品种审定委员会审定。

嫩梢浅绿色，茸毛中等；成熟枝条为褐色。生长势强，新梢不徒长，枝条易成熟。幼叶浅绿色，叶面、叶背有中等密度茸毛；叶片绿色，成龄叶片近圆形；叶片大，较厚；叶片有3～5裂，裂刻较深，与父、母本品种相同；叶缘微上卷，上表面平滑，下表面有茸毛，茸毛较密；叶柄洼为矢形开张，叶缘锯齿锐；叶柄有红色条纹；卷须为间歇式着生。果穗圆锥形，有歧肩，平均穗重560g，最大穗重820g，果粒着生中等紧密。穗梗平均长5cm，有利于套袋。果粒近圆形，单粒重10.2g，最大单粒重15g；果皮紫黑色，较厚；果粉厚。每果含种子1～3粒，一般为1～2粒。果肉较软，有草莓香味，风味酸甜，品质上等。可溶性固形物含量16.0%，总糖含量为14.1%，可滴定酸含量为0.5%，糖酸比为28.2，维生素C含量233mg/kg。在辽宁省沈阳市4月下旬萌芽，6月初开花，7月下旬果实开始着色，8月底果实充分成熟，发育期122d左右，属早熟品种，11月初落叶。

该品种开花前对花序整形，防止果穗过大，坐果后根据结果情况适度疏粒。在一般情况下，大棚内栽植不必采用激素诱导坐果。设施栽培应避免花期高温、高湿，确保稳定结实。

土壤管理以地膜覆盖为宜。秋季以施入有机肥及生物菌肥为主，生长季适时进行追肥。灌溉采用滴灌，一般每半个月灌水1次，采收前2周停止灌水，确保葡萄质量。定植后的幼树，第1年冬剪时主蔓剪留长度以架高与成熟度为依据，采用双壁篱架、

独龙干树形，大棚内建议主蔓剪留长度在1.2m左右，以后主蔓始终保持这一长度。第2年以后结果母枝采用短梢（1～2个芽）修剪。在南方须采用避雨栽培。

22. 黑巴拉多 原名ブラックバラード。欧美杂种。原产地日本。日本甲府市米山农园的米山孝之氏杂交育成，亲本为米山3号×红巴拉多，2009年品种登录。2010年张家港市神园葡萄科技有限公司由日本引进。

嫩梢直立，幼叶平展向下，正反面有白色茸毛；叶片略小，深5裂，长势一般。果穗圆锥形，果粒着生中等紧密，大小整齐，穗重500g左右。果粒长椭圆形，平均粒重8～10g，紫黑色，果粉多于红巴拉多；皮薄，果皮与果肉难分离；肉脆，味浓香甜。可溶性固形物含量为19%～22%；种子2～3粒，可以进行无核化栽培。果实成熟后挂果时间长。在长沙地区果实于7月下旬至8月上旬成熟。

该品种植株长势一般，萌芽率高，成枝率强，枝条成熟度高。每果枝平均着生果穗数1～2个。花芽分化较好；抗病性较强，充分成熟后在树上挂果时间长，疏果整穗简单省工，适合南北方栽培，南方采用大棚避雨栽培较好。冬季以中、长梢修剪为好。

23. 黑峰 原名ダ-ククリッヅ，别名黑岭、Darkridge。欧美杂种，四倍体。原产地日本。由日本农林水产省果树试验场安芸津葡萄分场育成，亲本为巨峰×301-1（巨峰×ナイアベル）。1975年杂交，1983—1990年在日本北海道和东北地区进行耐寒性试验，1992年在19个府、县开始进行系统的适应性试验，1998年以葡萄农林18号命名，1999年定名为黑峰。1999年南京农业大学园艺学院从日本引入我国。

植株生长势中等。嫩梢黄绿色，微带淡紫色，有少量茸毛；梢尖半开张，乳黄色，有茸毛，无光泽；新梢生长直立，新梢节间背侧绿色，枝条红褐色。幼叶绿黄色，带紫红色晕，上表面有光泽，下表面被较密丝状茸毛；成龄叶片近圆形，叶片5裂，裂刻浅，多呈圆形，锯齿圆顶形。叶柄洼矢形。果穗圆柱形，平均穗重400g左右，最大穗重480g左右；果穗大小整齐，果粒着生紧密。果粒短椭圆形，浓紫黑色，单粒重12～13g，果粉厚，果皮厚而韧，有涩味。果肉较硬，无肉囊，果汁多，浅红色，味甜，有草莓香味。可溶性固形物含量为17%～19%。种子与果肉易分离。鲜食品质上等。在长沙地区8月上、中旬果实成熟。

该品种为中熟鲜食品种。果粒大，果肉较硬，有草莓香味，不易裂果。比巨峰品种着色好，在高温地区，也能达到浓紫黑色。落花落果轻。栽培管理似巨峰。对赤霉素不敏感，处理后不易产生无核果。抗病力强，抗寒性较弱。综合性状优于巨峰，巨峰葡萄产区可发展黑峰。在栽培上应采取措施增大果穗与果粒。在我国南方高温多雨地区宜采用避雨栽培。按欧美杂种常规栽培技术，每667m^{2}控产1 250kg，定穗2 500～2 800穗，南方定梢3 500条左右；冬季修剪以留6～7芽中梢修剪为主，结合3芽短梢修剪。每667m^{2}留芽7 000～8 000个。

24. 黑色甜菜　原名ブラックビート，别名Black Beet。欧美杂种。原产地日本。日本熊本县的河野隆夫氏育成，亲本为藤稔×先锋，1990年杂交，2004年品种登录。2009年张家港市神园葡萄科技有限公司从日本引进。

果穗圆锥形，穗重480～600g，果粒着生中等紧密。果粒短椭圆形，紫黑色，单粒重14～18g，最大可达20g以上。上色好，果粉多，果皮厚，与果肉易分离。肉质硬爽，酸味少，无涩味，多汁、风味介于两亲本之间，可溶性固形物含量16%～19%。在长沙地区果实于7月上、中旬成熟。

该品种丰产，是目前巨峰系列品种中又大又甜的极早熟品种。在南方宜采用避雨栽培，以减轻病害。

25. 红富士　原名Benni fuji，别名井川667号。欧美杂种，四倍体。原产地日本。由井川秀雄育成。亲本为金玫瑰×黑潮。

1977 年，中国农业科学院作物品种资源研究所原国外引种组（现国外引种室）自日本引入我国，同时交中国农业科学院果树研究所和原中国农业科学院果树研究所郑州分所（现中国农业科学院郑州果树研究所）试种。经观察后选出，推广应用于生产。

植株生长势强。嫩梢绿色。幼叶黄绿色，边缘带粉红色，上表面无光泽，下表面密生茸毛；成龄叶片心脏形或近圆形，大，绿色，上表面粗糙，下表面有毡状茸毛。叶片 3 或 5 裂，上裂刻浅或中等深，下裂刻浅或无。锯齿锐。叶柄和新梢上分泌有珠状腺体。卷须分布不连续。果穗圆锥形间或带副穗，平均穗重 547g，最大穗重 700g 左右，果穗大小整齐，果粒着生中等紧密。果粒倒卵圆形，粉红色，平均粒重 11.5g，最大粒重 17g 左右；果粉厚，果皮厚，无涩味。果肉软，汁多，味甜，有草莓香味。每果粒含种子 1～3 粒，多为 2 粒，种子与果肉易分离。可溶性固形物含量为 17%～19%。鲜食品质上等。长沙地区果实 8 月中、下旬成熟，属中、晚熟品种。

该品种花芽分化好，丰产、稳产性好。果实甜、香，口感极佳。但果穗着色差；果实不耐贮运。果穗易发生水罐子病。在栽培上应控制产量（每 $667m^2 \leqslant 1\ 250kg$），促进果穗着色，以减轻水罐子病。成熟果实就近及时销售。以中梢修剪为主，长、中、短梢混合修剪为辅。

26. 红双味 欧美杂种。山东酿酒葡萄研究所用葡萄园皇后与红香蕉（玫瑰香×白香蕉）杂交育成。1994 年通过省级鉴定。

植株生长势中庸。新梢绿色，有稀疏茸毛。叶片绿色，有红褐附加色，叶片正、反面均有稀疏茸毛；成龄叶心脏形，中等大，5 裂，上、下裂刻均浅，叶面无毛而有光泽，叶背有稀疏茸毛，叶缘向下，锯齿较钝，叶柄洼开张，窄拱形。果穗圆锥形，果粒着生中等紧密，成熟一致，平均穗重 350～450g。果粒椭圆形，平均粒重 5g 左右，最大 7.5g，果皮紫红色，果粉中厚，肉软多汁。果实成熟前期以香蕉味为主，后期以玫瑰香味为主。可溶性固形物含量17%～18%，可滴定酸0.5%～0.6%。品质佳。种子多3粒。在湖南长沙地区7月上、中旬成熟。

该品种早熟。花芽分化好，丰产、稳产。适应性较强，抗病力强，耐贮运性中等。栽培上应采取措施，增强树势，增大果穗与果粒。冬季修剪以留6～7芽中梢修剪为主，与3芽短梢修剪相结合，每667m^{2}留芽量应达1万个左右。

27. 户太8号　欧美杂种。陕西省西安市葡萄研究所从奥林匹亚的芽变选育，1996年通过品种审定。

植株生长势强，新梢绿色微带紫红色，有茸毛。幼叶浅绿色，叶缘带紫红色，叶背有白色茸毛；成叶大，近圆形，叶背有中等密的茸毛，5裂，锯齿中等锐。果穗圆锥形，带副穗，果粒着生中等紧密，平均穗重500～800g。果粒短椭圆形，平均粒重9～10g，果粉厚，紫红至紫黑色，果皮厚、与果肉易分离；果肉软、多汁，可溶性固形物含量17%～19%，有淡草莓香味；每果粒含种子1～4粒种子，多数为2粒。湖南长沙地区果实于7月中、下旬成熟，成熟后可在树上挂至8月中、下旬不落粒，较耐贮运。

该品种为早、中熟鲜食品种，也可用于制汁。多次结实能力强，经无核化处理可生产出无核率极高的优质无核葡萄。适应性和抗病性均较强，在多雨地区宜采用避雨栽培，棚、篱架栽培均可，仍应注意病害的防治。冬季修剪一般留7 000～8 000芽，以中梢修剪（留6～7芽）为主，结合3芽短梢修剪。

28. 沪培1号　欧美杂种。三倍体品种。上海市农业科学研究院育成，亲本是喜乐×巨峰。1990年杂交，杂交胚经离体胚挽救培养，1991年获得试管苗，1992年转入田间育苗，连续几年的田间筛选和果实品质考评，综合表现突出，而且性状比较稳定，经扩繁育苗，于2000年进入品系比较试验，同时开始布点试种，2006年11月通过上海市农作物品种审定委员会审（认）定。

植株生长势较强。嫩梢较直立，带有浅条红晕，白色茸毛中密；成熟枝为黄褐色，节间长。卷须间隔分布，尖端分叉。幼叶浅紫红色，背面白色茸毛密；成龄叶大，心脏形或近圆形，5裂，上裂刻中等深，裂刻开张，基部U形；叶面较平滑，叶缘略下卷，叶背茸毛中等。锯齿双侧直，叶柄洼重叠闭合或窄椭圆形。叶柄中等长，绿色。花穗中等大。果穗圆锥形，平均穗重400g左右；果粒着生中等紧密。果粒椭圆形，通常淡绿色或绿白色，冷凉条件下表现出淡红色；平均粒重5～7g；果皮中厚，果粉中等多。肉质致密，可溶性固形物含量15%～18%，风味浓郁，品质优。无核。在湖南省长沙地区8月上旬果实充分成熟。

该品种生长强健，属中熟偏早品种。不脱粒、不裂果，果穗和果粒大小整齐。抗病性较强，较抗黑痘病、霜霉病、炭疽病、灰霉病等病害；结果节位较高，采用避雨棚架整形，长梢修剪为主。生长季节宜进行多次摘心，培养副梢结果母枝，以缓和树势，并提高花芽形成和结实能力。

该品种属于三倍体品种，在栽培种必须采用赤霉素处理。第1次在盛花至盛花末期用25～30mg/L的赤霉素浸花穗。第2次在花后10～15d，用相同质量浓度的赤霉素再浸果穗1次，或处理时可加入低质量浓度的吡效隆（1～2mg/L），以达到增大果粒的效果。分批进行抹梢，每果枝留1个果穗，每667m^{2}留2 500～3 000穗，产量控制在1 000kg为宜。为提高品质还应在果实软化期之前增施钾肥，并实施葡萄专用果袋的套袋措施。

29. 沪培2号 欧美杂种。上海市农业科学研究院育成，亲本为杨格尔×紫珍香。1995年杂交，杂交胚经离体胚挽救培养，于1996年获得杂交实生苗，1997年定植于育种圃，1999年开始挂果，2000年初选为优良单株，并随即育苗进入品比试验和中试，2007年11月通过上海市农作物品种审定委员会审定。

树势旺盛。嫩梢浅红色，枝条成熟后为黄褐色，节间较长。

卷须双间隔性。幼叶浅紫红色，叶背白色茸毛中密；成龄叶片大，心脏形，平展。叶面平滑，5裂，上裂刻中深，下裂刻浅，叶背有稀少茸毛；叶锯齿中等锐，叶柄洼开张拱形，叶柄紫红色。花穗较大，两性花。果穗圆锥形，平均穗重350g左右，果粒着生中等紧密。果粒椭圆形或鸡心形，单粒重5～6.3g；果皮中厚，通常为紫红色，设施栽培为深紫色，果粉多。果肉中等硬，可溶性固形物含量15%～17%，风味浓郁，无核，品质中、上等。在长沙地区7月中、下旬果实成熟。

该品种属早熟品种。抗病性一般，在南方宜采用避雨栽培，加强黑痘病、炭疽病等病害的防治，套袋栽培对防病效果良好。因为树势强旺，种植时株距适当加大；叶片大，新梢的间距适当加大，须注意通风透光；开花前土壤不宜太干，否则易引起落花落果。架势选用棚架和T形架均可，生长时期宜进行主梢多次摘心，注意培养副梢结果枝，以缓和树势；冬季结果母枝以中梢修剪为主。

该品种宜进行2次生长调节剂处理。第1次在盛花期至盛花末期用15～20mg/L的赤霉素浸花穗，第2次在间隔10d左右，用30～50mg/L浓度的赤霉素再浸果穗1次。花前1周要进行花穗整形，去除副穗和花序基部的2～4个子梗。花芽容易形成，实施控产优质栽培，每结果母枝留1个果穗，每667m² 疏留2 500穗左右，每667m² 产量控制在1 000kg左右为宜。在浆果转色期适当增施钾肥。

30. 金手指　原名ゴ-ルドフィンガ-，别名Gold Finger。欧美杂种。原产地日本。是日本原田富一氏于1982年用美人指×Seneca杂交育成。以果实的色泽与形状命名为金手指，1993年经日本农林省注册登记，登录号第3406号，1997年引入我国。

植株生长势中庸偏旺，新梢较直立，枝蔓较粗，转色、成熟正常。嫩梢绿黄色，幼叶浅黄色，茸毛密；成叶大而厚，近圆形，5裂，上裂刻深，下裂刻浅，锯齿锐。叶柄洼宽拱形，叶柄紫红色。一年生成熟枝条黄褐色，有光泽，节间长。成熟冬芽中等大。果穗长椭圆形，花芽分化较差的，果穗重 250～300g，着粒较松散；花芽分化好的，果穗重可达 500g 左右，果粒着生中等紧密。果粒长椭圆形、略弯曲，近似手指形，也近似橄榄形，中间粗，两头较细；果粒金黄色，平均粒重 7.5g，最大可达 10g 左右。每果含种子 0～3 粒，多为 1～2 粒，有瘪籽，无小青粒；果粉厚，极美观，果皮薄，可剥离。可溶性固形物含量 21%～22%，可滴定酸 0.5%左右。果实脆、爽口，极甜，口感极佳。有浓郁的冰糖味和牛奶味，品质极上，商品性高。不易裂果。在长沙地区果实于 8 月上、中旬成熟。

该品种根系发达，始果期早，结实力强；近郊果实直销可适当种植。观光、旅游区多品种组装销售，以其口感好，果形奇特，可提高果品身价。但因其花芽分化较差，产量偏低；果粒偏小。不耐贮运；易感染果穗白腐病；抗风、雨能力弱。为此在栽培上应控产提质（每 667m^2 1 250kg），增大果粒（10g/粒）。严防病害。冬剪时以 7～8 芽中梢修剪为主，结合 3 芽短梢修剪，每 667m^2 留芽量 8 000～10 000 个。夏季枝蔓管理采取提前剪梢、多次摘心的方法。

31. 京亚 欧美杂种，四倍体。中国科学院植物研究所北京植物园从黑奥林葡萄实生苗中选育的品种，1982 年播种，1986 年开始结果，1990 年选出，为纪念第十一届亚运会在北京召开而命名为京亚，1992 年 8 月通过鉴定。全国各地有较大栽培面积，在生长期短的东北和高温多雨的南方地区被列为主栽品种。

植株生长势中等。植株形态（枝、叶等）与黑奥林极相似。嫩梢绿色；梢尖开张，紫红色，有稀疏白色茸毛；新梢较细，生长直立；新梢节间背、腹侧均褐色；枝条横截面呈近圆形，表面有条纹，红褐色，有稀疏茸毛。冬芽褐色；节间中等长、粗或较细。卷须分布不连续，中等长，2～3 分叉。幼叶绿色，带浅紫红色晕，上表面有光泽，下表面有浅红色茸毛；成龄叶片心脏形或近圆形，中等大，深绿色，主要叶脉绿色，叶缘上翘，上表面无皱褶，下表面密布灰白色茸毛。叶片3或5裂，上裂刻深，下裂刻浅。锯齿小而锐，三角形。叶柄洼开张矢形。叶柄短于中脉，紫红色。果穗圆锥形或圆柱形，有副穗，果粒着生紧密或中等紧密，平均穗重400g左右，最大可达1 000g左右。果粒短椭圆形，平均粒重11.5g，大的可达18g左右；果皮紫黑色或蓝黑色，果粉厚，果皮中等厚而较韧；果肉较软，汁多，有草莓香味。可溶性固形物含量15%～17%，可滴定酸含量为0.65%～0.90%。每果粒含种子1～3粒，多为2粒，种子与果肉易分离。湖南长沙地区7月上旬果实成熟。

该品种为早熟鲜食品种，也可制汁。花芽分化好，丰产性中等。着色早，着色快，但前期退酸慢，充分着色后还须有个升糖退酸过程，为保证果品质量，必须充分成熟后采收；发枝力偏弱；抗病性中等。易发灰霉病、炭疽病。在南方宜采用避雨栽培，适时保果。

32. 巨峰　欧美杂种，四倍体，中熟品种。1937年日本静冈县大井上康用石原早生与森田尼杂交育成。60年代引入中国，现在南北方均有栽培。

植株生长势强。新梢绿色，有稀疏茸毛。幼叶黄绿色带浅紫红色，叶面有光泽，叶背有稀疏茸毛；成叶心脏形或圆形，5裂，上裂刻深，下裂刻浅，锯齿大而锐。果穗圆锥形，带副穗，果粒着生中等紧密，穗重400～500g，最大穗重1 500g，果穗大小整齐；果粒着生中等紧密。果粒椭圆形，单粒重9～12g，果粉厚，紫黑色，果皮较厚而韧，有涩味；果肉软，有肉囊，汁多，绿黄色，味酸甜，有草莓香味。可溶性固形物含量为16%～18%，可滴定酸含量为0.66%～0.71%。鲜食品质中、上等。每果粒含种子1～3粒，多为1粒，种子与果肉易分离。湖南长沙地区7月下旬至8月上旬果实成熟。

该品种为中熟鲜食品种。花芽分化好；果粒较大，果实外观较美；果肉甜、软，汁多，口感好。但落花落果严重，坐果差。易感染黑痘病、灰霉病、霜霉病、穗轴褐枯病等。应注意病害的防治。宜采用避雨栽培；冬季修剪以中、长梢修剪为主。

33. 巨玫瑰 欧美杂种。四倍体。辽宁省大连市农业科学研究院用沈阳玫瑰与巨峰杂交育成。1993 年杂交，1996 年结果并入选优系，2000 年定名。

植株生长势强。新梢绿色带紫红色条纹，茸毛中等密。幼叶绿色带紫褐色，叶面有光泽，叶背密生茸毛；成龄叶片大，心脏形，叶面光滑无光泽，叶背茸毛中等密，5 裂，上裂刻深，下裂刻中等深。两性花。果穗圆锥形，带副穗，果粒着生中等紧密，穗重 500～600g。果粒椭圆形，紫红色，粒重 9～10g；果粉中等厚，有浓郁玫瑰香味；果肉较软，白色，果汁中等多，味酸甜。可溶性固形物含量 19%～20%，可滴定酸含量 0.4%～0.5%。鲜食品质上等。每果粒含种子 1～2 粒，种子与果肉易分离。耐贮运性较差。湖南长沙地区 8 月上、中旬果实成熟。

该品种为中熟鲜食品种。花芽容易形成，丰产、稳产；果粒大，外观美，成熟一致；果实甜、香，口感佳，品质优良。但果实偏软，不耐贮运；基部叶片易提前黄化、脱落；不耐高温；易感染霜霉病。幼树期应控制树势。在巨峰系品种栽培区均可种植。宜避雨栽培，单株单蔓或双株双蔓龙干形整枝均可，冬季修剪以留 6～7 芽中梢修剪为主，结合 3 芽短梢修剪。每 667m^2 留芽 7 000～8 000 个。

34. 康太 欧美杂种，四倍体。沈阳市东陵乡凌云村葡萄园 1969 年发现的康拜尔早生葡萄的枝变，1988 年发表。

新梢绿色。幼叶背面覆有浓厚的白色毡状茸毛，叶缘有鲜艳的胭脂红色；成叶心脏形，叶片大而厚，3 裂或全缘，黑绿色，叶背密生黄褐色茸毛，叶柄洼矢形。成熟的一年生枝褐色。果穗大，圆锥形，或有副穗，穗重 500～600g，果粒着生紧密。果粒圆形，单粒重 8～10g，大小均匀；果紫黑色，果粉厚；肉软多汁，有肉囊，具麝香味。可溶性固形物含量 15%～17%，品质中等。湖南长沙 7 月中、下旬果实充分成熟，属中熟品种。该品种树势健壮，极丰产，抗病力强，抗寒，适应性广，喜肥水。在高温多雨地区宜采用避雨栽培。

35. 辽峰　欧美杂种。辽宁市柳条寨镇赵铁英发现的巨峰芽变。历经 8 年的扩繁和观察鉴定，发现该品种综合性状稳定。2007 年 9 月通过辽宁省种子管理局审定。

树势强健，成熟枝条为红褐色，枝蔓粗壮；嫩梢灰白色，有茸毛，中多。幼叶绿色，茸毛中多；成龄叶片大，心形，平展，3～5 裂；锯齿锐，裂刻浅；叶表面深绿色，背面灰绿色，茸毛少。

果穗圆锥形，有副穗，平均穗重 600g，最大 1 350g。果粒大，圆形或椭圆形，二年生幼树单粒重 12g，成龄树单粒重 14g，最大单粒重 18g；果皮紫黑色，果粉厚，易着色，果肉与果皮易分离。果肉较硬，味甜适口。可溶性固形物含量为 18%，每果粒含种子 2～3 粒。

在辽宁省灯塔市，该品种 5 月 1 日左右萌芽，6 月上旬始花，8 月上旬开始着色，不用采取任何催熟措施，9 月上、中旬浆果充分成熟；在湖南省澧县 7 月底果实成熟，属中熟品种。从萌芽至成熟约需 132d，枝条开始成熟期为 8 月上旬，采收时新梢成熟节数为 8 节。

该品种树势强旺，叶片肥大，适合小棚架栽培，独龙干形整枝，修剪主要为短梢修剪。栽植行株距（3.5～4）m×（0.7～0.8）m。花前少施氮肥，防止新梢徒长。开花前 3～5d 新梢摘心，花前 2～3d 除去副穗，掐穗尖，防止落花落果。合理进行疏粒，每果穗保留 40～50 粒。

该品种生长量大，丰产性好，喜肥水，与巨峰相比，要求更高的肥水条件。针对成熟较早的特点，应提前施用促进果实着色成熟的磷、钾肥。

36. 摩尔多瓦 欧美杂种。原产地摩尔多瓦。亲本：古扎丽卡拉（Guzalikala）×SV12375。1997年河北省农林科学院昌黎果树研究所从罗马尼亚引入我国。

植株生长势较强。新梢绿色至黄绿色；幼叶绿色带暗红色，有茸毛；成叶中等大小，近圆形，3裂或全缘，叶背有稀疏茸毛，锯齿大而锐。果穗大，圆锥形，果粒着生中等紧密，穗重400～500g。果粒椭圆形，蓝黑色，单粒重6～7g，果粉厚；果肉柔软多汁。可溶性固形物含量15%～16%，可滴定酸0.5%～0.6%。不裂果，耐贮运。湖南省长沙地区8月中、下旬果实成熟。

该品种花芽易形成，丰产、稳产；果粒着色好，果粉厚，外观美；抗霜霉病。但果粒偏小，口感一般，无香味。宜采用避雨栽培，加强肥水，控产提质，增大果粒；冬季以留6～7芽中梢修剪为主，结合留3芽行短梢修剪，每667m^2留芽量7 000～8 000个。

37. 藤稔 原名ふじみのり、Fujiminori，别名乒乓球葡萄、乒乓葡萄、金藤、紫藤，欧美杂种。四倍体。原产地日本。由青木一直育成，亲本为红蜜（井川682）×先锋。1978年杂交，1985年登记注册。最新巨峰系列品种，1986年上海市农业科学院园艺研究所与中国科学院植物研究所北京植物园同期从日本引入我国。在浙江、江苏、上海、湖南等地有大面积栽培。

植株生长势比巨峰稍弱。嫩梢浅绿色带浅紫红色，梢尖半开张，新梢生长直立；枝条横截面呈近圆形，中等粗，表面光滑，暗黑色；节间中等长。卷须分布不连续，中等长，2分叉。幼叶边缘粉红色，密生茸毛；成龄叶片近圆形，平展略有反卷，上表面有浅网状皱纹，下表面有稀疏茸毛；3～5裂，上裂刻深，下裂刻浅，裂刻基部V形；叶柄洼开张。冬芽肥大。两性花。果穗圆锥形，带副穗，果粒着生中等紧密，自然穗重400～500g。果粒短椭圆形或圆形，紫红或紫黑色，平均粒重可达18.5g，最大粒重 24.5g；肉质肥厚，可溶性固形物含量 15%～16%；每果粒含种子 1～2 粒，种子与果肉易分离。品质上等。在长沙地区 8 月上旬果实成熟。

该品种植株生长势较强，花芽易分化，结果枝率高，丰产、稳产；耐湿，较耐寒；较抗霜霉病、白粉病，不抗灰霉病；采用扦插苗生长势较弱，以华佳 8 号砧耐涝性强、5BB 砧抗旱性强；果实耐贮运。但果实易裂果；糖度偏低，口感偏淡；成熟采果期较短，容易落果。我国南北各地均可种植。南方宜采用避雨栽培，棚架、T 形架均可；防好裂果，果实着色开始直至成熟采摘这段时间易裂果，果粒越大，越容易裂果，采用土壤保湿法，即在整个裂果期畦土保持湿润，一直至果实采摘；提倡畦面铺草或覆膜；根据天气和土壤含水量灌水或喷水，不能使土表干白。冬季以中梢修剪为主，结合 3 芽短梢修剪，每 667m^2 留芽量 7 000～8 000 个。

38. 夕阳红　欧美杂种，四倍体。由辽宁省农林科学院园艺研究所育成。亲本为 7601（沈阳玫瑰）×巨峰。1992 年定名、发表并开始推广。在全国南、北各地区均有栽培。

植株生长势强。嫩梢绿色，梢尖开张、绿色，有茸毛；新梢生长直立，节间背侧浅紫色、腹侧绿色；成熟枝条横截面近圆形，表面有条纹，红褐色，着生极疏茸毛；节间中等长、粗；冬芽朱红色。幼叶绿色，带紫红色晕，上表面有光泽，下表面茸毛中等多；成龄叶片心脏形、绿色，下表面有极少数刺状毛；叶片 3 或 5 裂，上裂刻深，下裂刻浅，裂刻基部闭合匙形，复锯齿、锐，叶柄洼开张拱形，叶柄长、浅紫色。果穗长圆锥形，无副穗，穗大，单穗重 550～650g，果穗大小整齐，果粒着生紧密。果粒椭圆形，紫红色，单粒重 10g 左右，果粉与果皮均中等厚、较脆。果肉较软，汁多，味甜，有浓玫瑰香味；可溶性固形物含量 15%～17%，可滴定酸 0.7%～0.9%。种子与果肉易分离。鲜食品质上等。在湖南省长沙地区 8 月中、下旬果实成熟。

该品种花芽分化易，丰产、稳产；果粒较大；味甜，玫瑰香味浓。因坐果较好，果粒着生容易太紧密；含酸量偏高；如产量过高易导致着色不良；抗病力中等。在南方须采用避雨栽培；控制产量，促进着色；以中、短梢修剪为主，结合超短梢修剪。

39. 阳光玫瑰 原名シャインマスカット，别名 Shine Muscat。欧美杂种。原产地日本。是日本农业食品产业技术综合研究机构在广岛县丰田郡安芸津町用安芸津 21 号（スチュ-ベン×マスカットオブアレキサンドリア）与白南（カッタケルガン×甲斐路）杂交育成。2006 年品种登录。张家港市神园葡萄科技有限公司 2009 年从日本引进。

植株生长势强。梢头和幼叶都有较多的白色茸毛，嫩梢前端呈浅红色，成熟的枝蔓呈黄褐色。叶片大，呈五角形，浅 5 裂，成熟叶上面颜色为绿色，叶柄长，浅红色。果穗圆锥形，穗重 600g 左右，最大穗重可达 1 800g。果粒短椭圆形，果粒大，果粒重 12～14g；果粉少，果皮黄绿或黄白，果皮厚，幼果到成熟时果粒发亮。果肉硬，有玫瑰香味，可溶性固形物含量 18%～20%。果皮去皮难，酸味少，无涩味，果实品质上等，无核化处理容易。在长沙地区 3 月中、上旬萌芽，5 月初初花，5 月上、中旬盛花，花穗大，花蕾较小，坐果率高，无需保果处理，着果中等紧密。6 月上旬幼果膨大，7 月中旬果实开始转色有弹性，7 月下旬至 8 月上旬成熟。果实成熟后留树贮藏时间长。

该品种生长势强，花芽分化好，坐果高，成熟期与巨峰相近，易栽培；抗病性较强；需要整穗，疏果，树势以强壮为宜，果实耐贮运，无脱粒现象。以中、短梢修剪为主。适合我国南北栽培，须控制徒长，方可达到更理想、更高品质的效果。

40. 甬优 1 号 欧美杂种。为藤稔葡萄芽变，由浙江省宁波市鄞州区下应街道齐心村葡萄专业户王鹤鸣于 1994 年在藤稔硬枝扦插园中发现，1990 年 10 月通过宁波市科技成果鉴定并命名。在浙江、上海、安徽、湖南、福建等地均有栽培。

植株生长势比藤稔强，枝梢生长粗壮，一年生枝红褐色。幼叶灰白色，表面带茸毛，叶尖略带红色；成叶较藤稔稍厚，叶色深绿有光泽；叶缘浅5裂，锯齿锐；叶柄洼较窄。冬芽鳞片红色。果穗圆柱形，副穗少，平均穗重650g左右。果粒近球形，紫黑色，上色快、均匀；自然单粒重10～11g，较藤稔小，果皮稍厚（不易裂果）；果粒着生紧密，整齐度好。果肉味甜、浓、汁多，果肉硬脆、爽口，风味好，品质上等，优于巨峰及巨峰系软肉型品种，不裂果。可溶性固形物含量16%～17%，可滴定酸0.30%，维生素C含量27.1mg/kg。果实成熟时留树贮藏时间比藤稔长。在长沙地区3月中、下旬萌芽，5月上旬开花，8月上、中旬果实成熟，萌芽至果实成熟138～148d。

该品种花芽易形成，丰产、稳产，果实品质好。但树势旺的园坐果率低，较易形成无核小粒果。在栽培上应控制树势，促进授粉受精，减少小粒果；控制产量，避免因结果过多而影响着色。冬季修剪以中梢修剪为主（留6～7芽），结合3芽短梢修剪，每667m^{2}留芽量7 000～8 000个。

41. 玉手指　原名兰花指。欧美杂种。浙江省农业科学院园艺研究所从金手指芽变选育而成。2012年12月通过浙江省非主要农作物品种审定委员会审定。

植株生长势中等偏旺。嫩梢开张，黄绿色；一年生成熟枝条灰黄色，表面有条纹。幼叶背面密生茸毛；成龄叶中等大而厚，近圆形，5裂；叶柄洼宽拱形，带浅红色。果穗长圆锥形，松紧适度，美观，平均穗重485.6g，最大727.1g。果粒长形至弯形，果形指数2.7，果粒形状较金手指弯形明显；果粒黄绿色，充分成熟时金黄色，平均粒重6.2g，最大可达8g；果粉厚，果皮薄，不易剥离。可溶性固形物含量18.22%，最高达23.8%，果实甜，含酸量0.34%，维生素C含量40.1mg/kg，有浓郁的冰糖、奶油香味，鲜食品质佳。每果粒含种子大多为1～2粒，与果肉易分离；不易裂果、不落粒，商品性好，较耐贮运，货架期长。

产量较金手指高，每 667m² 产量 1 500～2 000kg。成熟期较金手指早，在浙江海宁地区避雨栽培条件下，3 月中旬萌芽，4 月下旬开花，7 月下旬开始采收上市，从萌芽至浆果成熟需 130d 左右，属中熟品种。

该品种黑痘病抗性较金手指强，田间调查灰霉病抗性较巨峰强，易遭绿盲蝽危害。

42. 早甜葡萄 别名先锋 1 号。欧美杂种。先锋芽变品种，由浙江省农业科学院园艺研究所与金华市金东区孝顺镇浦口村村民俞敬仲共同选育。2006 年 7 月通过浙江省非主要农作物品种认定委员会审定。

植株生长势强、枝蔓较粗，发枝力强。叶片大，基部叶片易早衰黄化，并很快向中部叶片发展。根系发达、分布较浅。果穗圆锥形，穗重 500～600g。果粒圆形或卵圆形，紫红至紫黑色，平均单粒重 10g 左右；果皮中厚，果粉厚，果肉稍脆，果汁多，可溶性固形物含量 16%～18%；果实玫瑰香味浓；口感佳，鲜甜清爽，种子 1～2 粒，可实行无核化栽培；有轻度裂果；果实耐贮运性中等。在浙江省 8 月中、下旬果实成熟，延长至中秋、国庆节采收品质仍然很好。

该品种花芽分化节位较低，花芽分化良好，丰产；但如保果不当，会引起落花落果，造成产量不稳定。在果实成熟期如遇连续高温，增糖与着色不同步，先增糖后着色，成熟期明显拉长。如果挂果过多，着色较困难。抗病性中等，易感染灰霉病、穗轴褐枯病、炭疽病，白腐病。在南方高温多雨地区须采用避雨栽培，双十字 V 形架或 T 形架均可；还应注意肥料和生长调节剂的正确使用，喷施叶面肥，防止基叶过早衰老；同时注重防治病害，重点防治葡萄灰霉病、穗轴褐枯病、炭疽病和白腐病。在栽培上必须采取措施提高坐果率，促进着色。冬季以留 6～7 芽中梢修剪为主，结合留 3 芽短梢修剪，每 667m² 留芽量 7 000～8 000个。

43. 紫玉　原名 Shigyoku，别名早生高墨、Wase Takasumi。欧美杂种，四倍体。原产地日本。是高墨的早熟芽变品种。由日本植原葡萄研究所育成。1982 年发现早熟变异后，取变异枝芽嫁接到原株的其他枝条上，确认其早熟性在遗传上是稳定的，定名为早生高墨。1987 年 8 月改名为紫玉，并注册发表。1988 年，中国科学院植物研究所北京植物园从日本引入我国。各地均有栽培。在 20 世纪 90 年代初期曾一度出现发展热潮。

植株生长势强。嫩梢橙黄色，梢尖半开张，橙黄色，有稀疏茸毛；新梢生长半直立、节间背侧和腹侧均为绿色具红色条纹，有中等密茸毛；卷须分布不连续，短，3 分叉。幼叶橙黄色，上表面有光泽，下表面有稀疏茸毛；成龄叶片肾形，大，绿色，叶缘上卷；上表面无皱褶，主要叶脉花青素着色深；下表面有极疏丝毛，主要叶脉花青素着色浅。叶片 3 裂，裂刻深，裂刻基部 V 形；锯齿双侧凸形；叶柄洼宽拱形，基部 U 形；叶柄短，红绿色。冬芽花青素着色深。果穗圆锥形，果粒着生中等紧密，平均穗重 400g 左右。果粒椭圆形，粒重 8～10g；果皮紫黑色，果皮与果粉均厚，韧，稍有涩味；肉质稍软，多汁，可溶性固形物含量 15%左右，可滴定酸 0.5%左右，味甜，有淡草莓香味；每果粒含种子 1～2 粒，多为 1 粒。在湖南长沙地区 7 月下旬至 8 月上旬果实成熟。

该品种为早熟鲜食品种；花芽分化好，丰产性中等；果粒着色好；抗病力较强。但果穗偏小，有大小粒现象。在南方须采用避雨栽培。

44. 醉金香　别名茉莉香。欧美杂种，四倍体。原产地中国。由辽宁省农业科学院园艺研究所育成。亲本为 7601（沈阳玫瑰）×巨峰。1981 年杂交，1982 年获杂种实生苗并嫁接在贝达树上，1983 年结果，1987 年开始区试，1997 年审定、定名，1998 年发表。1995 年已开始生产应用。现分布在辽宁、山东、河北、湖南、山西、四川、陕西、浙江等地。

植株生长势强。嫩梢绿色，梢尖开张，有茸毛；新梢生长直立，有稀疏茸毛；枝条横截面呈近圆形，表面有条纹，黄褐色，着生稀疏茸毛；枝蔓粗，节间长。卷须分布半连续、长，2～3分叉。幼叶绿色，带紫红色晕，上表面有光泽，下表面有稀疏茸毛；成龄叶片心脏形，叶片大，绿色，主脉浅绿色，上表面粗糙略具小泡状，下表面有中等多网状茸毛；叶片3或5裂，上、下裂刻均浅，裂刻基部矢形；复锯齿，锐；叶柄洼开张矢形；叶柄长，紫色。果穗圆锥形，无副穗，果穗重400～500g，果穗大小整齐，果粒着生紧密。果粒倒卵圆形，金黄色，单粒重10g左右，果实偏软，味甜、汁多。可溶性固形物含量18%～20%，可滴定酸含量0.6%左右。有浓郁的玫瑰香味，口感极佳。不易裂果。在长沙地区果实于7月下旬至8月上旬成熟。

该品种果实早熟，丰产、稳产；果实品质上等，留树贮藏的时间长。可行无核化栽培；在栽培上应控制树势，稳定产量。冬季修剪中、短梢相结合，每667m^2 留芽7 000～8 000个。须选择已充分成熟、径粗0.9cm以上的枝条作为结果母枝。

三、南方栽培的优良酿酒品种

1. 白诗南　原名Chenin Blanc。欧亚种，原产法国，栽培历史悠久。我国20世纪80年代由长城葡萄酒公司、华东葡萄酿酒公司从国外大量引进，现栽培面积不断扩大。

嫩梢绿色，略带紫红色，有稀疏白色茸毛。一年生枝条浅褐色。成叶心脏形，中等大小，深5裂，叶背茸毛稀。两性花。果穗长圆锥形至圆柱形，带副梢，果粒着生紧密，平均穗重324g。果粒小，圆形或卵圆形，平均粒重2.25g；果皮黄绿色，果肉多汁，有香味，可溶性固形物含量19.3%，含酸量0.99%，出汁率72%，每果粒含种子1～3粒。

该品种生长势强，结实力中等。适应性强，适宜在肥沃的沙壤上栽培。抗病性中等，易感白腐病。山东半岛地区9月中旬果

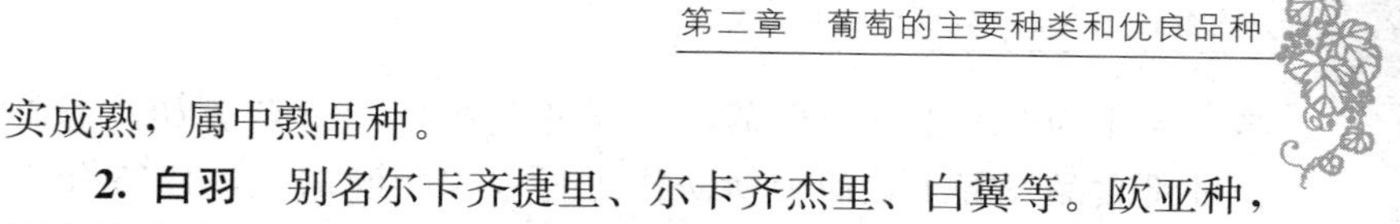

实成熟，属中熟品种。

2. 白羽　别名尔卡齐捷里、尔卡齐杰里、白翼等。欧亚种，原产格鲁吉亚，居世界酿酒白葡萄品种的第二位。1956 年，原东北农业科学研究所兴城园艺试验场（现中国农业科学院果树研究所）自原苏联引入我国。在华北及山东、江苏、安徽的黄河故道地区有较大面积栽培。

嫩梢绿色，带红色条纹。一年生成熟枝条浅褐色。成叶近圆形，中等大，平展。新梢红紫色，直立，副梢少，是白羽品种的主要特征。叶背茸毛稀，叶柄洼开张。果穗圆锥形至圆柱形，带歧肩和副穗，果粒着生紧密，平均穗重 226g。果粒卵圆形，平均粒重 3.1g；果皮黄绿色，果粉薄，果肉多汁，香气纯正，味酸甜。可溶性固形物含量 18.3%，含酸量 0.88%，出汁率 73%～78%，每果粒含种子 2～3 粒。生长势中等，副梢生长弱，夏季修剪简便。结实力强，较丰产。抗病性较强，耐旱。

3. 白玉霓　原名 Ugni Blanc，别名白羽霓、白友谊、小白、脆比诺、特莱比亚欧（Trebbiano，意大利）、圣・爱米利翁（St. EmiLlion 美国、法国）等。欧亚种，起源不详，是一个很古老的品种，也是世界最著名的酿酒葡萄品种之一。

嫩梢深绿色，茸毛密。一年生枝条灰褐色，节间特长。成叶心脏形，大，深 5 裂，叶面茸毛密，叶柄洼闭合。两性花。果穗大，圆锥形，有歧肩，平均穗重 659.2g。果粒近圆形，平均粒重 3.5g；果皮薄，淡黄色，果肉多汁，无香味。可溶性固形物含量 19%左右，含酸量 0.66%～1.22%，出汁率 80.7%～83.9%，每果粒含种子 1～4 粒，多为 2～3 粒。

生长势强，结实力强，丰产稳定，适应性强，适宜在沙壤和丘陵山地栽培，喜肥水，较抗病。白玉霓是酿造葡萄蒸馏酒白兰地的专用品种。该品种在山东地区 10 月上旬果实成熟，属晚熟品种。

4. 北醇　欧亚种。1954 年由中国科学院北京植物园杂交育成，亲本为玫瑰香×山葡萄，1957 年初果，1960 年开始与原轻工业部食品发酵工业研究所协作进行单株酿酒试验，1965 年选出、通过鉴定并定名。曾在北京、河北、山东、河南、辽宁、湖南、广西、江西、等地大面积栽培。

嫩梢黄绿色，密被灰白色茸毛。一年生枝条红褐色。成叶心脏形，叶片大，5 裂，叶背有黄灰色短刚毛，两性花。果穗圆锥形带副穗，平均穗重 259g，果粒着生较紧密。果粒近圆形，平均粒重 2.56g；果皮紫黑色，果汁淡紫红色，果肉多汁，甜酸味浓。可溶性固形物含量 19.1%～20.4%，含酸量 0.75%～0.97%，出汁率 77.4%。

该品种树势强，丰产性好，一般每 667m^2 产量 3 000kg 左右。抗寒性及适应性较强，湖南长沙 8 月中、下旬果实成熟。在栽培上应控制产量，提高品质。

5. 赤霞珠 原名 Cabernet Sauvignon。欧亚种，原产法国波尔多，是栽培历史最悠久的欧洲种葡萄品种之一，是世界上最著名的酿酒红葡萄品种。

嫩梢绿色，一年生枝条浅褐色。成叶心脏形，深 5 裂，叶背茸毛稀，叶柄洼闭合圆形，两性花。果穗圆锥形，平均穗重 175g，果粒着生较紧密。果粒圆形，紫黑色，平均粒重 1.85g；果皮厚，果肉多汁，淡青草味。可溶性固形物含量 19.3%，含酸量 0.56%～0.71%，出汁率 62%，每果粒含种子 2～3 粒。晚熟品种，在烟台 10 月上旬充分成熟。

树势较强，适应性强，抗病性较强，适宜在肥沃的壤土和沙壤上栽培，喜肥水。

6. 佳利酿 原名 Carignan，别名加利娘、康百耐、法国红等。欧亚种。原产西班牙。1929 年，自法国传入我国河北省原正定县南辛庄。1957 年，原国家农业部向全国各地推荐此品种。

嫩梢绿色，上有茸毛。一年生成熟枝条棕褐色。成叶心脏形，深5裂，叶背密生丝状茸毛，两性花，叶柄洼矢形或拱形。果穗圆锥形，平均穗重340g左右，果粒着生紧密。果粒近圆形，紫黑色，平均粒重2.7g，果皮厚，多汁，味甜。可溶性固形物含量18%～20%，含酸量1.0%～1.4%，出汁率85%左右，每果粒含种子1～3粒。山东烟台10月初成熟，属晚熟品种。

该品种树势较强，产量高。适应性和抗病性较强，在生产上应推广限产措施，以保证浆果质量。

7. 梅鹿辄　原名Merlot，别名美乐、梅尔诺、梅露汁、红赛美蓉等。欧亚种，原产法国波尔多，是近代很著名的酿酒葡萄品种。

嫩梢绿色，带紫红色。一年生成熟枝条红褐色。叶片大，心脏形，5裂，叶背茸毛稀，叶柄洼开张椭圆形。两性花。果穗圆锥形，带歧肩和副穗，平均粒重1.84g。果皮紫黑色，较厚，果肉多汁。可溶性固形物含量18%～20%，含酸量0.71%～0.89%，出汁率70%～74%，每果粒含种子2～3粒。中晚熟品种，在青岛9月中、下旬浆果充分成熟。

树势较强，结果能力强，极易早期丰产，产量较高。适应性和抗病性较强，适宜在肥沃的沙质壤土上栽培。

8. 霞多丽　原名Chardonnay，别名霞多内、查当尼、沙尔多涅品诺、莎当妮等。欧亚种，原产法国勃艮第。

嫩梢绿色，茸毛中等密。一年生枝条红褐色。成叶圆形，中等大，全缘或3裂，叶面网状皱，叶背茸毛稀。两性花。平均穗重142.1g，果穗圆柱形，带副穗，有歧肩，果粒着生极紧密。果粒近圆形，平均粒重1.4g；果皮黄绿色，果皮薄，粗糙，果肉多汁，味清香。可溶性固形物含量20.1%，含酸量0.75%，出汁率72.5%，每果含种子1～3粒。

生长势强，结实力强，极易早期丰产。在青岛9月上旬成熟，属中熟品种。适应性强，抗病性中等。主要用于酿造高档干白葡萄酒。

9. 意斯林 别名贵人香。欧亚种，原产意大利和法国南部，是古老的欧洲种葡萄。

嫩梢绿色，有深紫色条纹。一年生枝条淡黄土色，节间短，枝条细，极易与其他品种区别。成叶近圆形，叶片小，深5裂，叶面平，叶背茸毛稀。两性花。果穗圆柱形，多具副穗，平均穗重134g，果粒着生中等紧密。果粒圆形，平均粒重1.5g左右，黄绿色，果皮薄，果面上有褐色斑点。果肉多汁、清香，可溶性固形物含量18.5%，含酸量0.8%，出汁率68%～76%，每果粒含种子2～3粒。

树势中等偏弱，结实力强，产量中等。适应性较强，喜肥水，不耐旱，抗病性较强，但个别高温多雨年份易发生炭疽病。在山东半岛地区9月上旬果实成熟，属中熟品种。

10. 威代尔 原名Vidal，别名Vidal Blanc、威达尔。欧美杂种。原产地法国。属于白色葡萄类品种，是白玉霓和白赛必尔的杂交后代。是加拿大酿造冰葡萄酒的栽培品种之一，我国于2000年从加拿大引进该品种并在辽宁省试种。

新梢深绿色，具茸毛，新梢平均生长量1.3～1.8m。成熟度好，成熟枝条褐色，节间长。树势中庸，萌芽率3年平均占86.6%。在萌发枝中，结果枝比例为70%，结果系数2.0，每果枝平均结果1.7穗，结果早，较丰产。较抗霜霉病，易感白腐病，有少量褐斑病。

果穗圆锥形，中等大小，平均穗重360g左右，果穗长19.35cm，穗宽12.36cm。果粒圆形，粒重2.08g，直径1.48cm；果皮黄白色，皮薄有果粉。肉质软，多汁，有浓郁香味，出汁率82.48%。果实含可溶性固形物21.75%，总酸1.032%，单宁0.034%。酒质浅金黄色，澄清透明，具有纯正、优雅、怡悦、和谐的香气，属甜型酒。

适于小棚架栽培，株行距1m×3m或1m×4m，留双蔓。也可篱架栽培，1m×2m。栽植前挖深、宽各80cm的定植沟，每

667m² 施优质农家肥 5～7t，与土壤充分拌匀回填，灌水沉实。栽后浇水并覆盖黑色地膜。

前期（6 月初至 7 月 20 日）每隔 7～10d 喷一次 0.3%～0.5%的尿素液，促进生长；后期（7 月 20 日至 9 月 20 日）每隔 7d 喷一次 0.3%的磷酸二氢钾液，促进枝条成熟。喷肥可结合病虫害防治进行。翌年根据树势强弱，株留果穗 2～4 穗，并选留第二主蔓。第三年及以后每 667m² 产量控制在 1 000kg，保证果实含糖量要求。

11. 双优 东亚种，吉林省农业大学和中国农业科学院特产研究所育成。亲本为山葡萄通化 1 号×双庆。1975 年杂交，1984 年选出，1988 年育成，1989 年发表。在我国东北各省栽培面积较大。

嫩梢黄绿色，略有浅紫红附加色，密被茸毛。成叶大，全缘至浅三裂，近圆形，深绿色，叶面平展，稍有皱褶，叶背具稀疏茸毛，叶柄洼拱形。两性花。果穗小，穗重 102.6g，长圆锥形，少数有副梢。果粒着生紧密，圆形，蓝黑色，果粉较厚。皮较厚，汁紫红色。总糖含量 11.6%，含酸量 2.23%，出汁率 64.7%，种子 3～4 粒。

生长势强。结实力强。萌芽率高达 93.6%，并且全部新梢均为结果枝，每一结果枝上的平均果穗数 2～3 个。从萌芽到果实充分成熟的生长天数为 120～130d，为中熟品种。适应性强，抗寒力极强，能在黑龙江、吉林的高寒地区露地安全越冬。抗病力中等。篱、棚架栽培均可。中、短梢修剪。

12. 湘酿 1 号 东亚种。由湖南农业大学园艺园林学院与湖南神州庄园葡萄酒业有限公司共同选育。2003 年用怀化市售的刺葡萄种子为材料，用秋水仙素诱变而成。2006 年结果并做区试试验，2009 年 9 月通过湖南省农作物品种审定委员会审定，2010 年 4 月发布。目前已在湖南、湖北、安徽、江西等地推广。

植株生长势较强。新梢、叶柄及叶脉上密生皮刺，嫩梢黄绿

色间或有红色斑点，幼茎、叶柄黄绿色，一年生成熟枝条褐色，刺长且密，节间长。截面圆形，硬枝扦插成活率低。初展新叶浅紫色，渐转绿色。叶片近心脏形，叶缘波浪形，叶片厚，叶面有光泽、蜡质层厚，有网状皱褶，叶片正、反两面茸毛稀少。卷须着生间歇性。多为两性花，少为雌能花。变异后的植株表现出叶片变厚、叶形指数变小、叶色变深、叶表面皱缩粗糙、节间变短等特征。果穗长柱形或圆锥形，有副穗，果粒着生较密，穗重280～350g。果粒椭圆形或圆形，粒重3～4g。果皮为紫黑色，果粉厚，果皮极厚而韧，果皮与果肉易分离。果肉黄绿色，有肉囊，多汁，味甜，无香气。可溶性固形物含量16%～17%，总酸含量0.2%～0.4%，可食率70.8%，出汁率65%～70%。每果粒含种子3～4粒，果肉与种子极不易分离。果实耐贮运。在湖南省澧县2月下旬至3月初开始出现伤流，3月下旬鳞片松动。3月底至4月初发芽，4月底至5月初始花，5月上、中旬盛花，生理落果在花后20d左右（5月下旬）。7月底果实开始着色，8月果面开始上粉，9月中、下旬果实成熟。果实发育期130d左右。成熟果可留树贮藏30d左右。11月下旬至12月初落叶。全年生长期180d左右。

该品种适合酿制干红和甜红葡萄酒。果实色素浓，风味独特，营养及保健成分丰富。适应性广，抗逆性强，较耐旱，耐粗放管理，较抗黑痘病，在我国长江流域均可栽植。选择疏松透气、排灌方便、地下水位较低的地段，采用棚架式栽培，栽植密度宜为4m×5m。采用单干多主蔓棚架整形，结果母枝可采用短枝修剪，留2～3个饱满芽短剪，每667m^2产量控制在1 000kg左右为宜。注意新梢花前摘心，初花期整穗，去掉副穗，掐除1/4～1/5穗尖，果粒黄豆大小时疏果，每穗留果40～50粒。

在栽培上，一般采用扦插和嫁接育苗。冬季将剪下的一年生成熟枝条沙藏，翌年2月下旬扦插。扦插前将枝条放入水中浸泡12～24h，并用生根粉或生根液处理，在温床上催根，苗床用薄

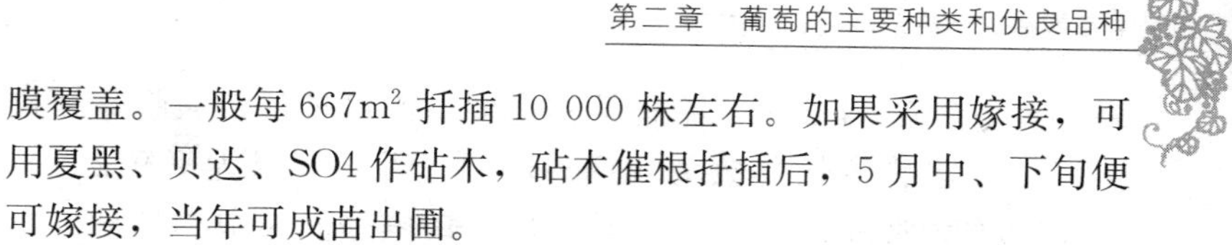

膜覆盖。一般每 667m² 扦插 10 000 株左右。如果采用嫁接，可用夏黑、贝达、SO4 作砧木，砧木催根扦插后，5 月中、下旬便可嫁接，当年可成苗出圃。

四、优良制汁品种

1. 黑虎香　欧美杂种，原产美国。

果穗圆柱形，带歧肩，中等大，穗重 124g，果粒着生紧密。果粒近圆形，蓝黑色，中等大，百粒重 198g，整齐；果皮厚，果粉多，果肉柔软多汁，具肉囊，有美洲葡萄的草莓香味。可溶性固形物含量 16%左右，含酸量 0.56%，出汁率 55%，每果有种子 2～3 粒。

生长势旺，结实力强，结果枝率 55%，每果枝平均有果穗 1.98 个，产量较高，在一般栽培条件下，每 667m² 产量可达 2 000～3 000kg。在山东济南浆果 8 月底成熟，属晚熟品种。

黑虎香适应性很强，抗旱、耐寒、耐潮湿、抗病力较强，白腐病、炭疽病和露霉病均较少发生，但不耐高温，不耐贮运，尤其成熟期温度高时，影响浆果质量。

2. 玫瑰露　原名 Delaware，别名低拉洼。欧美杂种。原产美国。1937 年由日本引入中国。是日本的主栽品种，栽种面积占其总面积的 40%。在中国的一些科研生产单位有零星栽培。

植株生长势较弱。嫩梢底色深绿，无附加色，有稀疏茸毛。叶片深绿色，中等大或较小，较平展，薄，心脏形，3～5 裂，上侧裂刻深，下侧裂刻浅，叶面呈网状皱纹，叶背有中等黄棕色茸毛，边缘锯齿锐，叶柄洼开张，矢形。两性花。果穗小，重 108～150g，圆柱形或圆锥形，副穗大。果粒着生紧密，粒重 1.33～1.8g，近圆形，玫瑰红色。皮中等厚，肉软汁中等多，有肉囊，味浓甜，有草莓香味。可溶性固形物含量 18.4%～20.4%，含酸量 0.55%～0.69%。品质中上等。

结果枝占芽眼总数的 42.0%～53.2%，每一结果枝的平均果穗数为2.6～3.2个，副梢结实力弱。产量较低。从萌芽到果实充分成熟的生长日数为133～145d，活动积温为2 912.7～3 416.9℃，在北京8月下旬至9月上旬成熟。为中熟品种。适应性强，抗寒，耐湿，抗白腐病能力强，无日灼，稍有裂果。宜篱架栽培，中短梢修剪。经赤霉素处理形成无核果，果粒果穗增大。

该品种除鲜食外还可酿制甜白葡萄酒，也是葡萄酒的调味调香品种。日本山梨县发现玫瑰露四倍体品种（芽变），果穗平均重200g左右，粒平均重4g左右，产量提高。1985年引入，各地可试栽。

3. 蜜汁 别名Honey Juice。欧美杂种。原产地日本，由奥林匹亚为母本，弗雷多尼亚四倍体为父本杂交育成。1993年中国农业科学院特产研究所由日本引进，现在东北、河北、北京、南方各地均有栽培。

嫩梢深绿色，有茸毛；一年生成熟枝条为紫褐色，带有白粉。幼叶浅紫红色，被有茸毛；成龄叶片大，呈心脏形，3裂，裂刻较浅，上表面平滑，背面有浓密的毡毛，叶柄中等长，叶柄洼呈圆形，叶缘锯齿圆顶形。果穗圆柱形，平均穗重304g，最大可达427g，果粒着生紧密。果粒扁圆形，紫红色，粒重7～9g；果粉厚，上色快，成熟一致；果皮较厚，皮肉不分离，稍有肉囊；果肉黄绿色，柔软多汁，味甜，可溶性固形物含量15.5%～17.0%，可滴定酸0.9%～1.1%；种子1～4粒，多为2粒。果粒发育均匀，附着牢固，不落粒。但其耐贮运性稍差于巨峰。

在吉林左家地区，该品种5月中旬萌芽，6月中旬开花，8月下旬浆果成熟。从萌芽至浆果成熟108～110d，比巨峰早熟16～20d。在湖南省长沙地区7月下旬至8月上旬果实成熟。该品种具有早果性，定植当年就有部分植株开花结果。抗病性强。早春植株萌芽后要尽早抹芽、定梢，在降雨集中的季节，及时防治葡萄霜霉病的发生。冬季修剪时要合理配备枝组，调节生长与结果量，剪除病虫枝、枯萎枝。根据架式、树形、树势及肥水管理条件灵活掌握，采用中、短梢靠近主蔓修剪，即对弱枝进行短梢修剪，强枝进行中梢修剪，每 667m^2 产量控制在 1 200～1 300kg，确定留芽量，确保植株当年枝梢成熟良好，有利于植株安全越冬、丰产和稳产。

4. 柔丁香　别名安尔威因、艾尔威因（河北省张家口市沙岭子镇）。欧美杂种。原产地和品种来源不详。1939 年，自日本传入我国河北省张家口市沙岭子镇。科研单位有栽培。

嫩梢黄绿色，茸毛中等。幼叶黄绿色，有玫瑰红色茸毛。成叶小，心脏形，5 裂，叶面有小泡状，叶背茸毛中等密，叶柄洼闭合。两性花。果穗圆锥形，较小，穗重 130～250g，有小副穗。果粒卵圆形，着生松散，单粒重 1.8～2.3g，绿黄色，果粉厚，肉软多汁，有肉囊，味甜，具特别浓郁的草莓香味。可溶性固形物含量 15%～18%，含酸量 0.65%～0.8%，每粒果含种子 1～3 粒。

生长势中等。结果枝率 48%，每果枝平均果穗数 1.34 个。产量较低。从萌芽到果实充分成熟约 130d，为中熟品种。适应性强，抗病、抗旱、抗湿性均较强，容易栽培。宜篱架栽培，长、中、短梢结合修剪。果实成熟前不落粒，但成熟后必须及时采收，否则浆果易萎缩，香味迅速散发而影响葡萄汁的香味和浓度。

5. 卡它巴　原名 Catawba，别名卡它瓦、阿嘎万、客套巴、红香水、美洲红。美洲种。原产美国。何时从何地引入我国不详。

嫩梢绿色，有粉红附加色，茸毛中等。幼叶黄绿色，边缘粉红色，上、下表面密被白色茸毛；成叶大而厚，深绿色，肾形或卵形，全缘或 3 裂，叶面粗糙，叶背密被黄色茸毛，叶柄洼闭合。两性花。果穗圆柱形或圆锥形，小，穗重 94～150g，带副梢，果粒着生中等紧密。果粒近圆形或卵圆形，紫红色，粒重2.7～3.4g，皮厚汁多，有肉囊，有浓郁的草莓香味。可溶性固形物含量15.2%～18.0%，含酸量0.9%左右，出汁率72.6%，每粒果含种子2～5粒。

生长势强。每一果枝的果穗数2～3个，产量较低。从萌芽到果实充分成熟约170d，活动积温为3 650℃，为晚熟品种。较抗白腐病，易感炭疽病，抗寒、抗旱。抗湿均强，易于管理。棚、篱架栽培，中、短梢修剪。

6. 康可 原名Concord，别名康克、紫康可、晚康可（河北省秦皇岛）、庚可、黑美汁。美洲种，原产北美。传入我国的年代和国家不详。

嫩梢绿色，有紫红球状小腺体，密被茸毛。幼叶厚，绿色，叶背密被粉红色茸毛；成叶大，心脏形，浅3裂或全缘，叶面粗糙，叶缘下卷，深绿色，叶背密布黄褐色毡状毛，叶柄洼宽广拱形。两性花。果穗圆锥形，穗重约200g。果粒近圆形，着生紧密或中等，粒重2.3～3.05g；蓝黑或紫黑色，果粉厚，皮下有紫红色素；皮厚汁多，果汁红色，有肉囊，有浓郁的草莓香味。出汁率65%～75%，可溶性固形物含量14%～16%，含酸量0.65%～0.9%，每粒果含种子2～3粒。

生长势强。结果枝占芽眼总数的45.2%～68.6%，每个结果枝果穗数1.71～2.46个。较丰产。从萌芽到果实充分成熟为130～135d，活动积温2 800～2 900℃，为中熟品种。适应性强。抗寒、抗病和抗湿能力均强，容易栽培。篱、棚架栽培均可。中、短梢修剪。

7. 香槟 原名Champion，别名紫冠、Talman’s Seedling。美洲种，原产地美国。

果穗小，产量低，穗重50～190g，短圆柱形，果穗中等紧密。果粒小至中大，单粒重1.6～2.5g，圆形；蓝黑色，果皮薄，皮下有紫黑色色素层。果汁少，有肉囊，味酸甜，有草莓香味。可溶性固形物含量 16.7%，含酸量 0.68%，出汁率 62.5%。

树体长势中庸至强，芽眼萌发率 94%，结果枝率 67.2%，每果枝上有果穗 1.2～2.4 个，副梢结实力强，8 月上、中旬完熟，生长期 126d，有效积温 2 500℃以上。

抗寒、抗病力强，不裂果，但采收前易落粒，属早熟品种。该品种宜篱架栽培，适合中、短梢修剪。

8. 紫秋　别名高山葡萄。刺葡萄，东亚种。原产地中国。1988 年由怀化市芷江县农业局与湖南农业大学等单位从野生刺葡萄中发现的变异单株。1990 年开始将变异单株进行高位嫁接、筛选和中试，表明该变异植株果实综合性状明显提高，且性状稳定。2004 年 9 月通过湖南省农作物品种审定委员会审定并定名。在湖南、贵州、重庆、湖北等地推广。

植株生长势强，新梢、叶柄及叶脉上密生直立或先端弯曲的刺状物，三年生以上枝蔓皮刺随老皮脱落。嫩梢呈黄绿色，一年生成熟枝条呈浅褐色，表皮刺长而密，节间长 7～17cm。新叶前期为浅紫色，后转绿。叶片近似心脏形，叶缘呈波浪形，叶片较厚而大，叶面有光泽，呈网状皱，叶背叶面茸毛稀，叶面蜡质层厚，叶背主、侧脉突起。卷须着生不规则，主梢着生卷须少，夏、秋季抽生的副梢着生卷须较多。冬芽为圆形，夏芽尖。多为两性花，少为单性花。果穗圆锥形，平均穗重 227g，果穗较一般刺葡萄重，有副穗，果粒着生较密。果粒椭圆形，平均粒重 4.5g；果皮为紫黑色，果粉厚，果皮厚而韧，果皮与果肉易分离。果肉绿黄色，有肉囊，多汁，味甜，无香气。可溶性固形物含量 14.5%～16%，可食率 70.8%，出汁率 61%。每果粒含种子 3～4 粒，果肉与种子不易分离。果实耐贮运。在湖南怀化市 2 月下旬至 3 月初开始出现伤流，3 月中旬最重。鳞片松动期在 3 月下旬，4 月初发芽，5 月初始花，5 月中旬盛花，花期 8d 左右。生理落果在花后 20d 左右（5 月下旬）。6 月中旬新梢开始成熟，7月底果实着色，8月开始着生果粉，9月底至10月初果实完全成熟，果实发育期130d左右。成熟果可留树贮藏30d左右。11月中、下旬落叶。全年生长期180d。

该品种既可制汁，也可鲜食或酿酒，但目前主要用于鲜食。适应性广，较耐旱，较抗黑痘病，耐粗放管理，抗逆性强。在我国长江流域年降雨量1 000cm以上、海拔800m以下的山地、丘陵区和平原区均可栽植。

五、主要砧木品种

1. 贝达 原名Beta，别名贝特。美洲种。美国原产。亲本为美洲葡萄和沙地葡萄种群内的杂种。1881年赛尔脱以Carver×康可杂交育成。我国科研单位有保存。

嫩梢绿色，有稀疏茸毛。幼叶绿色，叶缘稍有红色，叶面茸毛稀疏并有光泽，叶背密生茸毛。一年生枝成熟时红褐色，叶片大，全缘或浅3裂，叶面光滑，叶背有稀疏刺毛，叶柄洼开张。卷须间隔性。两性花。果穗小，平均穗重191g，圆锥形，果粒着生紧密。果粒小，平均粒重1.9g，近圆形，蓝黑色，果皮薄；肉软，有肉囊，味偏酸，有狐臭味。可溶性固形物含量14%左右，含酸1.6%左右。在沈阳8月上旬成熟。曾经做酿酒原料，又可制汁，酿酒或制汁的颜色鲜红。

植株生长势极强，适应性强，抗病力强，特抗寒，枝条可忍耐－30℃左右的低温，根系可忍耐－11.6℃的低温，有一定的抗湿能力，枝条扦插易生根，繁殖容易，并且与欧美种、欧亚杂交种嫁接亲和力强，是最好的抗寒砧木。生产上需注意的是，贝达作为鲜食葡萄品种的砧木时，有明显的小脚现象，而且对根癌病抗性稍弱。目前在我国生产上用的贝达砧木大部分都带有病毒病，应脱毒繁殖后再利用为好，栽培时应予以重视。

2. 山葡萄 强大藤本，小枝稍有棱角，幼叶带红色并被茸毛，以后脱落。叶片宽卵形，长12～25cm，基部心形，有宽圆形叶柄洼，全缘或浅 3 裂，有波状粗齿，锯齿短尖，叶背绿色且无毛或叶脉被短柔毛，秋季变成红色；叶柄长约 6cm。圆锥花序长 9～15cm，雌雄花异株，极少两性花，被稀疏柔毛。果球形，直径约 8mm，黑色，有 2～4 粒种子。

一般 4 月上旬萌动，4 月中旬展叶，5 月上、中旬开花，8～9 月果实成熟，10 月落叶。产于辽宁、吉林、黑龙江、河北、山东、江苏等省。生长于山地林缘地带，抗寒力强，能抗－40～－50℃低温，是培育抗寒葡萄的良好亲本。抗白腐病能力较强，惟易感染霜霉病，不抗根瘤蚜。

3. 沙地葡萄　原产于北美。由法国人选出，是沙地葡萄中的一种类型。名为洛特沙地葡萄，我国简称沙地葡萄。现遍布全欧洲。我国在东北、北京、陕西等地的科研单位有栽培。

树势强。枝条粗壮，平滑、有光泽。暗紫褐色，坚硬，节间较短。副梢粗壮。叶片较小，肾形，有光泽。浅绿色，两面均平滑。叶脉浅红色，锯齿小而锐。托叶与叶脉垂直。主要特征是根颈及根的横断面均呈鲜艳的粉红色。

为砧木品种。适于灰质瘠薄或可溶性石灰质不超过 20%～30%的土壤园地作砧木。不感霜霉病和白腐病。根深，亲和力强。副梢生长旺，枝条成熟极晚。与欧洲种嫁接的苗宜采用长梢整枝。适宜的管理和修剪能获得高产。

4. 河岸葡萄　原产于北美洲，是河岸葡萄种内的一种类型。树势强，枝条粗壮，副梢很少。一年生成熟枝条为褐色，髓部较大，木质不坚硬，易剥皮。叶片心脏形，绿色，叶片两面均平滑，锯齿大而锐，叶柄长，红色。只有雄花，不结实。为砧木品种，成熟较早，与其他品种的亲和力中等。根系发达。在可溶性石灰质含量为 10%～15%以下的土壤中生长良好。抗根瘤蚜、霜霉病与白腐病。欧亚品种以其为砧木，能提高果实可溶性固形物含量及品质。喜肥水，但不耐旱。

5. 久洛　原产美国。叶小，光滑，扁圆形；枝条黄褐色，节间短，植株生长旺盛。抗根瘤蚜，也耐寒冷、干旱，抗霜霉病和白粉病；可耐土壤有效钙14%和氯化钠浓度0.7%；嫁接亲和性良好。因副梢萌发力强，枝条繁殖系数较低。

6. 3309C 原产法国。1881年由法国的Georges Couderc育成。亲本为河岸葡萄×沙地葡萄，美洲种群内种间杂种。雌株。

嫩梢尖光滑无毛，绿色光亮，幼叶光亮，叶柄洼开张矢形，基部V形；成叶楔形，全缘，质厚，极光亮，深绿色，叶柄洼变U形，叶背仅脉上有少量茸毛，锯齿圆拱形，中大，叶柄短。基本雄性不育。新梢无毛，多棱，落叶中早。成熟枝紫红色，芽小而尖。

抗根瘤蚜，不抗根结线虫，抗石灰性中等（11%活性钙），抗旱性中等，不耐盐碱，不耐涝。适用于平原地较肥沃的土壤。产枝量中等。扦插生根率较高，嫁接成活率高。树势中旺，适于非钙质土壤如花岗岩风化土及冷凉地区，可使接穗品种的果实和枝条及时成熟，品质好，与佳美、比诺、霞多丽等早熟品种结合很好。在各国应用广。

7. 5BB 奥地利育成。源于冬葡萄实生。中国农业科学院果树研究所已引入。

嫩梢尖弯钩状，多茸毛，边缘桃红色。幼叶古铜色，被丝毛；成叶大，楔形，全缘，主脉齿长，边缘上卷；叶柄洼拱形，叶脉基部桃红色，叶柄有毛，叶背几乎无毛，锯齿拱圆宽扁。雌花可育，穗小，小果粒黑色圆形。新梢多棱，节部酒红色，有茸毛。成熟枝条米黄色，节部色深，节间中长，直，棱角明显，芽小而尖。

抗根瘤蚜能力强，抗线虫，抗石灰质较强，可耐20%活性钙，耐盐碱性较强，耐盐能力达0.32%～0.39%；耐缺铁失绿症较强。根系可忍耐−8℃的低温，抗寒优于SO4，仅次于贝达。在辽宁兴城地区一年生扦插苗冬季无冻害。

5BB长势旺盛，根系发达，入土深，生活力强，新梢生长极迅速。产条量大，易生根，利于繁殖，嫁接状况良好。扦插生根率较好，室内嫁接成活率也较高。但与品丽珠、莎巴珍珠和哥伦白等品种亲和力差。生长势旺，使接穗生长延长。适合北方黏湿钙质土壤，不太适合太干旱的丘陵地。

5BB砧木繁殖量在意大利占第一位，占年育苗总量的45%。也是法国、德国、瑞士、奥地利、匈牙利等国的主要砧木品种。近年在我国试栽，表现抗旱、抗湿、抗寒、抗南方根结线虫，生长量大，建园快。

8. SO4　由德国从Telekis的Berlandieririparia No. 4中选育而成。SO4即Selection Oppenheim No. 4的缩写，是法国应用最广泛的砧木。中国农业科学院果树研究所已引入。

嫩梢尖茸毛白色，边缘桃红色。幼叶被丝毛，绿带古铜色；成叶楔形，色暗黄绿，皱折，边缘内卷；叶柄洼拱形或矢形，幼叶时呈V形，成叶后变U形，基脉处桃红色，叶柄及叶脉有短茸毛。雄性不育。新梢有棱纹，节紫色，有短毛，卷须长而且常分三叉。成熟枝条深褐色，多棱，无毛，节不显，芽小而尖。

抗根瘤蚜和抗根结线虫，抗17%活性钙，耐盐性强于其他砧木，抗盐能力可达到0.4%，抗旱中等，耐湿性在同组内较强，抗寒性较好。在辽宁兴城地区一年生扦插苗冬季无冻害。生长势较旺，枝条较细，嫁接品种产量高，但成熟稍晚，有小脚现象。产枝量高。枝条成熟稍早于其他Telekis系列，生根性好。田间嫁接成活率95%，室内嫁接成活率亦较高，发苗快，苗木生长迅速。SO4抗南方根结线虫，抗旱，抗湿性明显强于欧美杂交品种自根树。树势旺，建园快，结果早。

9. 420A　法国用冬葡萄与河岸葡萄杂交育成。中国农业科学院果树研究所已引入。

梢尖有茸毛，白色，边缘玫瑰红。幼叶有网纹状茸毛，浅黄铜色，极有光泽；成龄叶片楔形，深绿色，厚，光滑，下表面有稀茸毛；叶片裂刻浅，新梢基部的叶片裂刻深；锯齿宽，凸形。

叶柄洼拱形。新梢有棱纹，深绿色。节部自基部至顶端颜色变紫，节间绿色。枝蔓有细棱纹，光滑，无毛。枝条浅褐色或红褐色，有较黑亮的纵条纹。节间长，细。芽中等大。雄花。

抗根瘤蚜，抗根结线虫，抗石灰性土壤（20%）。生长势偏弱，但强于光荣、河岸系砧木。喜轻质肥沃土壤，有抗寒、耐旱、早熟、品质好等优点。常用于嫁接高品质酿酒葡萄或早熟鲜食葡萄。田间与品种嫁接成活率98%。一年生扦插苗在辽宁兴城可露地越冬。

10. 110R 原产法国，1889年由Rranz Richter用冬葡萄×河岸葡萄杂交育成。美洲种群内种间杂种。亲本为Berlandieri Resseguier No. 2和Rupestris Martin。中国农业科学院果树研究所已引入。

嫩梢尖扁平，边缘桃红，被丝毛。幼叶被丝毛，古铜色，光亮，皱有泡状突起；成叶肾形，全缘，极光亮，有细微泡状突起，折成勺状，锯齿大拱形，叶柄洼开张U形，叶背无毛，雄性不育。新梢棱角明显，光滑，顶端红色。成熟枝条红咖啡色或灰褐色，多棱，无毛，节间长，芽小，半圆形。

抗根瘤蚜，抗根结线虫，抗石灰性土壤（抗17%活性钙），使接穗品种树势旺，生长期延长，成熟延迟，不宜嫁接，易落花、落果的品种。产枝量中等。生根率较低，室内嫁接成活率较低，田间就地嫁接成活率较高。成活后萌蘖很少，发苗慢，前期主要先长根，因此抗旱性很强，适于干旱瘠薄地栽培。

11. 101－14MG 原产法国。1882年Millardet用河岸葡萄×沙地葡萄杂交育成。中国农业科学院果树研究所已引入。雌性株，可结果。

嫩梢尖球状，淡绿，光亮。托叶长，无色。幼叶折成勺状，稍具古铜色；成叶楔形，全缘，三主脉齿尖突出，黄绿色，无光泽，稍上卷。叶柄洼开张拱形。雌花可育。果穗小，小果粒黑色圆形，无食用价值。新梢棱状，无毛，紫红色，节间短，落叶

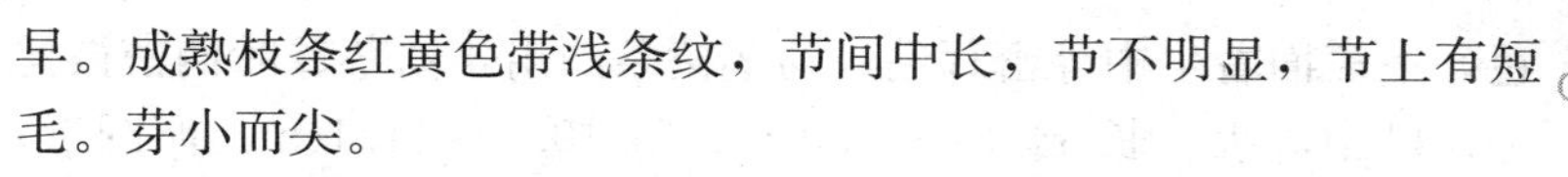

早。成熟枝条红黄色带浅条纹，节间中长，节不明显，节上有短毛。芽小而尖。

极抗根瘤蚜，较抗线虫，耐石灰质土壤能力中等（抗9%活性钙），不耐旱，抗湿性较强，能适应黏土壤。产枝量中等。扦插生根率和嫁接成活率较高。嫁接品种早熟，着色好，品质优良；是较古老的、应用广泛的砧木品种，以早熟砧木闻名。适于在微酸性土壤中生长。该砧木是法国第七位的砧木，主要用于波尔多。也是南非第二位的砧木品种。

12. 和谐　原产美国。1955年美国加利福尼亚州Fresno园艺试验站用Couderc1613×Dogridge杂交育成。

叶中等大或小，近圆或扁圆形，下表面有茸毛，叶缘锯齿浅，双侧直；叶柄洼开张矢形，基部V形；浅3裂，雌能花。果穗小，果粒着生紧密；果粒小，黑色。成熟枝条红褐色。植株生长中庸，扦插生根容易，嫁接亲和性良好，抗根瘤蚜和线虫能力较强，根系抗寒力中等。根据在美国的表现，适宜作鲜食品种特别是制干无核品种的砧木。

13. 华佳8号　由上海农业科学院园艺研究所用华东葡萄（*Vitis pseudoreticulata* W. T. Wang）与佳利酿（Carignane）杂交，从其后代中选出了一个生长势极强的单株。嫩梢黄绿色，梢尖及幼叶被灰白色茸毛，密度中等，幼叶叶面较平滑，带有光泽。成叶中大，呈心脏形，绿色，叶背有稀疏刺毛，叶脉密生刺毛，叶片平展，3～5裂，裂刻中深，叶缘锯齿双侧直，叶柄洼窄拱形，基部U形。一年生成熟枝条呈黄褐色，卷须断续分布，花为雌能花，果穗中偏小，圆锥形，有歧肩。果粒近圆形，果皮蓝黑色，有果点，果粒小型，1.5～2g，有种子3～4粒，植株为高大藤本，生长十分健旺。

14. 华东葡萄　华东葡萄（*Vitis pseudoreticulata* W. T. Wang），东亚种。中国陕西和长江流域及其以南许多省份均有分布。植株生长势极强。梢尖黄绿，密被茸毛。幼叶橙黄

色，下表面着生中等密茸毛。幼茎棱条凸出，幼茎、叶柄密被丝毛。叶中等大，长 11.8～12.0cm，宽 10.4～11.1cm，卵圆形，全缘，较平展，上表面密生小疱状突起，下表面有中密茸毛；叶缘锯齿浅，双侧直。叶柄洼开张矢形或宽拱形，基部 V 形或 U 形。叶柄长 6.8～7.8cm。卷须间歇性。一年生老枝褐色至暗褐色，表面有棱，枝粗 0.72～0.81cm，节间长 5.2～10，7cm，截面椭圆形。扦插成活率 58%～92%。雌雄异株。雌能花雄蕊比雌蕊短或等长，向外卷曲。果穗小，圆柱形或单肩圆锥形，长 7.1～9.4cm，宽 3.4～4.1cm，重 15.4～33.9g，中等紧密或紧密，最大穗长 15.7cm，宽 7.0cm，重 97.7g。果粒极小，有少量小青粒，平均 0.4g，圆形，黑色。果粉薄，果皮薄而韧，无涩味，果肉软，汁多，紫红色，味酸甜，出汁率 60.5%～77.7%，可溶性固形物含量 15.8%～19.3%，可滴定酸 1.0%～1.3%。每果实有种子 1～3 粒，大多为 2 粒。种子小，卵圆形，喙短。

15. 抗砧 3 号　种间杂种。由中国农业科学院郑州果树研究所育成，亲本为河岸 580×SO4。1998 年春杂交，经沙藏、筛选并多点试验，普遍反映良好，经济效益显著，于 2009 年 12 月通过河南省林木品种审定委员会审定。

植株生长势强。嫩梢黄绿色带红晕，梢尖有光泽。新梢生长半直立，无茸毛；卷须间歇性≤2，卷须 20.0cm，中等长，2 分叉。节间背侧淡绿色，腹侧浅红色。冬芽黄褐色，中等着色程度。枝条横切面近圆形，枝条表面光滑。枝条节间长 12.4cm，粗 1.0cm。枝条红褐色。雄花。幼叶上表皮光滑，带光泽；成年叶片肾形，绿色，泡状突起弱，下表面主脉上有密直立茸毛。叶片全缘或浅 3 裂。锯齿两侧直和两侧凸皆有。叶柄洼开张，V 形，不受叶脉限制。叶柄 11.0cm，中等长，浅棕红色。

枝条生长量大，副梢萌芽能力强，隐芽萌发力强。芽眼萌发率 81.6%，枝条成熟度好。

用该品种作砧木的葡萄品种，生长势显著强于自根苗，嫁接巨峰葡萄一年可生长 3.0m 以上，枝蔓粗度可达 1.5cm 以上，第二年每 667m^2 产量可达 300kg；嫁接红地球葡萄一年生长量可达 4.0m 以上，枝蔓粗度可达 2.0cm 以上，采用单干水平树形当年即可成形，第二年每 667m^2 产量可达 500kg，第三年进入丰产。与自根苗相比明显促进植株生长，减少施肥量。

该品种在郑州市正常年份 4 月上旬萌芽，5 月上旬开花，花期 5～7d。7 月上旬枝条开始老化，11 月上旬开始落叶，全年生育期 216d 左右。

采用该品种为砧木的葡萄品种，其萌芽期、开花期和成熟期与自根苗和贝达砧的嫁接苗相比，无明显差异。

经过多年多点试验观察，在病害方面，该品种全年无任何叶部和枝条病害发生，无需药剂防治；虫害方面，极抗葡萄根瘤蚜和根结线虫，高抗葡萄浮尘子，仅在新梢生长期会遭受绿盲蝽危害。

该品种适应河南省各类气候和土壤类型，在不同产区均表现出良好的适栽性，在开封的沙土地、安阳的偏碱性黏土地和浙江台州的高湿黏土地上均能正常生长，连年丰产稳产，表现出极强的栽培适应性。

该品种抗病性极强，生长势旺盛，为充分利用土地增加产量，应增大株距，缩小行距，在瘠薄地建园时，可采用 2.0m×2.5m 的株行距，肥沃良田建园，可采用 2.2m×3.0m 的株行距。

砧木品种与栽培品种不同，不以追求果实经济产量为目的，主要是获得高产、质量好的枝条，架势宜采用单壁篱架，树形采用头状树形。

定植当年选择一健壮新梢作为主蔓进行培养，该新梢只管向上引绑生长。萌发的副梢，一道铁丝以下的全部“单叶绝后”处理，一道铁丝以上的全部保留。待新梢到达架顶后再摘心，摘心后保留所有副梢任其生长。冬季主蔓上所有的枝条全部留 2～3 个芽短截。对于当年未到达架顶植株，冬季在蔓粗 1.0cm 处剪截，蔓上枝条留 2～3 个芽短截，来年萌芽后在剪口处选一健壮新梢按照第一年的方法继续培养。至此树形培养结束。

春季萌发出的新梢全部保留，不进行抹芽定枝和摘心，只有当新梢下垂到地面时，顺行向引绑一次即可，整个生长季任其生长。冬季只在主蔓上选择 8～10 个一年生枝条，留 2～3 个芽短截，其他枝条全部剪下，留作种条。

该品种属于高产条量葡萄砧木品种，对肥水要求不严格，但为增加产条量和枝条成熟度，应在每年 10 月份秋施一次基肥。为促进养分回流，增加枝条成熟度，减少用工量，枝条应在叶片自然脱落后修剪。

16. 抗砧 5 号 种间杂种。由中国农业科学院郑州果树研究所育成，亲本为贝达×420A。1998 年春杂交，经沙藏、筛选并多点试验，综合性状表现优异，于 2009 年 12 月通过河南省林木品种审定委员会审定。

植株生长势强。嫩梢黄绿带浅酒红色，幼叶上表面光滑，带光泽；成龄叶楔形，深绿色，叶表面泡状突起极弱，下表面主脉上直立茸毛极疏，主脉花青素着色浅，叶片全缘或浅 3 裂。锯齿两侧凸。叶柄洼半开张，V 形，不受叶脉限制。叶柄长，棕红色。卷须间隔。两性花。每果枝着生花序数为 1～2 个。果穗圆锥形，无副穗，穗长 12.6cm，穗宽 11.3cm，平均穗重 231g。果粒着生紧密，圆形，蓝黑色，纵径 1.7cm，平均粒重 2.5g。果粉、果皮均厚。果肉较软，汁液中等偏少。每果粒含种子 2～3 粒，可溶性固形物含量 16.0％。

在郑州市，该品种 4 月中旬萌芽，5 月上旬开花，7 月中旬果实开始着色，8 月中旬果实充分成熟，10 月下旬叶片开始老化脱落。

该品种抗病性极强，在郑州和开封市，全年无任何病害发

生。经过多年多点试验观察，该品种在河南省滑县万古镇的盐碱地和尉氏县大桥乡的重线虫地均能保持正常树势，嫁接品种连年丰产稳产，表现出良好的适栽性。

该品种抗病性强，生长势旺盛，为充分利用土地，增加产条量，应增大株距，缩小行距，在瘠薄地建产条园时，可采用2.0m×2.5m的株行距，肥沃良田建园，可采用2.5m×2.5m的株行距。架式宜采用单壁篱架，树形采用头状树形。

定植当年选择一健壮新梢作为主蔓进行培养，该新梢只管向上引绑生长，萌发的副梢，一道铁丝以下的全部“单叶绝后”处理，一道铁丝以上的全部保留。待新梢到达架顶后再摘心，摘心后保留所有副梢任其生长。冬季主蔓上所有的枝条全部留2～3个芽短截。对于当年未到达架顶植株，冬季在蔓粗1.0cm处剪截，蔓上留2～3个芽短截，来年萌芽后在剪口处选一健壮新梢按照第一年的方法继续培养。至此树形培养结束。

春季萌发出的新梢全部保留，不进行抹芽定枝和摘心，只有当新梢下垂到地面时，顺行向引绑一次即可，整个生长季节任其生长。冬季只管在主蔓上选择8～10个一年生枝条留2～3个芽眼短截，其他枝条全部剪下，留作种条。

该品种对肥水要求不严格，但为增加产条量和枝条成熟度，应在每年10月重施基肥的基础上，于萌芽期追施一次含氮量高的氮磷钾三元素复合肥，开花期追施一次高磷钾含量的三元素复合肥。为促进养分回流，增加枝条成熟度，减少用工量，枝条应在叶片自然脱落后修剪。

17. 140Ru　原产意大利。美洲种群内种间杂种。19世纪末20世纪初，由西西里的Ruggeri培育而成。亲本是Berlandieri Resseguier No. 2和Rupestris STGeorge（du. Lot）。中国农业科学院果树研究所已引入。

梢尖有网纹，边缘玫瑰红。幼叶灰绿色，有光泽；成龄叶片肾形，小，厚，扭曲，有光泽，下表面近乎无毛，叶脉上有稀疏茸毛。叶柄接合处红色。叶片全缘，有时基部叶片的裂刻很深，与420A相似。锯齿中等大，凸形。叶柄洼开张拱形，叶柄紫色，光滑，无毛。新梢有棱纹，浅紫色，茸毛稀少。枝蔓有棱纹，深红褐色，光滑，节部有卷丝状茸毛。节间长。芽小而尖。雄性花。根系极抗根瘤蚜。但可能在叶片上携带有虫瘿。较抗线虫，抗缺铁，耐寒、耐盐碱，抗干旱，对石灰性土壤抗性优异，几乎可达20%。生长势极旺盛，与欧亚品种嫁接亲和力强，适于偏干旱地区偏黏土壤上生长。插条生根较难，田间嫁接效果良好，不宜室内床接。

第三章

葡萄生物学特性

一、葡萄生长特性

（一）根系

葡萄的根系由根干、侧根、细根和根毛等部分组成，根干有贮藏营养物质，固定植株，运输水分、养分的功能；侧根、细根将吸收的矿物质及水分输送到根干，并将一些无机物转化为有机物。

葡萄的根系发达，为肉质根，分骨干根和吸收根两部分，贮藏有大量的营养物质。葡萄植株因繁殖方法不同，根系的构成有明显的差异。用种子繁殖的有主根，其上分化出各级侧根；用枝条扦插、压条法繁殖的没有主根，只有若干条粗壮的骨干根，随着根龄增加其上分生出各级侧生根和细根。葡萄大多数品种的适应性强，容易生根，当空气湿度大、温度较高时，常在成熟的枝蔓上长出气生根。

葡萄根系的生长随着季节气候的不同表现也有不同，在一般情况下每年的春、夏、秋季各有一次发根高峰，且以春、夏季发根量最多。葡萄与其他果树有类似情况，根系的生长与新梢的生长交替进行，若土温常年保持在13℃以上、水分适宜的条件下可终年生长而无休眠期。葡萄根系在土质深厚、肥沃、疏松、地下水位低的园地，分布深且强大；在土层浅、土质黏重、肥力低、地下水位高的园地，则分布浅、窄。由于葡萄根系忌积水，积水易引起根部腐烂，因此种植葡萄的园地需要开好排水沟，采用深沟高畦，及时排水。

（二）芽

葡萄枝梢上的芽是新枝的茎、叶、花过渡性器官，着生于叶腋中，根据分化的时间分为冬芽和夏芽，这两类芽在外部形态和特性上具有不同的特点。

1. 冬芽　冬芽是着生在结果母枝各节上的芽，体形比夏芽大，外被鳞片，鳞片上着生茸毛。冬芽具有晚熟性，一般都经过越冬后，翌年春萌发生长，称为越冬芽或冬芽。从冬芽的解剖结构看，良好的冬芽，内包含3～8个新梢原始芽，位于中心的一个最发达，称为“主芽”，其余四周的称副芽或预备芽。冬芽萌发的枝梢称主梢，在一般情况下，只有主芽萌发，当主芽受伤或者在修剪的刺激下，副芽也能萌发，有的在一个冬芽内，1个或2个副芽同时萌发，形成“双生枝”或“三生枝”。在生产上为调节贮藏养分供应，应及时将副芽萌发的枝抹掉，保证主芽生长。冬芽在越冬后，不一定每个芽都能在第二年萌发，其中不萌发者则呈休眠状态，尤其是一些枝蔓基部的芽常不萌发，随着枝蔓逐年增粗，潜伏于表皮组织之间，成为潜伏芽，又称隐芽。当枝蔓受伤，或内部营养物质突然增长时，潜伏芽便能随之萌发，成为新梢。由于主干或主蔓上的潜伏芽抽生成新梢往往带有徒长性，在生产上可以用作更新树冠。葡萄隐芽的寿命很长，因此葡萄恢复再生能力也很强。

2. 夏芽　夏芽着生在新梢叶腋内冬芽的旁边，是无鳞片的裸芽，不能越冬。夏芽具早熟性，不需休眠，在当年夏季自然萌发成新梢，通称副梢。有些品种如巨峰、户太8号、美人指等的夏芽副梢结实力较强，在气候适宜，生长期较长的地区，还可以利用它来结二次或三次果，借以补充一次果的不足和延长葡萄的供应期。夏芽抽生的副梢同主梢一样，每节都能形成冬芽和夏芽，副梢上的夏芽也同样能萌发成二次副梢，二次副梢上又能抽生三次副梢，这就是葡萄枝梢具有一年多次生长多次结果的原因。

（三）枝蔓

葡萄是藤本植物，其茎为蔓生，形态细长、坚韧，组织疏松，质地轻软，着生有卷须供攀缘，通常称为枝蔓或蔓。由于着生部位和性质不同，可分为主干、主蔓、侧蔓、结果母蔓、结果蔓、营养蔓等。主干是指从地面到主蔓分支部位的一段枝蔓，主蔓是主干上的分枝，侧蔓为主蔓的分枝。当年生的新梢如充分成熟而发育良好，到秋后已有混合芽者称为结果母蔓。着生于侧蔓上的结果母枝与预备枝都是先年成熟的新梢，它们构成结果枝组，是构成植株丰产稳产的基础。春季从结果母蔓上的芽萌发的新蔓有花穗者称为结果蔓，无花穗的新蔓称营养蔓。结果蔓着生的部位和质量因不同种类、品种和结果母蔓发育状况而异，一般着生在结果母蔓的 2～10 节上，其中欧洲种着生部位较低。但是，这种特性可随栽培条件的不同而有所改变。在肥水管理良好，加之单枝直立牵引，树势生长强旺，结果母蔓生长量大而粗壮，则结果蔓发生部位较高，多在结果母蔓中上部。反之，在肥水配合适宜，单枝牵引斜倾，以及及时进行新梢摘心处理，则结果母蔓长势中庸，结果蔓靠近结果母蔓基部的节位发生。但一般结果母蔓基部 1～2 节的芽发育不良，不易发生优良的结果蔓，在进行修剪时，应该注意这一特点。

葡萄的枝梢生长非常迅速，一年中能抽多次梢，新梢一年的生长量一般为 3～5m，有的可达 10m 以上，新梢在开花前后生长最快。新梢叶腋中的夏芽或冬芽萌发伸长的梢，分别称为夏芽副梢或冬芽副梢，依其抽生的先后，分一次副梢、二次副梢、三次副梢等，副梢上也有可能形成花序，开花结果，这种现象，称为二次结果、三次结果等。

葡萄枝蔓的中央为髓部组织，由死细胞构成，其髓部和导管很发达，有贮藏水分和养分的功能，但随着枝蔓年龄的增长，髓

部逐渐缩小而木质化，生长充实的枝蔓一般髓部较小。葡萄枝蔓的外部为表皮层，表皮干枯后变成树皮，容易剥落；内层为木栓层。形成层介于韧皮部与木质部之间，外层为韧皮层，内层为木质部。葡萄茎的维管束呈环状排列，维管束间由薄壁细胞构成射线，横向联络韧皮部和木质部。

葡萄枝蔓由节和节间组成，枝蔓的节间有横膈膜，具有贮藏养分的作用，同时能使枝蔓组织结构坚实。不成熟的枝蔓，横膈膜发育不完全，显得柔软。发育良好，充分老熟的枝蔓，节间较短，入冬前呈不同程度的褐色。结果过量或秋末发育的枝蔓，节间较长，颜色浅，发育不充实，越冬期间易枯死。凡生长过旺，枝梢粗壮，节间长，芽眼小，节位组织疏松的当年枝蔓，称为徒长枝。

（四）叶片

葡萄的叶为单叶、互生，由叶柄、叶片和托叶三部分组成。叶片主要是制造营养、蒸腾水分和进行呼吸作用。叶柄起到支撑叶片，连接叶脉与新梢维管束，使整个输导组织相连，输送养分的作用。托叶着生于叶柄基部，对刚形成的幼叶起着保护作用，展叶后自行脱落。

葡萄的叶片呈圆形、卵圆形（心脏形）和扁圆形（肾脏形），通常表现为 3 裂、5 裂、7 裂或全缘。以 5 裂叶片为例，位于叶片中部的叫中央裂片，位于两侧的叫上侧裂片和下侧裂片，裂片与裂片之间凹入的部分叫裂刻，分为上侧裂刻和下侧裂刻。裂刻的深度一般分浅、中、深和极深。葡萄叶背面的表皮细胞常衍生出各种类型的茸毛，茸毛一般分为平铺的丝状毛、直立的刺毛和混合毛，但有的品种无茸毛。叶片的叶缘均有锯齿。

葡萄叶片具有较厚的角质层及表皮，叶片的厚度与葡萄的种类和品种抗性有很大的关系。野生种毛葡萄、华东葡萄和刺葡萄与美洲种、欧洲种相比叶片最厚，其抗逆性也比栽培种强。美洲品种叶片一般较厚、叶色深，欧洲品种叶片一般较薄、叶色

较浅。

二、葡萄结果特性

（一）花芽分化

葡萄植株的茎生长点由分生出叶片、腋芽转变为分化出花序原基或花朵，由营养生长向生殖生长的过程叫做花芽分化。葡萄的花芽分为冬花芽和夏花芽两种类型，花芽分化一般一年分化一次，有时也可一年分化多次。

1. 冬花芽分化 葡萄冬芽分化从主梢开花始期开始，靠近主梢下部的冬芽最先开始分化，随着新梢的延长，新梢上各节冬芽从下而上逐渐开始分化，但最基部 1～3 节上的冬芽分化迟或有时分化不完全。冬季休眠期间芽内的花穗原始体在形态上不再出现明显的变化，到第二年萌芽和展叶后，在上一年已形成的花穗原始体基础上继续分化，随着新梢生长，花序上的每朵花再依次分化，因此树体上一年养分的积累对来年早春花芽的继续分化至关重要。生产上在葡萄生长过程中可以通过主梢摘心、控制夏芽副梢生长等措施来促进冬花芽的分化；同时也可利用逼主梢冬花芽或副梢冬花芽当年萌发开花，实现二次结果、三次结果。

2. 夏花芽分化 葡萄在自然生长状态下，一般夏芽萌发的副梢不易形成花穗，但如果对主梢进行摘心，改善营养条件，可以促进夏花芽的分化而形成花穗，但花穗一般较冬花芽形成的小。

（二）花、花序与卷须

1. 花 葡萄的花分三种类型：两性花、雌花和雄花。葡萄的花很小，两性花由花梗、花托、花萼、蜜腺、雄蕊、雌蕊组成。绝大多数葡萄栽培品种均为两性花，具有正常雌、雄蕊，花粉有发芽能力，能自花授粉结实。葡萄野生种常为雌雄异株，雌花除有发育正常的雌蕊外，虽然也有雄蕊，但花丝比柱头短或向外弯曲，花粉无发芽能力，表现雄性不育，因此雌花必须配有授粉品种在授粉情况下能正常结实，否则只能形成无核小果，并且落花落果严重；雄花在花朵中仅有雄蕊而无雌蕊或雌蕊发育不完全，不能结实。葡萄大部分品种经受精发育后而成的果实，果实内有籽，但有些品种不经受精子房能自然膨大发育成果实，这种现象称之单性结实。也有些无核品种虽能受精，但由于种子败育，成为无籽葡萄。还有些品种开花时，部分花冠不脱落，而在花朵内进行自花受精，以后花冠在花上干枯，这种受精方式叫闭花受精，闭花受精不受阴雨天气的影响。

2. 花序　葡萄的花序由花序梗、花序轴、支梗、花梗及花蕾组成，属于复总状花序，呈圆锥形。葡萄的花序和卷须属于同源器官，都是茎的变态，穗轴与卷须和新梢具有相同的结构。在花芽形成过程中，营养物质充足时，卷须可转化为花序，营养不良时，花序也会停止分化而成为卷须。因此，根据花序的发育程度，可分为完全发育花序、带卷须的花序和卷须状花序。

葡萄的花序着生在叶片的对面，葡萄品种不同花序着生部位也有所不同。一般欧亚种的第一个花序大多着生于新梢的第5或第6节，而欧美杂交种和美洲种的第一个花序则常着生于新梢基部的第3或第4节。花序形成与营养条件极为密切，营养条件好，花序形成也好，营养不良则花序分化不好。葡萄花序的分支一般可达3～5级，基部的分支级数多，顶部的分支级数少。葡萄每个花序上的花朵数，因品种、树龄和栽培条件而不同，一个花序一般有200～500朵花，最多可达1 500朵左右。花序中部花的质量最好，整修花序时，可根据品种特点确定选留花朵的数量。

3. 卷须　葡萄卷须一般主梢从第3～6节起，副梢从第2节起开始着生，卷须与花序一样着生在叶片的对面，在自然情况下，或放任生长的葡萄，其卷须的作用在于缠绕住其他物体，固定新梢攀缘向上，当卷须缠绕住其他物体后，便迅速生长并很快木质化。没有其他物体可攀缘时，卷须可较长时间地保持绿色，以后便逐渐枯黄。在人工栽培条件下，常为了减少养分消耗，且防止卷须自由缠绕会造成新梢生长紊乱而将其摘除。葡萄卷须形态有分叉（双叉、三叉和四叉）和不分叉，分支很多和带花蕾的几种类型。卷须在新梢上的着生部位，不同葡萄种群间表现出一定差异。一般欧亚种和东亚种群，卷须在新梢上连续着生两节后空一节，呈不连续分布；美洲种群葡萄的卷须，在新梢上分布是连续的；欧美杂种葡萄的卷须，则常呈不规则分布。

（三）果穗、果粒及种子

1. 果穗　葡萄的果穗是由花序转化而来，花序开花经授粉受精后，子房发育成果粒，花序变为果穗。果穗由穗轴、果梗和果粒组成。自新梢着生果穗处至果穗第一分枝处，称为果穗梗。穗梗上的节称为穗梗节，浆果成熟时，节以上部位一般均可木质化。果穗的中轴称穗轴，其上分生二级轴、三级轴及四级轴。穗轴的第一分枝特别发达，常形成副穗，果穗的主要部分称为主穗。

果穗的形状和大小，因品种不同而异，其形状一般可分为：圆柱形、单歧肩圆柱形、双歧肩圆柱形、圆锥形、单歧肩圆锥形、双歧肩圆锥形、分枝形等。

果穗的大小，可用穗长×穗宽之积表示，或用穗长表示。长度在25cm以上者为极大穗；20～25cm者为大穗；13～20cm为中穗；10～13cm为小穗；10cm以下为极小穗。根据果穗的着生密度可分为极紧密（果粒之间很挤，果粒变形）；紧密（果粒之间较挤，但果粒不变形）；适中（果穗平放时，形状稍有改变）；松散（果穗平放时，显著变形）；极松散（果穗平放时，所有分枝均是自由形）。果粒的大小和紧密度对鲜食品种非常重要，要求果穗中等稍大，松紧适中，因此在整修果穗时，可根据品种特点进行整理，以提高商品价值。

2. 果粒及种子　葡萄的果粒由子房发育而成，分为果梗、果蒂、果刷、外果皮、果肉和种子等部分组成。果梗与果蒂上常有黄褐色的小皮孔，称为疣，品种不同其稀密、大小、色泽有所

不同。果刷是中央维管束与果粒处分离后的残留部分，其长短可作为判断鲜果贮运性的指标之一。果皮，即外果皮，大部分品种的外果皮上都有蜡质果粉，有减少水分蒸腾和防止微生物侵入的作用。果肉，即中、内果皮，与种子相连，是主要的食用部分。

果粒的形状、大小、颜色，因品种而不同。形状可分为圆柱形、长椭圆形、扁圆形、卵形、倒卵形等。果粒的大小是从果蒂的基部至果顶的长度（纵径）与最大宽度（横径）平均值表示，但果粒的形状、大小，常因栽培条件和种子多少而有所变化。果皮的颜色有白色、黄白色、绿白色、黄绿色、粉红色、红色、紫红色、紫黑色等。果粒的颜色主要由果皮中的花青素和叶绿素含量的比例所决定，也与浆果的成熟度、受光程度以及成熟期大气的温度、湿度有关。

果皮的厚度可分薄、中、厚三种，果皮厚韧的品种耐贮运，但鲜食时不爽口。果皮薄的品种鲜食爽口，但成熟前久旱遇雨，易引起裂果。果肉的颜色大部分为无色，有软有脆，香味有浓有淡。欧亚种群品种果肉与果皮难以分离，但果肉与种子易分离；美洲种及其杂种具有肉囊，食之柔软。大部分品种的果肉透明无色，但少数欧洲种及其杂交品种的果汁中含有色素，葡萄的色素对鲜食与酿酒葡萄的外观及品质有直接影响。

葡萄果实的品质主要决定于含糖量、含酸量、糖酸比、芳香物质的多少，以及果肉质地等。葡萄的香味分为玫瑰香味和草莓香味。美洲葡萄具有强烈的草莓香味，欧美杂种也具这一特性，一般都不宜酿酒。欧洲葡萄具有令人喜爱的玫瑰香味，是鲜食和加工的优良性状。

葡萄种子呈梨形，种子的外形分腹面和背面。腹面的左右两边有两道小沟，叫核洼，核洼之间有种脊，为缝合线，种子的尖端部分为突起的核嘴，是种子发根的部位。种子由种皮、胚乳和胚构成。种子有坚硬而厚的种皮；胚乳为白色，含有丰富的脂肪和蛋白质，供种子发芽时所需。胚由胚芽、胚茎、胚叶与胚根组成。由于受品种和受精情况的差异，每个果粒中通常有 1～4 粒种子。

（四）开花与坐果

葡萄开花就是花冠脱离的过程，开花初花冠基部开裂，萼片开始向外翻卷，通过雄蕊生长产生向上顶的压力把花冠顶落。成熟良好的花在日照良好、空气干燥、气温适宜时，每朵花开放过程仅 3h 左右。营养条件差的花，或在低温高湿的气候条件下，花的授粉受精过程会相应延长。同一花序上的花开花时间有所不同，一般是以中部的花蕾成熟最早，开放也最早，基部次之，穗尖上的花蕾成熟最晚，开放也最晚。花序开放的时间长短，与气候条件密切相关，花期低温阴雨，开花时间便会延迟，整个花序开放所需要的时间一般为 6～8d，以第 2 天至第 4 天为开花盛期，在一天中，以上午 7～10 时开放最多。

葡萄完成开花和授粉受精后，子房迅速膨大，发育成果实，这一过程称为坐果。葡萄一般在盛花后 2～3d 出现第一次落花落果高峰，当幼果发育到直径 3～4mm 时常有一部分果实因营养不足而停止发育、脱落，这是第二次落果高峰。通常影响坐果的因素主要有：花器发育情况、树体营养水平以及气候条件。若花器发育不正常就会影响正常的授粉受精过程，使坐果率降低。一切影响树体营养水平的因素也都会影响坐果，当葡萄栽培在贫瘠的土壤上或当植株负载量过大的情况下，都会加剧落花落果和大小粒的现象。同时，若开花坐果前后干旱、低温、阴雨等不利的气候因素也都会降低坐果。另外病虫危害也会影响坐果。但是在自然情况下，每一串葡萄花序中只要有 20%～50%的坐果率即可保证果穗丰满而不影响产量。

（五）果实的生长发育与成熟

在葡萄开花坐果后，一般将果实生长过程分为两个时期：果实的生长发育期、果实成熟期。

1. 果实的生长发育期　葡萄从开花坐果后到果实着色前为

果实的生长发育期。果实生长发育期持续的天数因品种而异，早熟品种为35～60d，中熟品种为60～80d，晚熟品种80～90d。在开花后一周，果粒为3～4mm大时常出现生理落果现象。当果实生长到直径5mm后一般不会再脱落。落果后留下的果实一般需经历快速生长期、生长缓慢期和果实膨大期三个阶段。果实的快速生长期是果实的体积和重量增长最快的时期，这期间果实绿色，肉硬、含酸量达最高峰，含糖量处最低值。在快速生长期之后，果实发育进入生长缓慢期，又叫硬核期。在此期间果实的外观有停滞之感，但果实内的种胚在迅速发育和硬化。这个阶段早熟品种的时间较短，晚熟品种时间较长。最后果实进入其生长发育的第二个高峰，称果实膨大期，但生长速度次于快速生长期，这期间果实慢慢变软，酸度迅速下降，可溶性固形物迅速上升，开始着色。

2. 果实的成熟期 从果实开始着色到果实完全成熟称果实成熟期，一般持续20～40d。由于果胶质分解，果肉软化，其软化程度因品种而异，因此成熟后肉质的特性就产生差异。黄绿色品种进入此期的标志为，果粒变软、果皮色泽变浅；红色品种则为果粒变软，果皮开始着色。

果实中的糖，在果实生长缓慢期之前很少产生，但当到了果实膨大期时便急剧增加，直至果实成熟时为止。葡萄果实中的糖几乎全为葡萄糖与果糖，两者含量大体相等，但在果实成熟初期，葡萄糖蓄积增多，成熟过程中则果糖增加，最后通常是果糖略多于葡萄糖。葡萄的着色与糖分含量有密切关系，只有当其糖度超过一定量时才会开始着色，但同时着色又受温度和光照的影响，若着色期温度过高则着色较差，即使果实糖度高，着色也不会充分；而果实着色因品种不同对光照强度的反应也不同。

三、葡萄的年生长发育周期

葡萄的年生长发育周期（又称物候期）呈现出明显的季节性

变化，概括起来可分为两个时期：休眠期和营养生长期。休眠期是从落叶开始到翌年春季冬芽萌动前为止，营养生长期是从春季树液流动开始到秋冬落叶时为止。

（一）休眠期

葡萄的休眠期是从秋天落叶开始至翌年春季伤流开始之前为止。落叶后，树体生命活动并没有完全停止，生理变化仍在微弱的进行。

休眠可分为自然休眠期和被迫休眠期。自然休眠是指外界温度在 10℃以上芽眼也不萌发时的休眠，这是植株对越冬的一种适应，它受内部因素控制的，即使外界环境条件适宜，植株也不能开始生长。自然休眠要求一定的低温条件，不同品种所需低温的时间长短不同。但生产上为了打破自然休眠，除了低温的方法外，可运用单氰胺、赤霉素、激动素、冷热交替处理等都有一定的作用。

自然休眠结束后，如果温度、湿度适宜，葡萄就可以萌芽生长，但在我国北方，自然休眠结束后，往往气温和土温仍然很低，外界温度低于 10℃，限制了芽萌发时的休眠，这时葡萄仍不能正常生长，便进入被迫休眠期，一旦条件适合随时可以萌芽生长。

而在一些热带地区，葡萄一年四季都在生长，不能自然落叶，为了让植株长出新的枝条和结果，就需要诱发休眠，即让植株生长停止一段时间后，采取人工摘叶，重剪根系和停止灌水等措施。

（二）生长期

当春季伤流开始到秋季落叶为止为葡萄的营养生长期。葡萄生长期的长短主要取决于当地无霜期的长短。

葡萄的营养生长期又可以分为以下几个时期：

1. 树液流动期　又称伤流期。从春季树液流动到萌芽时为止，当早春根系分布处的土层温度达 6～9℃时，芽膨大前至膨大

时，树液就开始流动，根的吸收作用逐渐增强，这时从葡萄枝蔓新剪口处会流出无色透明的树液，这种现象称为伤流现象。伤流的出现说明葡萄根系开始大量吸收养分、水分，为进入生长期的标志。伤流开始的时间及多少与土壤湿度有关，土壤湿度大，树体伤流多，土壤过于干燥时，伤流少或不发生。

伤流液的多少常常也可作为根系活动能力强弱的指标，根系活动能力强时伤流液较多。若土壤温度骤降会出现伤流暂时停止，而当根系受伤过重或土壤过于干燥时，伤流也会减少或完全停止，这些都是根系活动减弱的表现。

整个伤流期的长短，随当年气候条件和品种而定，一般为9～50d。伤流液主要是水，干物质含量极少，据分析，每升伤流液中含干物质1～2g，其中60%左右是糖和氮等化合物，还含有矿物质，如钾、钙、磷等成分。当伤流不大时对葡萄无明显影响，但大量伤流对树体生长发育是不利的。伤流在冬芽萌发后即可逐渐停止。枝蔓一般在伤流期会变得柔软、可以上架、压条。

2. 萌芽、新梢生长期 此期从萌芽至开花始期。当春季昼夜平均气温稳定达到10℃以上时，葡萄冬芽开始膨大进而萌发，长出嫩梢。枝条顶端的芽一般萌发较早。萌芽除受当年温度、湿度的影响外，植株的生长势对其影响极大。若冬季受冻或上一年叶遭受病虫为害、结果过多、采收过晚都会导致萌芽推迟。

在南方葡萄进入绒球萌芽期，花序继续分化形成各级分支和花蕾，植株若此时营养条件好，花序原始体可继续分化第二、第三花轴和花蕾。如果营养条件不良（包括外界中的低温和干旱），花序原始体只能发育成带有卷须的小花序，甚至会使已形成的花序原始体发育不良或萎缩消失，严重影响花序的质量以及当年葡萄产量和质量。

萌芽和新梢开始生长初期，新梢、花序和根系的生长主要是依靠贮藏在根和茎中的营养物质，在叶片充分长成之后，主要靠叶片光合作用制造养分。新梢开始生长较慢，以后随着温度升高而加快。

3. 开花期　从开始开花至开花终止，花期持续5～14d。花期是葡萄生长中的重要阶段，对水分、养分和气候条件的反应都很敏感，是决定当年产量的关键。当日平均温度达20℃时，葡萄开始开花，这时枝条生长相对减缓。温度和湿度对开花影响很大，高温、干燥的气候有利于开花，能够缩短花期，相反若花期遇到低温和降雨天气会延长花期，持续的低温还会影响坐果和当年产量。这时冬花芽开始分化。

4. 果实生长期　从花期结束到果实开始成熟前为果实生长期。一般为80～110d。此期间内新梢的加长生长减缓而加粗生长变快，基部开始木质化。冬芽在这时开始了旺盛的花芽分化。根系在这一时期内生长逐渐加快，不断发生新的侧根，根系的吸收作用达到了最旺盛的时候。

此时期长江以南地区雨水多、气温高、湿度大，葡萄感病发病严重。在土壤过湿的情况下，杂草滋生，排水不良，会影响根系的正常生长。为了获得葡萄的优质高产，要供给幼果充足的养分，加强肥水管理，防治病虫为害，并做好田间排水工作。

5. 果实成熟期　果实成熟期是指果实从开始成熟到完全成熟的一段时期。在果实开始成熟时这一时期，主梢的加长生长由缓慢而趋于停止，加粗生长仍在继续旺盛进行；副梢的生长比主梢生长延续的时期较长。这时花芽分化主要在主梢的中上部进行，冬芽中的主芽开始形成第二、第三花序原基，以后停止分化。

当果实成熟适期时应开始进行采收，这对浆果产量、品质、用途和贮运性有很大的影响。采收过早，浆果尚未充分发育，产量减少，糖分积累少，着色差，未形成品种固有的风味和品质，鲜食乏味，酿酒贫香，贮藏易失水，多发病。采收过晚，易落果，果皮皱缩，果肉变软，有些皮薄品种还易裂果，招来蜂蝇和病虫，造成“丰产不丰收”。并由于大量消耗树体贮藏养分，削弱树体抗寒越冬能力，甚至影响第二年生长和结果，引起大小年

结果现象。

6. 枝蔓老熟期 又称新梢成熟和落叶期，是从采收到落叶休眠的这段时期。

当果实采收后，叶片的光合作用仍很旺盛，叶片继续制造养分，光合产物大量转入枝蔓内部，植株组织内淀粉和糖迅速增加，水分含量逐渐减少，细胞液浓度增高，新梢质地由下而上其木质部、韧皮部和髓部细胞壁变厚和木质化，外围形成木栓形成层，韧皮部外围的数层细胞变为干枯的树皮。这一时期生理活动进行得越充分，新梢和芽眼成熟得就越好。当枝蔓老熟初期，绝大部分主梢和副梢加长生长已经基本停止，芽眼内花序原基也不再形成，此时根系生长再出现一个高峰，但比前一次的生长高峰要弱得多。

随着进入秋季，随着气温下降，叶片停止了光合作用，叶片逐渐老化，在叶内大量积累钙，而氮、磷、钾的含量减少，大部分白色品种叶片变黄，有色品种变红，叶片从枝条基部向上逐渐脱落，标志着葡萄在一年中的生长发育相对结束，进入休眠。华北、西北、东北葡萄落叶一般在 11 月，南方地区葡萄落叶在 12 月。在肥水施用不当特别是氮肥施用过多的园地，因枝叶不能及时停止生长，往往不能及时落叶。

四、对生态条件的要求

（一）温度

葡萄属暖温带植物，是喜温植物，对热量的要求高。温度不仅决定葡萄各物候期的长短及通过某一物候期的速度，而且在影响葡萄的生长发育和果实品质的综合因子中起主导作用。葡萄各物候期都要求一定的最适温度，植株一般从 10～12℃以上开始萌发，不同葡萄品种从萌芽开始到果实充分成熟所需≥10℃的活动积温都是不同的。不同成熟期的品种需活动积温为 2 100～3 700℃，早熟品种偏低，晚熟品种偏高，中熟品种居两者之间，极早熟品种要求≥10℃的活动积温 2 100～2 500℃，早熟品种 2 500～2 900℃，中熟品种 2 900～3 300℃，晚熟品种 3 300～3 700℃，极晚熟品种>3 700℃。

当葡萄发芽后长出枝条时的平均气温达到 13℃以上，生长良好，发芽后应做好田间管理，避免产生芽的冻害。白天气温 25～30℃时为枝条生长最迅速的时期。当白天气温为 20～25℃，平均气温为 13～15℃以上为葡萄植株开花结果最稳定的温度，若遇到低温或高温时容易出现受精不良，出现落花和无核果等现象。浆果生长期不低于 20℃，葡萄果实第一次膨大期和第二次膨大期的适宜温度为 20～25℃，果实在这种温度条件下才能够膨大成熟和着色。生长期间的低温和高温都会对葡萄造成伤害，开花期遇到 14℃以下低温会引起受精不良，子房大量脱落，35℃以上的持续高温会产生日烧。葡萄在年发育周期中还需要有一个低温期，主要是在秋季到生长结束的越冬准备时期，此阶段的气温不宜高于 12℃，并要求逐渐下降，这是能否通过休眠的关键时期。

另外，欧亚种葡萄品种的成熟枝芽一般只能忍受约－15℃低温，根系只能抗－6℃左右；而美洲种或欧美杂交品种的成熟枝芽一般能忍受约－20℃低温，根系能抗－6～－7℃。因此在中国北部栽培葡萄，由于冬季气温低，必须埋土防寒才能安全越冬。

（二）水分

葡萄的原产地大部分是靠近沙漠的干燥地带，所以比较抗旱。葡萄虽然是比较耐旱的果树，但同时也是需水较多的植物，有些品种也能忍受较高的湿度。在生长期内，从萌芽到开花对水分需要量最多，开花期减少，坐果后至果实成熟前要求均衡供水，成熟期对水分的需求又减少。

降水量高低及季节性降水变化对葡萄的生长结果有重要影响。一般认为在温和的气候条件下，年降水量在 600～800mm 是较适合葡萄生长发育的。我国南方地区降水量大，春季发芽期

经常下雨易诱发黑痘病，促进新梢的徒长；开花期前后降雨时可出现落花现象，诱发种子败育和单性结实现象和新枝的徒长，还会出现白粉病、褐斑病、霜霉病、蒂枯病等；着色、成熟期间经常下雨也会出现着色不良、糖度低、裂果、立枯病、褐斑病、蒂枯病等。因此南方大部分地区易采用避雨设施栽培，在进行设施栽培措施下，要解决葡萄叶和塑料膜距离太近而引起的高温障碍和着色不良、成熟不良等问题，其方法是做好保持防雨栽培设备的通气性。

（三）光照

葡萄是喜光植物，对光的反应很敏感，光照对葡萄的生长和品质起决定性的作用。光照充足时，枝叶生长健壮，树体的生理活动增强，营养状况改善，果实产量和品质提高，色、香、味增进，同时，树体的营养积累增多，抗性也随之增强。光照不足时，枝条变细，节间增长，表现徒长，叶片变黄、变薄，光合效率低，果实的坐果、膨大、着色、成熟、糖度、香气等都会受到严重的不良影响，造成果实着色差，或不着色，品质变劣。因此要采用正确的栽培技术，改善植株和内层叶片的光照条件，避免由于葡萄具有生长量大、多次萌芽分支的特点，容易造成架面郁闭，内部通风透光不良的现象。

葡萄同时也是长日照植物，当日照长时，新梢才会正常生长，日照缩短，则生长缓慢，成熟速度加快。

（四）风

风对葡萄的作用是多方面的，有良好的一面，也有破坏的一面。微风与和风可以促进空气的交换，增强蒸腾作用，提高光合作用，消除辐射霜冻，降低地面高温，减少病菌危害，增加授粉结实。葡萄果实的抗风力虽较其他果树强，但若遇到大风、强风、台风等也同样会受到危害，除花期影响授粉外，还会造成大量落果、折枝、树倒等严重损失。因此，各地建园时同样也要充分考虑本地风的种类及风向，以便采取必要的防护措施。

（五）土壤

葡萄根系发达，适应性很强，对土壤的要求不严，几乎可以在各种类型的土壤中栽培生长。

葡萄对土壤有很强的适应性，但土壤的物理结构对葡萄还是同样起着很大的影响。最适宜葡萄生长的土壤是沙壤土或轻壤土。这类土壤通气、排水及保水保肥性良好，有利葡萄根系生长。沙性强的土壤虽疏松透气性强，排水良好，杂草少，病虫害轻，昼夜温差大，有利养分积累，但营养物质含量低，保肥保水力差，导热性高，温变大。这类土壤上种植的葡萄常成熟早，含糖量高，但果粒较小。含有大量砾石和粗沙的土壤也适宜葡萄栽培，它不仅通气、排水良好，且昼夜温差较大，有利于养分积累，有益于花芽形成，有助于提高果实品质。黏重的土壤对葡萄最为不利，因其透气性差，雨季易积水，根部窒息，促进厌氧生物活动，毒害根系，干旱时又易板结，对葡萄根系、地上部生长和果实品质均为不利。若要在这样的土壤上种植葡萄，需要先进行土壤改良后再种植。

土层的深浅、含水量、地下水位高低会影响葡萄根系的分布。土层厚度在1m以上，质地良好，根系分布深而广，枝蔓生长健壮，抗逆性强；土壤表层太薄，则不利于葡萄生长。地下水位过高不适于葡萄生长，一般在1.0m以下较好。

葡萄根系在通透性强、水分适度、有机质含量高、含氧量高的土壤环境中，生长良好。一般当土壤有机质含量达到3%～5%时，可生产出优质的葡萄。在有机质含量高的土壤里栽培葡萄可以发挥每个品种固有的特性。土壤水分以田间最大持水量的60%～80%为宜，低于30%时植株停止生长，降至5%时叶片凋萎。栽培葡萄主要在微酸性或碱性土壤上栽培，pH一般以5～7为宜，最为适宜的pH为6～6.5。pH低于5或高于8大部分葡萄生长不良，但有些品种仍能适应并具有经济栽培价值，一般欧洲种品种比美洲种品种适合pH高一点的土壤。

第四章

苗木繁殖与高接换种技术

葡萄苗木是发展葡萄生产的物质基础，苗木数量的多少，直接制约着葡萄发展的速度和规模。苗木质量的好坏，不但影响栽植成活率，而且对于植株生长发育、结果早晚、产量高低、适应性能和树体寿命都有极大影响。为避免从外地购入的苗木不适应当地自然条件，以及杜绝病虫害的传播与蔓延、减少因长途运输而降低栽植成活率，提倡实行就近从专业苗圃购苗栽植。

一、苗圃的选择与建立

（一）苗圃的选择

1. 地形、地势 宜选择交通方便、地势平坦、背风向阳、排水良好的平地或缓坡地（坡度小于5°），地下水位在1m以下的地点做苗圃。坡度较大、低洼地、风口等处，不宜选做苗圃。

2. 土壤 以土层深厚、肥沃、土质疏松、有机质丰富的沙壤土或轻黏壤土为宜。其通透性良好，利于苗木发根，保肥保水能力较强，能满足苗木对肥水的需求，利于苗木生长。黏土、沙土、盐碱土，若未经改良，不宜选做苗圃。土壤的pH以6.5～7.5为宜。

3. 水源 苗圃必须有水源条件，河水、库水、井水均可，最好装置滴灌设施。因为葡萄苗根系较浅，生长旺，需水量大。在缺水情况下，苗木成活率和成苗率很低。

（二）苗圃的建立

1. 苗圃基础建设规划　基础建设规划主要从以下几个方面进行规划：

（1）划分小区　为了便于农业机械化作业，平地小区应是长方形，长边一般不小于100m。以南北方向有利于苗木通风透光；坡地小区的长边应按等高线划分，以利于水土保持，方便作业。小区的面积，平地宜大，坡地宜小。小区的划分必须与道路和排灌系统相结合，同时做好区划。

（2）道路系统　大型苗圃，一般主道贯穿圃地中心，并与主要建筑物相连，外通公路，应能往返行驶载重车辆，道宽5～6m，为大区或小区的边界。支道能单向行驶载重车辆，道宽3～4m，作为小区的边界。

（3）排灌系统　苗圃排灌系统的设计应与道路相结合、相统一，在主道、支道的一侧设置排水系统，在另一侧设置灌水系统。

排水可以采用地面明沟，也可以利用地下暗管。明沟排水视野清楚，沟内淤积清除方便，但占地多，且不便于田间机械化作业；暗管排水埋于地下，不占地，无障碍，提高土地利用率，但工程造价高，且维修不方便。明沟的宽度和深度，应根据该地区历史上最大降水量而定，以保证雨后24h内排除圃地地面积水。排水系统沟或管的规格，由小到大逐级加大，以承受排水量的逐级递增；沟或管的位置，由高到低逐级降低，一般坡度比降为0.3%～0.5%，以加大水流速度，达到快速排水目的。

灌溉系统应以圃内水源为中心，结合小区划分来设计。沿主道、支道和步道设置灌溉用的干渠（管）、支渠（管）和纵水沟（管）等形成灌溉网络，直达苗畦或苗垄。葡萄苗木因根系较浅，也可采用喷灌，尤其是移动式喷灌。

（4）苗圃建筑　主要包括办公室、工作室、工具房、贮藏库等服务设施建筑，此外还应包括温室、大棚、配药池等生产设施建筑。服务设施建筑应尽量避免占用耕地，位置最好在入圃主道旁或圃内中心；生产设施建筑应便于操作，可位于作业小区之内。

（5）防风林　大型苗圃需设置防风林。营建防风林可降低风速，改善小气候条件，有利苗木成活和生长，提高苗木成苗率与质量。苗圃四周应营造防风林，垂直于主风方向建立主林带，在平行方向每间隔350～400m再建立主林带。主林带之间每间隔500～600m建立垂直于主林带的副林带，组成林网。注意为避免防护林的病虫害交叉危害，不宜选择杨树。

2. 苗圃功能区划分　在基础建设规划的基础上，大型的独立经营葡萄苗木的苗圃，还应根据功能将苗圃划分为母本区、繁殖区和轮作区。

（1）母本区　专供苗圃繁殖材料，提供接穗、插穗、砧木种条的母本树生产区。母本区的面积大小，因繁殖区育苗任务所需繁殖材料用量而异。母本区应选用无病毒、无检疫性病虫害和抗逆性强的苗木栽植作为母本树。

（2）繁殖区　是苗圃的主体，应占苗圃生产面积的60%～70%，要根据育苗任务量划分砧木繁殖区、扦插繁殖区、嫁接繁殖区等。

（3）轮作区　繁殖区连续数年培育同一种类苗木以后，因为重茬会引起土壤某种营养元素的缺乏，并受上茬苗木根系分泌物积聚的影响，导致苗木根系生长不良。枝芽不易成熟、病虫害加剧，造成苗木质量下降、等级降低、成苗率减少。所以，一般在连续种植同一种类苗木3～4年的繁殖区，应划为轮作区，改种其他养地作物1～2年后，使土壤营养元素得以恢复，再种植葡萄苗木。

轮作区种植的作物主要有：一是绿肥，二是深根蔬菜（萝卜、马铃薯等），三是豆科作物，四是薯类作物，五是药材，禁用高秆作物或与葡萄有相同病虫害的作物。

二、苗木繁殖

（一）扦插繁殖

葡萄绝大多数品种，枝蔓的节部发根能力强，尤其是一年生成熟枝蔓生根容易，因而生产上普遍采用扦插育苗。根据用于扦插的葡萄枝蔓的木质化程度不同，可以分为硬枝扦插和绿枝扦插两种。

1. 硬枝扦插 利用成熟的一年生枝进行扦插育苗的方法。

（1）插条的选择 应选择充分成熟、冬芽饱满充实的一年生枝，皮色红褐有光泽，枝条粗壮，呈圆形，直径不小于0.7cm，髓部要小，节间宜短，无病虫害。

（2）插条的贮藏 采用的插条是冬季修剪下来的枝条，因在南方离扦插时间还有1～2个月，为保持插条活力，应进行沙藏。

a. 枝蔓的剪捆 将枝蔓剪成每根带有8～10芽的枝段，把符合质量要求的枝条每20～30根扎成一捆，捆扎宜松，便于河沙进入。多个品种育苗应分品种沙藏，在插条上挂上标签。

b. 坑床的准备 选择高燥排水良好的背阳地段，挖成长方形的坑。坑底铺沙厚10cm。切忌在向阳地段挖坑，以免温度过高引起枝蔓早发芽；也不能在易积水的低处挖坑，以免积水导致枝蔓腐烂。

c. 枝蔓的摆放 将捆好的插条按顺序横放在沙上，每放一层插条，铺沙5～6cm，并浇一次水，使河沙进入枝条空隙处。一般放4～5层为好，层次过多底层易霉烂。顶上盖沙5～10cm，覆盖薄膜，防雨水渗入而烂芽。

d. 坑床管理 沙藏期间要保持一定温、湿度，温度宜保持3～5℃，不能超过8℃，也不宜低于1℃。沙的含水量以5%～6%为宜，即手握成团不出水，放之即散，潮而不湿。过干、过湿都易引起霉烂。贮藏期间要检查数次，如发现底层枝蔓有霉烂要翻坑晾晒，并喷50%可湿性粉剂多菌灵800倍液消毒后再重新贮藏。

（3）苗圃整地　苗圃应在初冬整地。先施厩肥（猪、牛、羊粪等），每667m^{2}施用1 000～2 000kg，加腐熟菜籽饼100kg和过磷酸钙50～100kg，结合翻垦使肥料与土壤混合，整成畦面宽80～100cm、沟宽15～20cm、沟深20cm的苗床。为提高床温，及时覆盖地膜，最好选用黑色地膜。盖膜前可用丁草胺或乙草胺500倍液喷畦面，杀灭杂草种子。

（4）插条剪截　插条从贮藏沟中挖出后，先在清水中浸泡24h，使其充分吸水，然后按所需长度进行剪截。单芽长5～10cm，双芽或3芽长10～15cm。顶端芽眼须充实饱满。在顶芽上端距芽3～4cm处斜剪成马蹄形，下端在近芽0.5cm处平剪，有利于均匀发根。生产上有时在离下端芽眼1cm处斜剪，上端3～4cm处剪平口，这样便于扦插入土，以便分清插条的上下端（图4－1）。剪后每50根左右扎成一捆，下端一定要弄整齐，以便浸蘸生根药剂和苗床上催根受热一致，愈伤组织形成整齐。

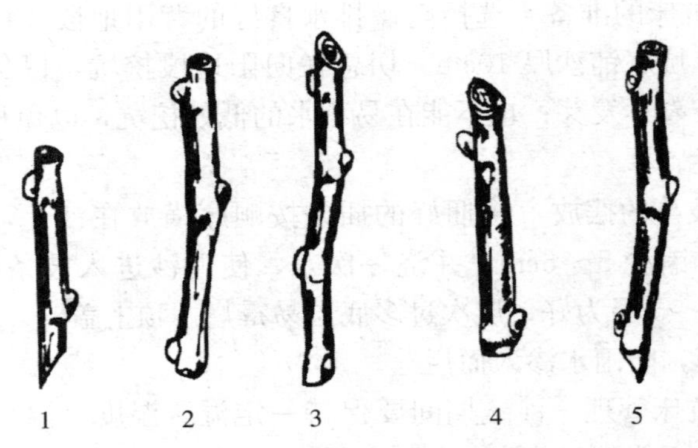

图4－1　插条剪截的各种方法

1. 双芽插条　2. 三芽插条　3. 四芽插条

4. 靠近节部平剪　5. 靠近节部斜剪

（5）插条催根　大多数葡萄品种插条是比较容易生根的，但由于葡萄芽眼在10℃左右即可萌发，而生根则需要25～28℃的温度。在春季露地扦插时，因气温较高，土温较低，致使插条先发芽后生根，往往刚萌发的嫩芽因水分供应不上而枯萎，影响扦插成活率。多年来，各地创造了许多提高插条基部温度、促进生根的方法，介绍以下两种：

a. 生长调节剂催根：用于葡萄扦插生根的生长素主要有萘乙酸、吲哚乙酸、吲哚丁酸等，使用浓度均为50～100mg/kg，将插条基部2～3cm在药液中浸泡12～24h；也可配成0.3%～0.5%的高浓度溶液，浸蘸3～5s，均能较好地促进生根。用ABT生根粉100～300mg/kg溶液浸泡4～6h，生根效果较好。

b. 电热温床催根：温床主要由电热线和自动控温仪组成，具体制作方法如下：

发芽前一个月用砖在地面上砌成高30cm、宽1.0～1.5m、长3.5～5m的床框，床底铺5～10cm厚的锯末或其他保湿材料，上面铺5～10cm湿河沙，平压实。然后在床两端各固定一根5cm×10cm的木条，其上每隔5cm钉一铁钉，将电热线从一端木条铁钉上呈弓字形拉到另一端木条上，来回拉满为止（图4-2），最后在布好的电热线上再铺一层5cm的湿沙或湿蛭石即成。

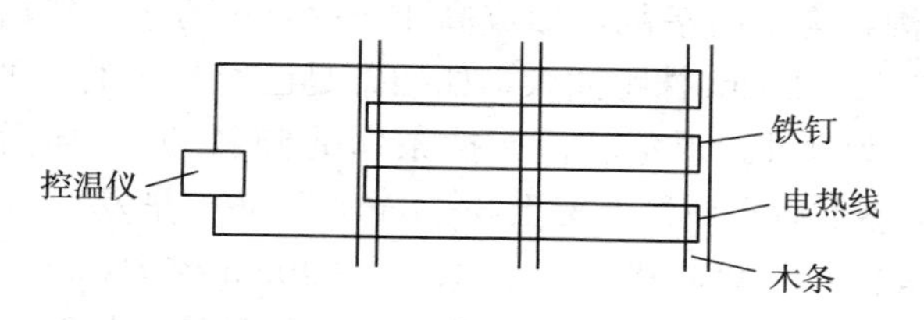

图4-2　电热线布置示意图

电热温床建好后，即可通电测试床温，要运行1～2d，温度能稳定在25℃左右时，便可使用。如采用自动控温仪，可自动调节床温，既省工，又安全，但也要在苗床上安置温度计，随时检测温度，以防控温仪失灵，造成损失。这样就创造了一个地温在 25～28℃、气温在 10℃以下的最佳催根条件，一般品种的插条在 12～14d 即可形成良好的愈伤组织和长出小根，而插条顶端芽眼不萌发，取得极为理想的催根效果。蛭石不仅保湿性优于沙子，而且在透气性方面也大大优于沙子。用蛭石作基质，只需在插条摆放在温床上时浇一次水，在整个催根过程中，一般不需再浇水，这样可使催根温度稳定在最佳状态。

在床温调试稳定在 25～28℃以后，便可将用清水浸泡或生根药剂处理好的插条，一捆挨一捆地立放在温床上，枝条与枝条、捆与捆之间用细沙或蛭石填满，露出顶芽。在整个催根过程中，要保证枝条基部湿润。插条摆放在温床上之后从第 10d 开始，要对插条愈伤组织的形成情况进行检查，若愈伤组织形成的好，并有少量小根长出，即可上袋或定植，若愈伤组织形成不很完全，可再继续催根几天，但不宜在根长得很长时再移走。

（6）扦插方法　经催根处理的插条，当地温稳定在 10℃以上时即可进行扦插。南方地区一般在 3 月中、下旬，北方地区在 4 月中、下旬。

扦插方法可分为垄插和畦插：

a. 垄插　一般东西作垄，行距 40～50cm，先挖宽 15～20cm 的沟，沟土向垄翻，形成高 12～20cm 的垄，然后将插条沿沟壁按 15～20cm 株距插入，如插条是已经长出幼根的，不能硬插，摆放即可。顶芽朝南，插条向北倾斜 30°，插后立即灌水，待水渗下后，顶芽上覆土 3～4cm，以防芽早发。

b. 畦插　一般畦宽 1.2m，按 30～40cm 挖沟，将插条插入沟内，顶芽高于地面 2～3cm，灌透水，上面覆细土 2～3cm。垄插地温上升快，发芽早，中耕除草方便，通风透光，苗木生长一般较畦插为好。

（7）扦插苗的管理

a. 萌芽期保湿　已催根扦插的苗圃，保持插条基部土壤湿润是插条生根成活的关键。利用软管微喷灌溉应视天气喷水，直至新梢长出 4 叶。如扦插后遇低温，可搭小拱棚保温，白天棚内温度控制在 30℃以内，注意通风。低温期过后揭膜。未催根扦插的苗圃，萌芽至新梢长出 4 叶期是决定扦插成活率的关键时期。保持土壤湿润是提高成活率的关键措施。此时如遇晴热天，要利用软管微喷灌，每天下午 4 时后喷水。

b. 及时立杆绑蔓　新梢长到 40cm 以上应及时立杆拉细绳，将新梢绑缚至细绳上，任其直立生长。

c. 整蔓摘心　新梢长至 60～80cm 时摘心，下部副梢分批抹除。以后顶端发出副梢留 3～4 叶摘心，连续 2～3 次。

d. 肥水管理　新梢长至 8 叶后，开始施肥，薄肥勤施。视苗的生长情况施肥 3～5 次，直至 8 月底，并根外喷施 0.2%磷酸二氢钾和 0.3%尿素混合液 2～3 次。苗圃地经常清沟，防止积水。遇伏旱天气，及时浇水（喷水），促进生长。

e. 除草松土　要及时除草松土。为防止畦沟杂草丛生，宜覆盖黑色地膜。

f. 防治病虫　主要防治黑痘病、霜霉病、褐斑病、透翅蛾等病虫害。

2. 绿枝扦插　利用当年生半木质化新梢进行扦插育苗的方法。

（1）准备苗床　选光照充足、通风良好、排水通畅的地方，挖宽 1m、深 20～30cm 的沟，沟底施入腐熟的有机肥并与土壤拌和均匀，厚约 15cm，在上面铺一层河沙或蛭石，作为插床。插床的上面要搭设荫棚，高 30～40cm，上面盖一层草帘，以减轻强光和高温的影响。如采用全光照弥雾扦插，插床上面也可不搭荫棚，利用喷雾调节高温和强光。如用木箱或塑料箱扦插少量苗木，也可先放在背阴处，待成活后再移到阳光下。

（2）选取插条　选较为粗壮和半木质化的枝梢，剪成 2～3 芽一条，保留最上部叶片的 1/4 左右，剪去其余叶片和叶柄，株行距10～15cm。扦插的时间，以阴天和傍晚为宜，以利减少水分蒸发，保证成活。

（3）插后管理　嫩枝扦插的管理重点是遮阴和供水，全光照弥雾扦插，则主要是喷雾。插床的适宜温度是23～25℃，相对湿度70%～80%。夏季应避免强光直射，需要时上午10时前后盖帘，下午3时后揭开；晴天的早、晚，可各喷水1次，阴天可少喷或不喷。其他日常管理和病虫防治工作，与一般硬枝扦插相同。绿枝扦插一周后，便可产生愈伤组织，两周后可长出幼根，2～3周后，可萌芽、展叶，当年可达到出圃标准。

（二）压条繁殖

压条繁殖可用于行间补植缺株，即行间有缺株时，将邻近的植株压条成新株，以补充缺株；当母株衰弱、根系减少时，可用压条的办法扩大根系，恢复树体长势；对枝条生根较困难的葡萄种质资源和某些品种，如东亚种群中的中国野生葡萄可用压条繁殖。压条繁殖可压老蔓，也可压新梢。在春天，结合绑缚老蔓，把多余的老蔓压下并埋入土中，而将一年生枝留在地面；也可在新梢抽出后，进行新梢或副梢压蔓，培育绿枝压条苗。

常用的压条方法有以下几种：

1. 普通压条法　在春天芽眼萌动以前，选择接近地面的一年生枝条，将其弯成弓形，压入事先挖好的沟中，沟的深、宽各20cm左右即可，即为水平压条法（图4-3）。为了培育盆栽葡萄，可将枝条压入盛满土的盆中，也可压入其他容器如竹筐、木箱或塑料袋中，枝条的顶端用木棍支撑，待新株生根后将其剪断与母株分离，即可成为单独的植株，称为空中压条法（图4-4）。

2. 连续压条法　此法多选用植株基部较长的一年生萌蘖枝，或多余的老蔓，在春季，新梢长到20cm左右时，顺着枝条的延伸方向，挖深、宽各约20cm的沟，沟内施入适量的有机肥，并与底土拌匀，然后将所压的枝蔓放进沟中，每隔一定距离用木杈或铁杈将其固定，并覆盖一层薄土，随着新梢的生长，逐渐加厚

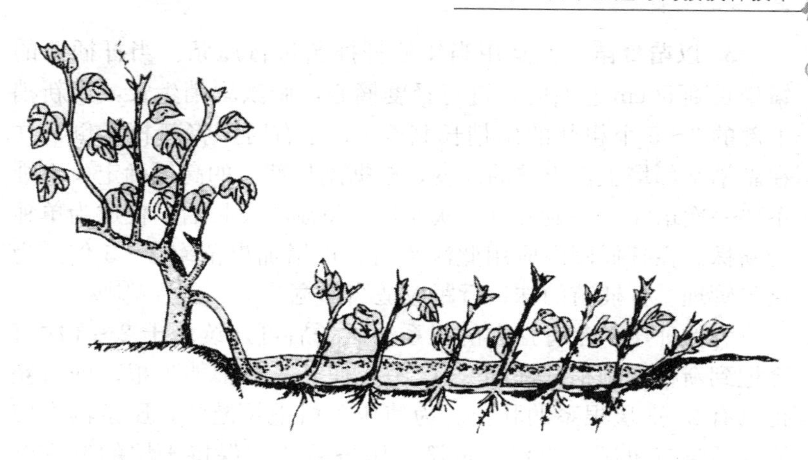

图 4-3　葡萄水平压条法

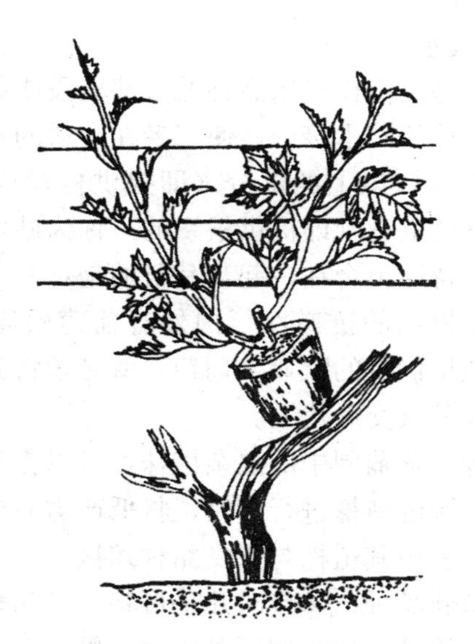

图 4-4　葡萄空中压条法

覆土，这样，每节都可以长出新梢和根系，秋季落叶后，挖出并剪断，便可成为多棵独立的植株。

3. 以苗育苗 就是用当年的扦插苗进行压条。当扦插苗的嫩梢长到50cm左右时，进行轻度摘心，刺激副梢生长，当新梢上部的3～5个粗壮的副梢长到30cm左右时，将新梢压倒，并在副梢基部培土，土堆的高度，根据副梢部位的高低确定，土堆不要一次培完，一般要分3次完成，待副梢发根后，便成为单独的新株。在扦插圃内应用此法育苗，可增加出苗率3～5倍。为便于管理，扦插苗的株、行距应适当加宽。

为保证压条苗有强大的根系。压条后可连续培土2～3次直至埋到新梢或副梢基部的2～3节，使其每节都能生根，即可获得具有2～3层根系的壮苗。为使压条苗生长健壮，压条沟内应施入适量有机肥，或根外追肥，压条后还应保持土壤的适宜湿度，干旱时及时浇水。

（三）嫁接繁殖

嫁接繁殖就是用优良栽培品种的带芽枝段或芽，通过各种方法与具有不同抗性的砧木接合，使二者在合适的条件下愈合并长成新的植株。嫁接口以上的部分（即提供枝段或芽的）称为接穗，嫁接口以下的部分（即提供根系的）称为砧木。嫁接苗将接穗和砧木的优良特性组合在一起，其目的是：

①利用砧木根系的抗逆性 国外有葡萄根瘤蚜和线虫的危害，要成功地栽培优良的欧亚种葡萄，就必须将其嫁接在具有抗性的北美种群及其杂交后代上。

②更换品种 葡萄园中的混杂植株，可以作为砧木换接优良品种，也可对全园的植株进行嫁接，将低产劣质或不符合市场需求的品种淘汰，利用其植株与优良品种嫁接。

③快速繁殖新品种 嫁接时几乎可将优良品种健壮成熟枝条的每个芽都用作接穗。生长期还可用绿枝繁殖。优良品种的接穗接于多年生植株后，枝条生长旺盛，可以采集大量插条，加快繁殖。

嫁接苗的繁殖主要包括葡萄砧木苗的扦插、实生繁殖技术与

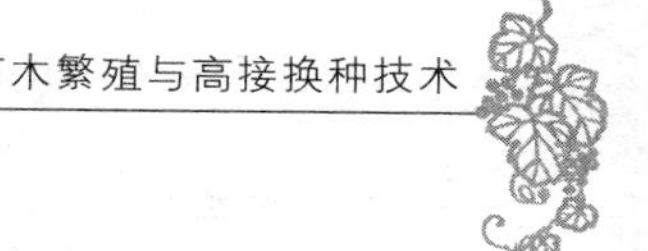

嫁接技术三大部分。

1. 砧木苗的扦插繁殖　同本章中的扦插繁殖。

2. 葡萄实生砧木苗的繁殖

（1）葡萄种子的选择与采集

a. 砧木品种的选择　嫁接繁苗的显著优点就是能充分选择和利用砧木各种有利特性，增强葡萄植株适应环境的能力。如利用抗寒砧木发展寒地葡萄生产；采用抗旱砧木使葡萄上山上坡；选择抗盐碱砧木把葡萄引进盐碱地栽培；利用抗病、抗虫砧木可减少或避免一些检疫性病虫危害，等等。各地区都有相适应的抗性砧木品种，如北方寒冷地区可采用山葡萄（根系能抗－16℃低温，宜采用种子播种繁殖）、贝达葡萄（根系能抗－12℃低温，种子播种和枝条扦插均可繁殖）、南方高温多雨地区可采用巨峰葡萄（根系生长旺盛，较抗高温）、刺葡萄（生长势强、抗病性强，耐高温多湿）、华东葡萄（原产华东年降水量 1 600mm 以上的河谷滩地，生长势强，耐热、耐湿，对黑痘病免疫、霜霉病高抗）等。

b. 母株的选择　品种确定之后，选择树势健壮，没有病虫危害的植株作采种母株，待果实已成熟时再采摘果穗采种。

c. 种子的采集　采种的果实必须达到充分成熟时采收，这时种子才能充分成熟。果穗剪下后，放入容器（如盆、缸、水泥池等）中，不要存放太久，以防止发酵后产生热量，导致温度过高，降低种子的生活力，影响种子发芽率。放在容器中的果穗，用棒搅拌，使果粒破碎，种子与果肉分离，将果汁滤出加工利用。剩下的残渣加水后再搅拌，进一步脱除黏附在种子上的碎果肉，将漂浮在上边的果穗梗、瘪粒种子、果肉、果皮等捞出，饱满种子沉在下面，经多次冲洗干净后取出。洗净的种子可直接用湿沙埋藏，切不可直接在阳光下暴晒，否则会失去发芽力。种子阴干后用湿河沙层积。

（2）葡萄种子生活力的鉴定　为了保证育苗工作顺利进行，

种子播种之前必须进行质量及生活力的检查鉴定，以便确定适宜的播种量。

鉴定葡萄种子生活力有如下三种方法：

a. 形态目测法　目测种子的外部特征。外形饱满、有光彩，剥开看胚和子叶为乳白色、不透明，为有生活力的种子；而没有光泽、开裂、虫蛀、瘪粒，胚和子叶黄色、近透明，为失去生活力的种子。

b. 染色法　将种子放入水中浸泡 24～48h，剥去种皮，取出种仁几十粒，放入染料靛蓝或胭脂红 0.1%～0.2%溶液中，置于室温下 2～3h 后，调查种子染上色和没染上色的数量，计算没染上色的种子所占百分率。因为具有生活力的种子，细胞的半透性膜可阻止某种染料分子的通过，浸泡在染料溶液中不染色。没有生活力的死亡种子，因细胞的半透性膜破坏，不能阻止染料分子进入细胞内，胚和子叶则可染色。

c. 发芽率试验　在播种前，随机地从经过层积处理的大量种子中取出 100～200 粒种子，用水浸泡 48h 后，用湿纱布包裹或同湿锯末混合均匀后，放在 20～25℃的温度条件下催芽，保持适宜的湿度，大约 15d 即可发芽，每天用镊子挑出已发芽的种子，并记录发芽的种子数，一直到供试种子不再发芽为止，按下式计算发芽率。

种子发芽率（%）＝已发芽的种子数/供发芽试验的种子总数×100

（3）葡萄砧木种子的层积贮藏　葡萄的种子从采集、阴干到播种必须经过一定时间的层积贮藏，完成种子的后熟过程，才能正常发芽。种子后熟需要一定的温度、水分和空气条件。

层积处理是一种人为促进种子后熟的方法。刺葡萄、山葡萄等葡萄砧木种子需要 60～70d 才能完成后熟。一般需要在播种前 3 个月即开始层积。

层积处理方法是以干净的湿河沙或湿锯末为层积材料。种子量少时，可将 1 份种子同 3 份层积材料混合后放入花盆或木箱等能渗水的容器中，放在贮藏窖或空房子中。种子量大时，可选择地势较高、排水良好的背阴处挖沟层积贮藏，沟深 50～60cm，长宽可根据种子多少而定。先在沟底铺一层厚约 10cm 湿沙，由下至上放一层种子、一层沙，直到离地面约 10cm 时为止。再在上培土高出地面成拱形。以后每 2～3 周检查一次，发现干燥时，适量喷水；如发现霉变时，可将种子取出，用 0.3％的高锰酸钾溶液漂洗 3～5min，晾干后再按上法放入沟内，继续进行层积。

早春要注意温度上升，通过控制温度，调节种子发芽的时期，使发芽与播种期相衔接。

（4）葡萄砧木种子的催芽　经过层积处理后的种子，在播种之前进行催芽是提高出苗率的有效措施。催芽需满足种子的发芽条件，即适宜的温度、湿度和空气。

催芽的方法：种子量大时，北方多用火炕，南方用温室或电热温床加温。底层铺一层厚 2～3cm 的湿沙，将用 25℃左右清水浸泡一天后的种子与 3 倍湿沙混合，均匀的平铺厚 5～10cm，或在湿沙上铺一层纱布、一层种子、一层湿沙的方式，厚 10～15cm。温度维持在 25～28℃，催芽期间，要经常检查温度和湿度，如有异常，随时调整。要求温度不低于 22℃，不高于 30℃，湿度不足时，及时喷水。经 5～7d 后，种子即裂嘴露白，当种子有 20％～30％露白时即可播种。

种子量少时，可将种子与湿沙混合后，放入木箱、瓦盆等容器中，置放在火炕或温室中，管理条件同上，发芽率达 20％以上时，立即播种。

（5）葡萄砧木种子的播种量　播种量是指在单位面积内所用种子的数量。播种量与种子纯度、质量、发芽率、播种方式及单位面积要求出苗量有密切关系。生产上为了避免缺苗，实际播种量比计算播种量应增加 10％～15％的保险系数。

播种量的计算方法：

a. 测定种子纯度　在大量种子中，随机取出 1kg，然后将饱

满的可利用的种子全部选出来，并称其重量，计算百分率即为纯度。

b. 调查每千克种子数量　因种子、种类品种来源不同，饱满程度有差异，所以每千克种子粒数也不同。一般纯净的山葡萄种子，每千克有 1.6 万～2.4 万粒。

c. 测定种子发芽率　如前述。

d. 求出每公顷播种量　每公顷山葡萄可出苗木 18 万～22.5 万株。公式为：

每公顷播种量（kg）＝（每公顷计划育苗数/每千克种子数×种子发芽率×种子纯洁度）×（1＋保险百分数）

不同的播种方式用种子量有差异，点播用种量少于撒播用种量；当年利用的实生苗应稀播，而准备移植的应密播，稀播比密播种子用量少。生产中纯净、饱满、生活力强的山葡萄种子每公顷播种量为 22.5～30kg。

e. 播种　一般采用春播，湖南长沙一般年份于 2 月上、中旬播种。其播种方法有条播和撒播，生产上大多采用撒播。畦面宽 1.0～1.2m，施入有机肥后，整地、浇透水，待水渗下以后，按预定的播种量，将种子均匀地撒在畦面，然后覆盖厚约 1.5cm 过筛后的菜园土。上边再撒上厚 0.5～1.0cm 的河沙，为保湿上面再覆盖薄膜。播种 10d 左右后，便可出苗。

f. 播种后的管理　当种子拱土，并有 20%左右出土时，及时撤除覆盖物，防止捂黄幼苗，或使幼苗弯曲。幼苗出土后要适时松土除草，以保证土壤疏松，有利于幼苗生长。

幼苗长到 2～3 片真叶时，要及时移栽。将过弱、畸形、有病虫害的劣苗拔除；移栽时的株行距（10～15）cm×30cm。幼苗生长过程中，应加强肥水管理，促进幼苗加粗生长，提高当年利用率。根据土壤湿度，适时灌水，雨季注意排水。当苗木 4～5 片叶时，即可进行叶面喷肥，施用 0.3%尿素，每 667m^2 施用量 5～8kg，以后可在土壤中施用腐熟的人畜粪，每 667m^2 施用

1 000kg 左右。生育期较短的地区，8 月可追施钾肥，促进枝条成熟，以 0.1%～0.2%硫酸钾水溶液喷叶片即可。此外，还应注意及时防治病虫害。

当年用于绿枝嫁接的实生砧木苗，当幼苗长到 30cm 左右时，可适时摘心，促其加粗生长。在 8 月底至 9 月上旬对嫁接苗摘心，促进枝芽成熟，提高苗木质量。

3. 嫁接技术　嫁接技术主要在根瘤蚜感染区、高湿的南方地区和高寒的北部地区采用，利用抗根瘤蚜砧木、抗湿砧木或抗寒砧木以提高葡萄品种的抗性。

（1）砧木的准备

a. 坐地砧　是经过一年培育的越冬实生或扦插苗，由于根系已经过一年生长，在土层中分布较深广，占据营养面积较大，当年春萌发早，生长势强。一般在越冬前在基部剪留 1～2 个芽眼，春天萌发后选留 1 个生长健壮新梢，其余抹掉。坐地砧生长快，可提前嫁接，能培养成壮苗，经过适时整形修剪，培养骨架枝和结果母枝，翌年可挂果。

b. 移植砧　是头一年培育的一年生实生或扦插砧木苗，于秋天起苗经一冬贮藏或第二年春起苗，移植到嫁接区继续培养。移植前上部枝条剪留基部 2～3 个芽眼，下部侧根剪留长度 10～15cm，经清水浸泡 8～12h 后栽植；或嫁接以后栽植，或者萌发之后选留 1 个健壮新梢，待 5 月嫁接。其余新梢留一叶摘心，同样可以培养骨干枝和结果母枝，翌年亦可挂果。

c. 当年砧　是当年春天播种或扦插培养的砧木苗。其播种和扦插方法与前述实生苗和扦插苗的培育方法相同。使用当年砧苗嫁接，必须早播或催根早插，并加强土肥水管理，使在嫁接前距地表 15cm 以上的茎粗达 0.5cm 以上，嫁接成活后，精心管理，当年可出圃。

（2）接穗准备

a. 接穗品种的选择　苗木是建园的物质基础，品种是否合适关系重大。一般决定接穗品种的依据有三：一是按照葡萄品种区域化的要求；二是根据市场对品种的需求；三是根据购苗者的栽培习惯。即选择适应当地自然环境、气候条件，市场走俏、卖价较高，种植者有认识、能掌握其栽培技术的丰产、优质、抗性较强的优良品种作接穗。

b. 采集接穗　硬枝嫁接用的接穗，一般结合冬剪采集，可在母本园或生产园冬剪时，修剪一个品种，收集一个品种，以免品种混杂。采集充分成熟、芽眼饱满、无病虫危害的一年生枝条，按枝条长短、粗细分类，每 50 或 100 条捆扎整齐，拴上标签，标明品种、数量、产地、户主。然后送至阴凉处培上湿沙或覆盖草帘浇水预贮，待气温降至 6～8℃以下时入窖埋藏。

绿枝嫁接用的接穗，要求采用半木质化的主梢或副梢（截面髓心略见一点白，其余部分呈鲜绿色，木质部和皮层界限较难分清的）。剪下后立即剪去叶片，保留 1cm 长的叶柄，放入盛有少量水的桶内。最好就地采集，随接随采。需从外地采集，注意保湿、降温。应尽快运到嫁接地点，尽量做到当天采的接穗，当天嫁接完。若当天用不完，应用湿毛巾将接穗包好，放在低温（3～5℃）处或湿河沙中保存。

（3）硬枝嫁接　葡萄硬枝嫁接可采取室内嫁接和室外就地嫁接两种方式，一般在早春进行。嫁接的主要方法，室外可采用劈接，室内可采用劈接或舌接。

a. 劈接法　时间在早春葡萄伤流之前或砧木萌芽之后。田间劈接的砧木，在离地留 3 叶左右处剪截，在横切面中心线垂直劈下，深达 2～3cm。接穗取 1～2 个饱满芽，在顶部芽以上 2cm 和下部芽以下 3～4cm 处截取，在芽两侧分别向中心切削成 2～3cm 的长削面，削面务必平滑，呈楔形，随即插入砧木切口，对准一侧的形成层，并用塑料薄膜带将嫁接口和接穗包扎严实，并露出芽眼（图 4－5）。

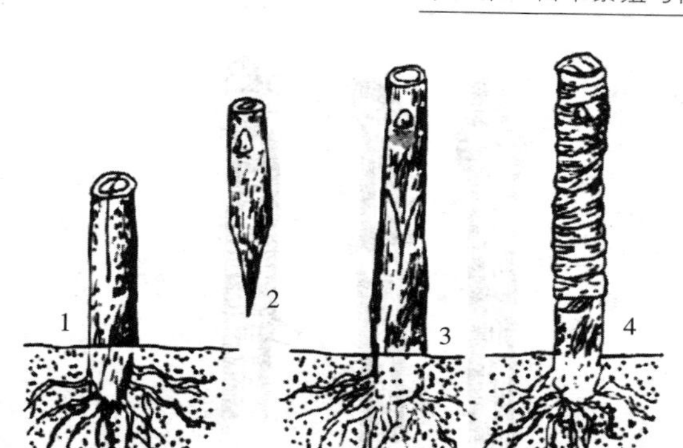

图 4－5　葡萄田间硬枝劈接法
1. 砧木处理　2. 接穗处理　3. 嫁接法　4. 绑缚

室内劈接的砧木是无根的枝条称砧杆，长度 15～20cm，2～4 节；接穗长度 5～6cm，留 1 个饱满芽。嫁接方法与田间劈接相同，但嫁接后需进行接口愈合和催根处理（详见舌接法）。

b. 舌接法　由于砧、穗削面为完全相同的舌形，田间操作较为困难，只适于室内嫁接。要求砧条和接穗粗细大体相同，直径 0.7～1.0cm 为宜。砧杆长度 15～20cm，接穗 1 个芽，长 5～6cm。在砧条顶端一侧由上向中心削长约 2cm 的斜面，再从顶端中心垂直下切，与第一刀形成的斜面底部相接，切下一个三角形小片，出现第一个“舌头”；然后在砧杆的另一侧由下向中心削一个与前一削面相平行的斜面，切去另一个三角形小片，出现第二个“舌头”。至此，砧杆的舌形切口即完成。接着用同样的方法切削接穗的舌形切口，其削面的斜度和大小与砧杆相同。将接穗和砧杆舌形切口相互套接，并对准形成层，上下挤紧后用塑料条绑紧，舌接法即完成（图 4－6）。

以上两种嫁接法和室内砧杆劈接法嫁接后的枝条，需进行接口愈合和砧杆催根处理。少量接条可垂直排放在愈合箱中，箱底部和接条之间都填充湿锯末，接穗上部芽眼外露，愈合箱放到火炕上或

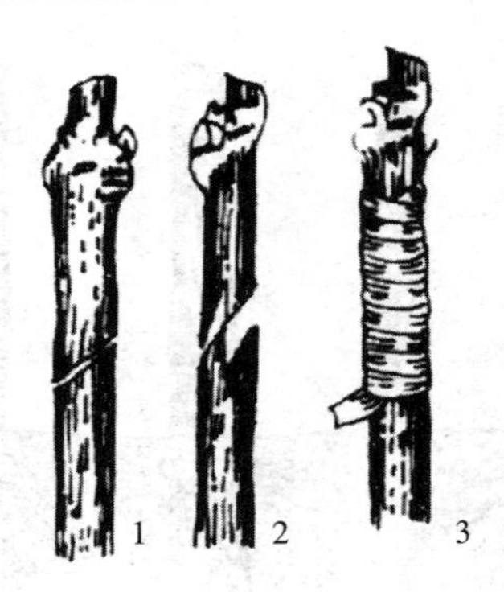

图 4-6　葡萄舌接法

1. 砧木和接穗的准备　2. 砧木和接穗的处理　3. 嫁接后绑缚

电热温床上，加温到 25～28℃，经 15～18d 后接口开始愈合、砧杆出现根原体或幼根，停止加温锻炼几天后，即可移至苗圃。

（4）绿枝嫁接　葡萄绿枝嫁接的时间主要决定于 2 个条件，一是接穗和砧木的新梢必须具有 5～6 片叶以上，达半木质化的程度；二是嫁接后必须保证接穗新梢有 120d 以上的生长期、在落叶以前至少新梢基部能有 4 个以上充分成熟的芽眼。绿枝嫁接的方法，目前育苗生产中主要采用劈接法和插皮接法，少量采用搭接（合接）法。

a. 劈接法　利用当年半木质化的主梢或副梢作砧木和接穗。砧木距地面 15～20cm 处剪断，剪口处留 3～4 片叶，抹除所有芽眼生长点，用劈接刀在断面中心垂直劈下，劈口深度与接穗楔形削面等长或略短，选取粗细与砧木相当的接穗，在芽上方 2～3cm 和芽下方 3～4cm 处剪下，全长 5～7cm 的穗段，再用刀从芽下两侧削成长 2～3cm 的对称楔形削面，削面一刀削成，要求平滑，倾斜角度小而匀。然后将削好的接穗轻轻插入砧木切口，使接穗削面基部稍露出砧木外 2～3mm（俗称“露白”，利于产生愈伤组织），对齐砧、穗一侧形成层，用塑料薄膜条将切口和接穗全部包扎严实，仅露出芽眼（图 4-7）。

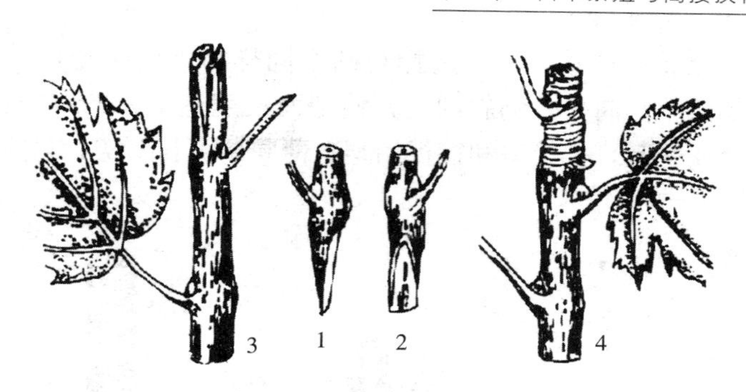

图 4-7 葡萄绿枝劈接法

1. 接穗切削之侧面 2. 接穗切削之正面 3. 砧木处理 4. 嫁接绑缚

b. 插皮接法 此法与劈接法的主要不同点：①接穗削面一个长斜面 2～3cm，呈 75°～80°角度下刀，深达 1/3～1/2，然后直下；在对称的一面削一个约 0.5cm 长的短削面。②砧木剪短后不劈口，用小竹片做成的插签（下端宽约 3mm、厚 2mm）插进木质部与皮层之间撬出一条缝隙，然后将削好的接穗长削面朝里、短削面朝外插进去，用塑料薄膜条绑扎严实，包括接口和接穗，只露出芽眼（图 4-8）。

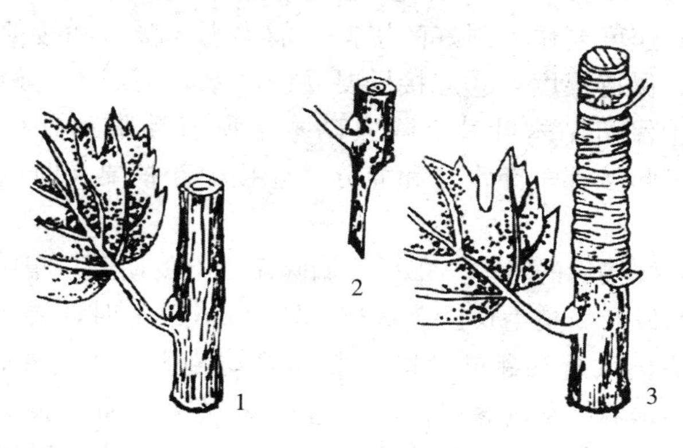

图 4-8 葡萄绿枝插皮接法

1. 砧木处理 2. 接穗处理 3. 嫁接绑缚

c. 搭接（合接）法　选择与砧木同样粗细的接穗，砧木和接穗都由一侧向另一侧斜削，并使削面长度达 2～3cm，然后相互贴合在一起，把接口和接穗用塑料薄膜条绑扎严实，只露出芽眼（图 4－9）。

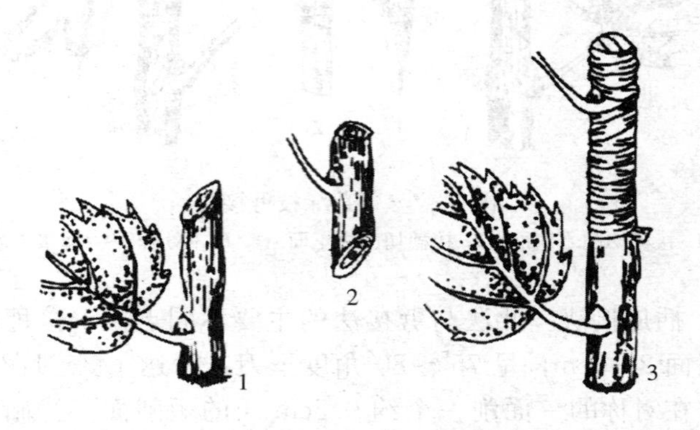

图 4－9　葡萄绿枝搭接法
1. 砧木处理　2. 接穗处理　3. 嫁接绑缚

绿枝嫁接是当前我国繁殖葡萄苗木最主要的方法。影响成败的关键：①接穗半木质化，采集后要剪去叶片，严防失水。②嫁接时速度要快，削好的接穗不能失水，接口和接穗必须包扎严密，保持湿度。③嫁接后要立即灌水，高温天气最好遮阳降温。④保留砧木叶片，除去砧木上所有芽眼和副梢等生长点，避免与接穗争夺水分和养分。⑤接穗新梢要及时引缚，防止折损。

（5）嫁接后的管理　①反复摘除砧木上的萌蘖，集中营养供给接芽萌发和新梢生长。②新梢长到 30cm 以上时，要及时立竿引缚，防止风折和碰断；以后要随着幼苗生长进行多次引缚。③一般不培养枝芽的嫁接苗，高达 60cm 左右时即可摘心；同时想培养枝芽的嫁接苗，应在落叶前 50～60d 摘心，促进新梢成熟。④当嫁接新梢迅速加粗生长时，要及时解除接口绑扎物。

⑤如果苗木生长衰弱，可在新梢长到20cm以上时追施氮肥，后期追施磷、钾肥。⑥根据土壤干、湿情况及时浇水，经常保持土壤湿润。后期要控水，以防苗木徒长贪青。⑦下雨、灌水后要松土除草，久旱也需松土，切断土壤毛细管，以利保水，防止杂草生长。⑧南方在4月中、下旬开始要经常喷布200倍石灰半量式波尔多液（硫酸铜∶生石灰∶水＝1∶0.5∶200）等药剂，预防黑痘病、炭疽病、霜霉病等真菌性病害。

（四）无病毒苗木的培育

葡萄病毒病是影响葡萄产量和品质的一类重要病害，在葡萄建园时，应尽量选择无病毒苗木栽植。以下简要介绍两种脱毒方法。

1. 热处理脱毒　其基本原理就是将葡萄植株置于连续高温环境下，使病毒失去活力而不能繁殖，但对葡萄植株器官无伤害，然后再从植株新梢顶端生长较快的一段剪下进行繁殖，便可以得到无病毒苗。

具体方法：热处理一般选生长旺盛、根系发达的盆栽苗木，经越冬后置于热处理箱内进行处理，热处理箱外壳为双层玻璃，保温效果较好，并能利用自然光照，箱内温度和湿度能自控，放置温室中，利用温室的阳光，被处理的葡萄植株能正常生长。在（38±1）℃的温度条件下，处理2～3个月后，剪取长0.5～1mm或更短的材料进行组织培养，便可获得无病毒苗木。

各种病毒脱毒的温度和时间长短有一定的差异。在38℃条件下，热处理2个月可脱除扇叶病毒，处理2～3个月可脱除卷叶病毒，处理5个月可脱除茎痘病毒和栓皮病。近年来，为了减轻热处理对苗木的损伤，将恒温改变成变温（35～40℃）处理，也可以脱除某些病毒，如白天39～40℃，夜间35～36℃，经3个月可脱除无味果病毒。

2. 茎尖培养脱毒　采用生物技术即茎尖培养的方法，可脱

除某些病毒。实践证明，单用热处理和茎尖培养，均难脱除卷叶病、茎痘病和栓皮病等病毒，如两种方法结合应用，可提高脱毒效果，获得较可靠的无毒苗。

植株经过热处理后，切下 2～3mm 长的葡萄顶芽和侧芽，剪去叶片，用自来水冲洗 1h，再用蒸馏水冲洗 3～4 次，在超净工作台上用 0.1%升汞液消毒 4～8s，随即倒掉消毒液，用无菌水冲洗 4～5 次，置消过毒的滤纸上吸干水分，取 0.5mm 茎尖接种于盛有分化培养基的试管或 50ml 三角瓶中，每管（瓶）接种一个茎尖，在（25～28）℃±1℃、2 000lx 光照下培养，6 周后进行转接，取 5mm 长的幼芽在 150ml 的三角瓶中继代培养成苗。

采用改良 B5 培养基，附加肌醇 25mg/L、腺嘌呤 10mg/L、盐酸硫胺素 1.0mg/L、盐酸吡哆辛 1.0mg/L、烟酸 1.0mg/L、水解酪蛋白 300mg/L、蔗糖 15g/L、琼脂 4.5～5g/L，pH 调至 6.2。分化培养基依品种而定，附加 BA 0.5～1.0mg/L，NAA 或 IAA 0.1～0.2mg/L。继代和生根培养基，从分化培养基中除去 BA 即可，继代培养 6 个月后即得大量试管苗。

3. 病毒检测 经过热处理结合茎尖培养获得的组培苗要经过病毒检测，证明已经脱毒，才能按无病毒苗繁殖使用。检测病毒现采用以下两种方法：

（1）指示植物检测法 使用的藤本指示植物有沙地葡萄乔治、品丽珠、赤霞珠、LN－33、蜜笋、河岸葡萄、马塔洛、Richter110、Kober、巴柯 22－A、黑品诺、佳美、皇帝、佳利酿等。这些指示植物能检测全球发生的各种重要病毒和不同的株系。

绿枝嫁接是目前常采用的方法，一般在温室进行。经过两个生长季节的重复检测后才能确定为无病毒植株。一些需要很长时间才表现症状的病害，如茎痘病、栓皮病，露地嫁接观察也是需要的。

（2）酶联免疫吸附检测法　酶联免疫吸附法简称ELISA，是利用血清技术快速检测病毒的一种方法。该法灵敏、快速，且不需很复杂的设备条件就能大量做检测，因此，是目前世界各国普遍采用的一种方法。酶联法有两种，即直接酶联和间接酶联，前者提出较早，是抗体和抗原直接结合，最后微型板呈现黄色反应而确定是否带病毒；后来演变为间接酶联，抗体和抗原不直接结合而是间接的。

由于葡萄病毒种类很多，性质各异，为了更有效地检测某种特定病毒，酶联法现在有很多种改良配方。关于血清检测及分子检测技术，可参阅有关文献。

（五）容器育苗

容器育苗是利用塑料袋、纸袋、塑料杯、营养钵或木制容器等进行育苗（图4－10），是为了缩短育苗期，使苗木迅速生长而采用的一种方法。

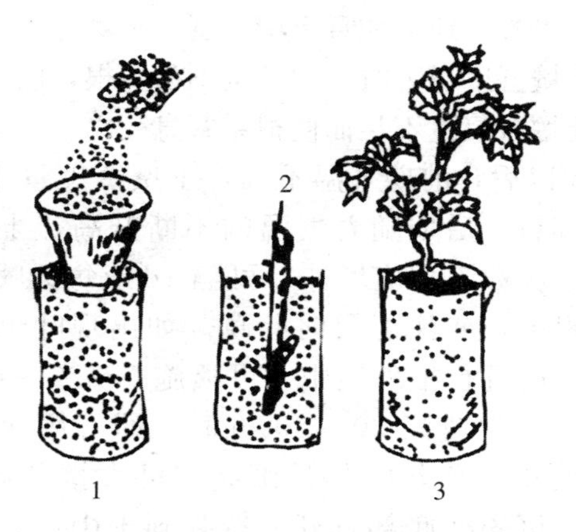

图4－10　葡萄营养袋育苗

1. 营养袋　2. 扦插条　3. 营养袋苗

1. 准备营养土　育苗工作多在冬、春季进行，所以，南方需在秋末冬初，北方可在早春将营养土准备好。营养土的配制比例，可根据材料来源确定，就地取材。园土、河沙、泥炭土、蛭石、堆肥或厩肥、粉碎的作物秸秆、树皮、锯末、刨花、棉子壳等均可配制营养土。沙、土和有机物可各1份配制；壤土、炉灰渣、锯末、沙或蛭石可等份配制，再加适量的腐熟人、畜粪；塘泥、泥炭土、河沙可各等份配制，再加适量磷肥或饼肥。

2. 装袋 袋的大小可根据定植时间的早晚确定，如在苗高20cm以下时定植，营养袋宜小，一般是袋长15cm左右、宽8～10cm；如果在苗高30cm左右时定植，营养袋宜大，一般是袋长20～22cm、宽15～18cm。先在袋底装少量营养土，再放入剪好的插条，继续装土至离边2～3cm，然后在袋底挖一个排水孔，最后把营养袋放在早已备好的阳畦上，或背风向阳的空地上，立即浇透水，直到把袋内营养土全部湿透为止。

3. 管理 塑料袋的上面，最好再覆盖一层塑料薄膜，夜间再加盖草帘。另外，还应注意土壤湿度，土壤过干，影响插条生根、发芽；土壤湿度过大时，插条也不易生根，已经生了根的幼苗，也会因土壤含氧量不足而使根系窒息死亡。

插条扦插以后，前期气温不高，土壤蒸发量小，每隔2～3d喷水一次即可，后期随着气温的不断升高，土壤蒸发量逐渐加大，喷水次数需相应增加，可隔1d或每天喷水一次。在幼苗生长过程中，要注意及时除草。如出现叶色变黄、缺乏营养症状时，应进行根外追肥。可喷施0.2%～1.2%的尿素和磷酸二氢钾。到苗高20～30cm时，即可用深栽浅埋的办法，定植于大田。移栽时如是纸袋，可直接栽到土中即可；如为塑料袋，可先把底部打开，待栽到土中后，再将塑料袋抽出。

利用容器育苗，可单芽也可双芽扦插，可大量节约优良品种枝条，能提高繁殖系数3～4倍；用营养袋育苗，根系舒展、发达，移栽时不伤根，不缓苗，成活率可达95%以上；育苗集中，

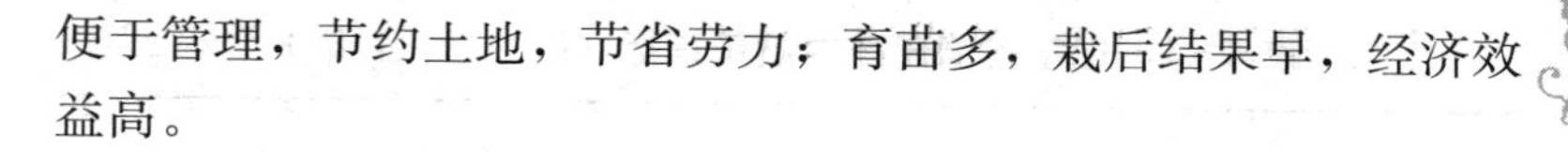

便于管理，节约土地，节省劳力；育苗多，栽后结果早，经济效益高。

三、葡萄苗木的出圃管理

（一）起苗

葡萄扦插苗和压条苗，一般经过一年培养即可出圃。嫁接苗，条件好的当年播种或扦插的砧木苗，当年夏季嫁接，秋末也可成苗出圃；砧杆嫁接提前进行愈合和催根处理的，当年秋末也能成熟出圃。

1. 准备工作　起苗前对苗木品种要进行严格检查，一般在叶片正常生长期由实践经验丰富的人员逐行检验，将混杂品种标出或剪除。在此基础上统计各类别、各品种苗木数量，制订出圃计划，落实起苗工具和包装材料，以及苗木临时假植沟和贮藏窖。

2. 起苗　南方在落叶后进行，北方在秋末冬初落叶后进行。要求苗圃土壤湿润，土不板结，防止断根和劈裂。如土壤干旱，应灌水后起苗。

起苗前，先将混杂品种苗挖出，再将苗茎剪留 3～4 个饱满芽，把剪下的枝条按品种收集整理，然后清扫圃地，把枯枝落叶杂草清扫出圃地，以减少病虫草危害基数，同时为起苗清除障碍。

起苗时，要尽可能地保留苗木的根系，离土的苗根经不起风吹日晒，需立即进行就地培土或假植于湿沙中。

（二）分级

起出的苗木需经整修，把砧木上的枯桩、细弱萌蘖、破裂根系、过长侧根剪掉，把接穗未成熟枝芽剪掉，然后按等级规格标准进行分级、捆扎。不符合等级标准的等外苗，为不合格苗木，需要继续培养（表 4－1）。

表 4-1　辽宁省葡萄苗木质量指标（严大义，1989）

项　　目		等　　级	
		一级	二级
根	侧根数（条）	6 条以上	4 条以上
	侧根长（cm）	20cm 以上	15cm 以上
	侧根基部粗度（cm）	0.2cm 以上	0.2cm 以上
	侧根分布	侧根分布均匀，不偏于一方，舒展，不卷曲。有较多小侧根、须根	侧根分布均匀，不偏于一方，舒展，不卷曲。有较多小侧根、须根
蔓（一年生）	基部粗度（cm）	0.77cm 以上	0.5cm 以上
	剪留节数	4～5 节芽眼饱满、健壮	3～4 节芽眼饱满、健壮
自根苗	插条长度（cm）	20cm 以上	15cm 以上
嫁接苗	砧木高度（cm）	25cm 以上	15cm 以上
	接口愈合程度	完全愈合	完全愈合
苗木	机械损伤	无	无
检疫对象	根瘤蚜、美国白蛾	无	无
病虫害	根癌病	无	无

（三）检疫和消毒

1. 检疫　苗木检疫是防止病虫传播的有效措施。农业部

1956年规定，列入对内检疫对象的有葡萄根瘤蚜，对外检疫对象的有葡萄根瘤蚜、美国白蛾。此外，各地已发现的病毒病也应该引起高度重视。

中国各地均已成立了检疫机构。苗木在包装或运输前应经国家检疫机关或指定的专业人员检疫，发给检疫证方能外运。严禁引种带有检疫对象的苗木、插条和接穗。

2. 消毒　苗木在出圃时要进行消毒，以防止病虫害的传播。有下列两种消毒方法：

（1）消毒杀菌法　用3～5波美度石硫合剂喷洒或浸枝条10～20min，然后用水洗1～2次。或用1∶1∶100波尔多液浸枝条10～20min，再用清水冲洗。

（2）熏蒸剂消毒法　用氰酸气熏蒸，每1 000m^3容积可用300g氰酸钾、450g硫酸、900ml水，熏蒸1h。氰酸气毒性大，要特别注意安全。

（四）包装

苗木检疫消毒后即可包装外运，用塑料袋、麻袋、木箱、蒲包、草袋等作包装材料。用木屑、苔藓、碎稻草作填充物，50～100根插条或10～20株苗木扎成一小捆，每包装20～30捆。内外系标签，注明品种、等级、数量、产地。

（五）运输

营养袋苗需用木箱或塑料箱装运。营养袋直径5cm，苗高15cm左右，箱子的高度不低于25～30cm。每个60cm×30cm的箱子，能装70～80株苗。苗木要直立、整齐紧密地放在箱内。装苗的前一天需喷透水，箱装好后，一层一层地摆放在运输车上，一般装4～5层。如长途运输，汽车上要盖上篷布。直接运到定植地或阴凉处暂放时，要喷水保持袋内土壤湿润。

（六）贮藏

如苗木不能及时外运，要进行短期假植，可用湿沙埋放在阴凉的房屋内，或选避风背阳、不积水的地方挖假植沟，深约

30cm，长、宽视苗木数量而定，苗木约 1/3 埋入土中，根部用湿沙填充。如埋放时间过长，要勤检查，以防湿度过大使根部霉烂，或沙、土过干而致苗木脱水死亡。严寒天气还需采取防冻措施。

四、高接换种

（一）高接换种的时期

对葡萄进行高接换种的时期可选择在 2～3 月春季萌芽前，即在春季冬芽将要萌发时进行最好，此时葡萄枝蔓积累的大量营养物质还未完全被消耗，有利于伤口愈合；另外亦可选择在 4 月当接穗和砧木当年生绿枝成熟度一致，均达到半木质化状态。操作时间一般选在阴天或晴天为宜。

（二）高接换种的方法

选择进行高接换种的时期不同，方法也略有不同。

若选择在 2～3 月春季萌芽前进行高接换种，1 月份需要将要换种的葡萄植株重剪，当伤流开始前进行硬枝劈接。盛果期以前的树在主枝上嫁接，离主干 30～40cm 剪截；进入盛果期后的树，在副主枝上嫁接，离主枝 20～30cm；衰老树可行重剪，促使主干和根上发出萌蘖，在萌蘖枝上嫁接。采用接穗的粗细最低要在 1.0cm 以上，接穗剪好后将下端浸在清水里 10～20h 使之充分吸水后再进行嫁接（具体嫁接步骤参考本章硬枝劈接法）。

高接换种也可于 4 月进行绿枝劈接。绿枝劈接时掌握接穗与砧木成熟度一致，均达到半木质化，选择阴天或晴天早上和下午 5 时后进行，实行露芽包扎，密封伤口，砧木将芽点全抹掉，留 2～3 片叶。

春季较干旱的地区，可在嫁接前灌水。更新树第二年可恢复产量。

（三）高接换种的注意事项

嫁接时间一定要参考本地葡萄的物候期灵活选择，若采用春季硬枝嫁接要当平均气温达到 9℃以上根系开始活动、伤流将要开始嫁接容易成活，但若伤流开始以后嫁接成活率低；采用夏季绿枝嫁接应选择气温在 20～25℃时嫁接容易成活，30℃以上阳光强烈时嫁接成活率低，嫁接后接穗上面可适当遮阴隔热，但遮阳物不可接触到接穗，防止接穗灼伤以免影响成活率。

嫁接后接芽长出新梢后要及时对新梢进行绑缚，以防风吹折，绑扎接口的薄膜条到葡萄冬季修剪解除。嫁接后要随时、及时抹去砧木上萌发出的新芽，对接穗萌发的副梢也应全部抹除，以促使新梢快速生长。

第五章

葡萄园的建立

葡萄是多年生作物，建园质量好坏直接影响到葡萄种植后十几年甚至几十年的经济利益。建园投资大，一旦失败，损失惨重。因此，在新建葡萄园时，必须认真考虑当地的交通、经济、生态等方面的条件，充分利用各种资源优势，根据生产的方向，合理规划，精心设计，降低成本，获得良好的经济效益。

一、园地的选择

葡萄生长虽然适应性较强，但并不是说任何地方都能种植葡萄，良好的经济效益，源自优质的葡萄果品，优质的葡萄果品，源自良好的生产基地，因此正确选择园地是葡萄丰产、优质的首要任务。选择园地应充分考虑生态环境和产地条件，根据气候、经济、市场选择适宜品种，结合葡萄品种的生长结果特性，选择适宜的地点建园。

（一）气候

不同品种在生长期中要求大于10℃的活动积温达到一定数值，才能满足该品种从萌芽到浆果成熟对热量的要求，如极早熟品种需100～115d以上，早熟品种需115～130d，中熟品种需130～145d，晚熟品种需145～160d，极晚熟品种需160d以上。干旱少雨，光照充足，昼夜温差大的地区，能满足葡萄生长的条件，葡萄浆果含糖量高、着色好、香味浓、病害轻，是选择葡萄园址理想的地方。

（二）土壤

葡萄根系在疏松、通气性好的土壤中才能正常生长和发挥良好吸收功能。因此，应选择土层深厚的冲积土、壤土、黏壤土、沙壤土和轻黏土建园为宜，且要求土壤中无有害重金属污染、土质肥沃疏松、有机质含量在3.0%以上。这类土壤的通透性好，有利根系生长，但应注意增施有机肥和防止漏肥漏水。重黏性土与盐碱地一般不宜建园，或需改良后再建园。

（三）水源

水是葡萄生命活动的重要物质，一切营养物质都必须有水的参与才能被植株吸收和被输送到机体各器官。水源充足，排灌便利，地势较高，春季地下水位0.8m以下的园地，是葡萄避雨栽培的必要条件。若地下水位过高，或天气干旱，葡萄的根系就很难从土壤中吸收水分和养分。葡萄生长期需水量较大，大面积葡萄生产基地必须有充足的水源条件并设计好灌水和排水沟渠。

（四）交通

葡萄属于浆果，不耐贮运，尤其是鲜食品种，一般应在城市郊区、铁路、公路和水路沿线交通方便的地方建园。交通不便且无销售市场的边远山区不宜发展大型葡萄园，可适当发展一些庭院葡萄，以解决村镇少量之需。

（五）市场

建园之前要对拟销售市场、销售人群进行充分的市场调研，并对拟销售市场周边葡萄种植情况及已进入拟销售市场的葡萄生产基地进行认真调研，掌握生产与销售的一手资料，根据调研情况，选择适宜品种，搞好早、中、晚品种搭配，确定建园规模。

二、葡萄园标准化规划与设计

建立大型葡萄园必须对园地进行科学的规划和设计，使之合理地利用土地，符合先进的管理模式，采用现代技术，减少投资，提早投产，提高浆果产量和质量，建立高起点、高标准、高效益的葡萄商品基地，创造最理想的经济和社会效益。

（一）准备工作

（1）调查收集当地的气象、地质、土壤、水文、植物、果树资源等资料。

（2）调查市场、农业效益、农村劳力、建园材料、农机设备、交通条件、农民收入等社会经济状况。

（3）收集地形图或对适宜园地进行地形测量，以备园地规划使用。

（4）对园地进行调查，勾画出规划草图。

（二）园地规划

1. 小区的划分 根据经营规模、地形、坡向和坡度，在园地地形图上进行作业区的划分。作业区的面积要因地制宜，平地以1.3～3.3hm^2为一小区，4～6个小区为一大区，小区的形状呈长方形，长边应与葡萄行向一致；山地以0.7～1.3hm^2为一小区，以坡面大小和沟壑为界决定大区的面积，小区长边应与等高线平行，要有利于排、灌和机械作业。南方地区，一般以南北行向为宜。

2. 道路系统 根据园地总面积的大小和地形地势，决定道路等级。大型葡萄园由主道、支道和作业道组成道路系统。主道应贯穿葡萄园中心，与外界公路相连接，要求大型汽车能对开，一般主道宽6m以上；山地的主道可环山呈之字形而上，上升的坡度小于7°。支道设在作业区边界，一般与主道垂直，通常宽3～4m，可通行汽车。作业道为临时性道路，设在作业区内，可利用葡萄行间空地，作小型农用运输机械等运输肥料、农资、产品和打药的通道。

3. 防护林体系 葡萄园设置防护林有改善园内小气候，防风、沙、霜、雹的作用。边界林还可防止外界干扰、护园保果。70hm^2以上葡萄园，防护林体系包括与主风方向垂直的主林带、与主林带相垂直的副林带和园边界林。35hm^2以上葡萄园可设主林带和园边界林，或两者统一兼用。主林带由 3～5 行乔灌木组成，副林带由 2～3 行乔灌木组成。主林带之间间距为 300～500m，副林带间距为 100～200m。边界林一般由外层密栽小乔木或带刺的灌木，修整成篱笆，起到护园保果作用；内可设 2～3 行乔木组成的防护林带。一般林带占地面积约为葡萄园总面积的 10%。

（三）水利设计

葡萄生长期对水的需求较为严格，自然降水分布不均衡，时缺时渍都不利葡萄的生长发育。只有建立起旱能灌、涝能排的水利设施才能满足葡萄生长的需要。南方雨水较多的地区，排水沟须将地下水位降至 0.8m 以下。

1. 灌水系统

（1）水源　利用江、湖、河、库的水源，进行自流式引水入园或机器抽水入园；或利用地下水源筑坑井或打机井抽水入园。凡是机器抽水的水源，都需建井房和用电房，当然也可使用柴油机作动力抽水，需计算扬水的高程，选购合适的抽水机械。另外还需注意水质，应无污染。

（2）输水渠道　从水源引水到葡萄园各作业区，中间要修建干渠和支渠输水体系。现代化的输水体系，由水源泵站、输水管道、山地葡萄园可能还需 2 级或 3 级提水站、配水池及分支管道组成。

一般明渠输水体系，其设计要求：

①干渠的位置要高于支渠，支渠高于葡萄园作业区，而且干渠从头到尾也应具有 0.1%的比降，支渠应有 0.2%的比降，以利自流灌溉。第一种沟渠式灌溉：利用江、湖、河、库及地下水源，进行自流式引水入园或机器抽水入园灌溉。灌溉沟渠应结合排水设计修建，自流灌溉的沟渠应高于葡萄园作业区。干渠从水源至葡萄园区应具有 0.1%均匀落差，支渠应具有 0.2%均匀落差。第二种管道式灌溉：分滴灌和渗灌，有利于水肥一体化。大型葡萄园满足两天灌一遍，每 667m^2 每次滴灌水量为 5 000kg 左右。

如山地葡萄园，干渠应设在分水岭地带，支渠可沿斜坡的分水线设置，这就需要从水源把水提上山，在园地制高点处修建贮水配水池。

②输水渠道的距离尽可能缩短，支渠应与作业区的短边并行，并与道路、防护林相结合，构成水、路、林、田协调一致的输水体系。

③输水渠道应尽可能减少渗漏并排除水土冲刷，最好用砖石和混凝土砌成，这对山坡地葡萄园尤为重要。

（3）灌水网　明渠灌水由输水渠道将水送到葡萄园各作业区的短边后，再将水引入葡萄行每条栽植畦进行漫灌。

现代化地下管道输送体系将水送到各作业区内，可实行滴灌或渗灌。每行葡萄栽植畦边的左右两侧配置毛管，按葡萄的株距每株左右两侧各安装1个滴头或渗头，并与支管连通。滴管放置地面，渗管埋于地表下30cm。灌水时水从滴头或渗头慢慢渗入葡萄根系集中的栽植畦土壤，可以大大减少灌水量，节省用水，同时又可避免漫灌引起土壤板结。

2. 排水系统　排水系统的各级渠道，一般由渍水园地地面逐渐降低设置，而渠道容水截面则由小到大。

（1）明渠排水　在作业区内，平畦或高畦栽植的葡萄园，可利用栽植畦直接把水引入支排水渠，再由支排水渠汇集到总排水渠。各级排水渠的高程差为0.2%～0.3%。

（2）暗管排水　采用塑料管、陶管、瓦管、水泥管等，埋于地下，由不同规格的排水管（一定管面积上有若干孔眼，用于重力水渗入）、支管和干管组成地下排水系统，按水力学要求的指标施工，可以防止淤泥（表5-1）。埋管深度和排水管间距，可根据土质确定（表5-2）。

表5-1　暗管的水力学要求指标

管　类	管径（cm）	最小流速（m/s）	最小比率
排水管	5.0～6.5	0.45	0.5%

（续）

管　类	管径（cm）	最小流速（m/s）	最小比率
支管	6.5～10.0	0.55	0.4%
干管	13.0～20.0	0.70	0.38%

表 5-2　不同土壤与暗沟排水的深度和沟距关系（单位：m）

土壤	沼泽土	沙壤土	黏壤土	黏土
暗沟深度	1.25～1.50	1.10～1.80	1.10～1.50	1.00～1.20
暗沟间距	15.00～20.00	15.00～35.00	10.00～25.00	8.00～12.00

通过明沟排除地面积涝、暗沟排除土壤积水，一般能较好地达到及时排水、保持土壤合理的持水量，为葡萄根系生长创造最适宜的水分条件。

三、品种的选择和配置

适应性、抗病性、抗逆性、丰产性、优良性是选择品种的根本原则。品种的选择应考虑以下几方面：

（一）生产方向

主要取决于销售市场。根据周围酒厂的有无和鲜食市场的大小，决定生产酿酒品种还是鲜食品种。酿酒品种的选择应取决于酒厂产品的类型，不同类型的产品要求的品种不同。鲜食品种可根据市场进行早、中、晚熟搭配，主栽品种不宜过多。

（二）气候条件

主要是降水、温度和光照。当地葡萄成熟季节降雨量的多寡，是决定葡萄品种选择的关键因素。夏秋雨量适中或较少的地区，年降水量 600mm 以下，有利于生产欧亚种葡萄，南方高温多雨的地区，避雨栽培可选择欧亚种葡萄，露地栽培则适宜以欧美杂交种为主。生长季节长的地区早、中、晚熟品种均可选择，而积温较低的地区只适宜早、中熟品种。

（三）区域化栽培

在确定了生产方向和品种类型以后，重要的工作就是在可供选择的品种中选择最适宜当地栽培的优良品种或品系。因为大部分良种都有其最佳生态适宜区，并不是在任何一地都能表现出品种的优良性状。因此，确定品种组合必须对所选品种的原产地和生态适应范围、品种抗性、丰产性、品质表达能力即着色难易、糖分积累水平、香味等有全面了解，并对品种的优点有所选择或侧重，如高糖或丰产，最终确定 3～5 个主栽品种。大型葡萄生产基地，尤其是在非最佳生态区，除了选择优良品种，还应保留一个抗性强、丰产、品质中等或偏上的保险品种，以应付或减少特殊年份所造成的损失。

（四）经济实力与栽培技术水平

在经济实力强、栽培技术水平较高的产区，可利用各种手段排除不利因素，生产符合市场需求的优质高效益品种。如南方采用避雨设施，北方采用大棚温室生产优质欧亚种鲜食葡萄，经济效益是露地栽培的 2～10 倍。瘠薄地、盐碱地等采用限根栽培、滴灌肥水等方式。

四、土壤改良

（一）清除植被

在未开垦的土地上均存在树木、多年生宿根杂草等自然植被，建园前必须首先连根清除。如果建园的土地已经种植过葡萄，除了将老葡萄树连根挖掉外，还要进行土壤消毒，因为不论引进的外国品种或中国长期栽培的品种，均程度不同的感染真菌性病害与病毒病，土壤中的线虫是传播葡萄扇叶病毒的主要媒介之一。因此，在已栽培过葡萄的旧址重建新园时，可在栽植前 2～3 个月向土壤中每 667m^2 施 20L 的二氯丙烯，深翻 20～40cm。为了便于灌溉和排水，有利于株行距的设置，提高耕作

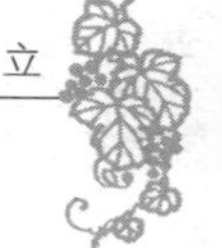

效率，减免土壤冲刷等，应平整土地。

（二）深翻熟化

深翻可以疏松土壤，提高土壤肥力，扩大根系分布的范围。葡萄园定植前翻耕的深度通常为60～100cm，但若土壤中有石砾或纯沙不良结构层，深翻的深度以不超过不良结构层为宜。若将石砾或纯沙翻上来，将会破坏原有土壤结构和肥力。在地下水位高的地段，翻耕也不宜过深。

在未耕种过的荒地，特别是沙荒地建园，由于土壤过于瘠薄，有机质和速效养分含量低，因此，最好先种植豆科牧草（绿肥），如苜蓿、沙打旺、草木樨、紫云英、毛苕子等，在盛花期翻入土壤。这样可以大大提高土壤肥力，改良土壤结构。

（三）客土

在土壤瘠薄的山坡地或砾石地，均需进行客土才能有足够的土层保证葡萄的正常生长发育。如河北省昌黎县、山东省平度市大泽山等地农民，在瘠薄的山地上（一般土层不到30cm）进行客土，成功地栽培了葡萄。昌黎农民在半风化母岩或心土夹杂大量石块的地段，秋季挖大坑（深1.5m，宽2m）。坑底铺垫厚约60cm的粗糙有机质或绿肥，上填肥沃细土，灌水沉实后方行栽植。在砾石地表土较薄的情况下，同样可以挖大坑或栽植沟，清除砾石，进行客土栽培。

五、葡萄苗木栽植技术

（一）行向与株行距

1. 行向 葡萄的行向应根据架式、地形、风向、光照等因素确定。

篱架葡萄在平地上的行向多采用南北走向，因为南北走向架面受光量大，相互之间遮光量少，受光均匀，并且我国大部分地区南北风向较多，有利于通风透光和提高葡萄的产量和品质。特别是南方高温多湿气候条件，真菌病害严重，应特别注意通风。

平地倾斜式棚架或水平式棚架宜采用东西行向，葡萄枝蔓由南向北爬，葡萄植株日照时间长，受光面积大，光照强，光合产物多。如因地形需要，其行向也可以南北走向，但架口向东为宜，即葡萄枝蔓由西向东爬，以避免春季西南季风吹断新梢。

屋脊式棚架宜采用南北走向，葡萄枝蔓对爬，可减少相互遮阴。

山地葡萄园行向根据坡向决定，应沿等高梯田种植，以防止土壤冲刷流失。棚架葡萄架口向上，葡萄枝蔓由下向上爬。

在有经常性大风危害的地区，行向应尽量与大风的方向平行。另外，行向的确定还要考虑灌溉、耕作的方便。

2. 栽植密度 葡萄的栽植密度依采用何种架式而定，而架式又与品种、地势、土壤、作业方式有关。一般来讲，生长势强的品种，栽植在土壤肥沃、水、热充足的地方，栽植密度宜稀，反之应适当密植。山地和冬季需埋土防寒地区多采用棚架栽培，栽植密度较低，株行距一般为（1.5～2.0）m×（3.0～6.0）m，每 667m^2 栽植株数为 56～148 株。平地不埋土防寒地区多采用篱架栽培，株行距一般为（1.0～1.5）m×（2.0～3.0）m，每 667m^2 栽植株数为 148～333 株。

为了充分利用土地和空间，获得早期丰产，很多葡萄产区在栽植初期采用加密栽植的方法，可以在短期内达到成龄葡萄园的叶幕厚度和土地覆盖率。加密设计多采用密株不密行的办法，株距可以根据需要而适度缩小，这样既增加了单位面积上的株数，又无需增加架材，并且管理方便，通风透光良好。待结果 4～5 年后，再隔株间伐达到原设计的密度。

（二）定植沟的准备

葡萄是多年生藤本植物，寿命较长，定植后要在固定位置上生长结果多年，需要有较大地下营养体积，而葡萄根系幼嫩组织是肉质的，其生长点向下向外，伸展遇到阻力就停止前进，根据多年观察，葡萄垂直根系主要分布在栽植沟底层之内。但园地由于受到地下水的影响，平湖区挖定植沟宽0.6～0.8m，深0.5～0.6m；山丘岗地挖定植沟宽1～1.2m，深0.8～1.0m；平湖区的板结土壤按山丘岗地挖定植沟。一般按南北行向。

建园施基肥应根据园地的土壤状况决定，一般每667m^2施饼肥150～250kg、磷肥100～150kg、锯木屑200～300kg、人畜肥1 000～2 000kg、40%硫酸钾复合肥40～50kg、锌肥2kg、硼肥2kg。山丘岗地磷肥选用钙镁磷肥，平湖区选用过磷酸钙。施肥前10～15d将饼肥与磷肥充分搅拌后加水堆沤发酵，隔3～5d加水翻拌，并用塑料薄膜覆盖保温保湿。定植沟开挖后先将饼肥、磷肥、锯木屑、人畜肥、锌肥、硼肥各一半均匀撒施于沟底，并深翻沟底将肥料与土充分拌匀，再回填一半土层，将上述另一半肥料均匀撒施后，将肥料与土拌匀，并捣碎大块至鸡蛋大小，然后将开挖土方全部回填后将复合肥均匀撒施1米宽，将肥料与土拌匀后，开沟整垄，垄沟宽50～70cm、深20～30cm，将肥料覆盖。此项工作应在栽苗前1个月完成。

（三）苗木定植方法

在栽植密度和栽培方式确定之后，当小区的形状呈长方形、正方形或偏角不大的平行四边形或梯形时，可顺小区的一边画一条基线作为边线，然后在这一条基线的两边再画相互平行的两条基线（与小区的一条边线平行），在这两条基线上按确定的行距标出每一行的位置，连接对应的两点即成葡萄行，在葡萄行内再按株距标出植株的位置。当小区边缘偏角较大时，则第一条基线不应顺小区边画，而应根据地形确定，使后两条基线与第一条基线垂直，边缘留下的斜角地可短行栽植。

山地要沿梯田等高线栽植，所以行向的标定要求先测出等高线，在行内确定栽植点。葡萄行和定植点的标定可用石灰粉（水）或用小木桩标出。

苗木定植的方法主要分以下几点：

1. 栽植时间 春栽和秋栽均可。我国长江以南地区气候温

暖湿润，冬季很短，因此，从秋季至来年春季均可栽植。北方秋季时间较短，整地、挖掘栽植沟工作量很大，冬季气候寒冷干燥，秋栽后必须埋土防寒，耗费较多人力、物力，因此，以秋季挖好栽植沟、春天栽植为宜。一般可在地温达到 7～10℃时进行。如栽植面积较大，栽植时间可适当提前。温室营养袋育苗可在生长期带土定植。

2. 处理苗木 ①苗木在定植前对枝蔓实行重剪，一年生苗通常留 2～4 个芽剪截，二年生以上苗也只需 4～6 个芽剪截。②对根系的修剪应尽量保留粗根和侧根，剪去受伤的根，并剪平根系断口，有利新根的发生，一般保留根长 40cm 左右。③远运或受旱的苗木应放在清水中浸泡 12～24h，充分吸水后可提高苗木的成活率；对苗木用 50mg/L 萘乙酸或 25mg/L 吲哚丁酸浸根 12～24h（远运和受旱苗木可在浸根时同时进行），可促进生长。④对苗木用 5 波美度石硫合剂浸蘸枝蔓消毒、灭菌、杀虫，可减少在生长期的病害。⑤嫁接苗应解除嫁接膜。

3. 栽植前的准备 为培育发达的根系，扩大吸收区域，在挖葡萄栽植沟时，一定要尽可能加宽和加深。株行距较小的篱架葡萄可适当宜窄、浅，一般宽 60cm、深 60～80cm。株行距较大的棚架葡萄应尽量宜宽、深，一般宽、深各 1～1.5m。

挖沟时间以栽植前一年秋天进行为好，可以减少春天栽植的压力，并可使挖出的深层土壤进行风化。挖沟可用人工挖，也可用挖掘机挖掘，注意将表土和深层土分别放在沟的两侧。

4. 栽植方法 栽植时，在苗木栽植点作成龟背形土堆，将苗木根系舒展放在土堆上，当填土超过根系后，轻轻提苗抖动，使根系周围不留空隙，然后填土与地面平，踏实灌透水。待水渗入后，在苗木四周培 15～20cm 高的小土堆，保湿防干，并能提早发芽。

栽植深度一般以根颈处与地面平齐为宜，嫁接苗接口要高出地面 3～5cm。

苗木定植后畦面一般采用地膜覆盖，在苗木定植后至发芽前，雨后晴天覆膜，一般选用1～1.2m宽，0.014～0.02mm厚的黑色地膜，苗木处打一个直径5cm的孔将苗木掏出，可以提高早期地温，保持土壤湿度，减少管理费用，并使苗木生长迅速、健壮，有利于早期结果，特别对提高干旱地区苗木成活率作用很大。

建园也可用插条直接定植，如加强管理，也可实现2年结果，3年丰产。扦插方法基本与栽苗相同。可先灌水、覆膜，再扦插，每穴插2根插条，顶芽略高出地膜。

5. 绿苗定植建园 所谓绿苗就是在早春（2～3月）利用各种增温催根技术培育的营养袋苗。6月中、下旬栽植。栽植前15～20d进行炼苗，控制灌水，增加直射光照。绿苗要有3～4片叶，高10cm以上，生出3～4条根为好。前期栽营养袋口径小的苗子，采收后栽营养袋大的绿苗。选择阴雨天或傍晚栽植，将塑料袋划破，保留原土栽入定植穴内，及时灌足水，经常保持土壤湿润，保持不缓苗持续生长。还要根据苗木生长情况，及时竖立柱、拉铁丝、绑新梢，多次追肥，结合喷药防治病虫害喷叶面肥，培育壮苗，为第二年结果奠定基础。

（四）定植后的管理

1. 提高苗木成活的措施 苗木定植后7～10d，芽眼开始萌动，这时应在阴天或午后无风天气去掉苗上的土堆，在萌发新根前最好不再浇水，以免浇水降低地温和影响土壤通气。如果在嫁接口以下的砧木上长出萌蘖，应及时抹掉。新梢展叶后，生长势弱时，很可能新根尚未长出，应及时用0.1%～0.3%尿素液进行叶面喷肥，补充营养，防止因新梢生长耗尽苗木本身贮藏营养而影响发根，导致苗木死亡。

2. 促进植株健壮生长的管理措施

（1）选定主蔓 定植苗木的新梢长到10cm左右时，按整形要求选出主蔓加速培养，多余新梢留4～5片叶摘心或去掉。

（2）松土除草　如果畦面不覆盖地膜，应经常中耕除草，提高土壤通透性，促进发根。即使先覆盖白色地膜，后期由于草荒也得把地膜去掉。

（3）追肥、灌水　萌芽后，天气干旱时，应经常浇水，新梢8～10叶开始追施氮肥，同时灌水，以加速苗木生长。后期追施磷、钾肥。新梢停止生长前后可隔7～10d连续喷施0.3%的磷酸二氢钾，以促进枝芽成熟。每次土壤追肥后都应立即灌水，以提高肥效，并防止肥害烧苗。

（4）立杆绑蔓　待苗木长达30～40cm以上时，在苗旁立杆绑蔓，以加强顶端优势，促进苗木生长。

（5）摘心和副梢处理　根据整形要求选留的主蔓，第一年冬剪时一般剪留长度为1～1.5m，最长不超过2m，因此主蔓新梢达到该长度后应立即摘心，如预计到生长后期达不到该长度，则应在结束生长前2个月（长沙地区9月中旬、沈阳地区8月中旬）摘心，以促进主蔓加粗和枝条成熟。主蔓新梢上发出的副梢，留前端2个副梢各3～4叶反复摘心，其他副梢可留1片叶摘心，可促进主梢上冬芽充实。对生长势强旺的品种，也可长放一部分副梢用作结果母枝，这样既缓和了树势，又增加了第二年的产量。

（6）病虫防治　对葡萄危害较大的黑痘病、霜霉病、褐斑病、白腐病等易引起早期落叶，应及时喷药预防。

（7）雨季排水：进入雨季应及时排水，避免积水。

（8）冬季修剪：于落叶后进行冬剪，一般修剪至当年生已充分成熟的枝蔓，粗度0.6cm以上，剪留1～1.5m，最好不超过2m，副梢结果母枝留基部2～3芽剪截。

六、葡萄架的建立

（一）架式及结构

根据葡萄本身的习性，采用搭架栽培形式，使其正常生长结果。在长期栽培实践过程中，葡萄架式在不断改进，不断发展。在温暖的南方，高温、高湿气候条件下，真菌性病害严重，葡萄无需防寒，可采用篱架、双十字V形架、T形架等。

1. 篱架　架面与地面垂直或略有倾斜，葡萄枝蔓附着其上形似绿色篱笆，故称篱架。目前生产上主要应用如下几种：

（1）单壁篱架（图5-1）　架高1.5～2.2m，行内每间隔5～6m设一立柱，行距1.5～3m，立柱上第一道铁丝距地面0.6～0.7m，往上每间隔0.4～0.5m拉一道铁丝，沿行向组成立架面。

单壁篱架的主要优点是适于密植，整形速度快，易于早结果、早丰产；光照通风条件好；田间作业方便，适于冬季比较温暖、葡萄不下架防寒或埋土较少的地区，尤其便于机械化作业。缺点是绑蔓费工，下部枝蔓结果部位低，易染病害。为了克服上述弊端，近年国外出现一些改进的单壁篱架，如加密铁丝，铁丝在立柱两边交替分布，形成夹道，将新梢纳入夹道中，可减少引缚新梢用工；为了提高结果部位，可在立柱顶部拉1～2道铁丝，结果母枝绑缚在上部铁丝上，让新梢自由向两侧悬垂生长。

图5-1　葡萄单壁篱架

（2）双壁篱架（图 5－2） 由双排单壁篱架组合而成，一般为倒梯形，底部两壁间距 50～70cm，上部两壁间距 80～100cm，架高 1.5～2.2m，上部两壁立柱还可采用竹木横档加固，每壁上的铁丝分布与单壁篱架相同。

双壁篱架的葡萄枝蔓向两壁分布，葡萄植株可定植于两侧中心或靠近每壁双行定植，与相邻双壁篱架形成带状栽植。双壁篱架较同样距离的单篱架扩大架面一倍。有利于早期丰产和获得高产，但枝蔓密度大，通风透光差，病害不易控制，浆果品质会受影响，应适当扩大行距。此种架式适于光照好、土壤较瘠薄的山地和生长势较弱的品种。

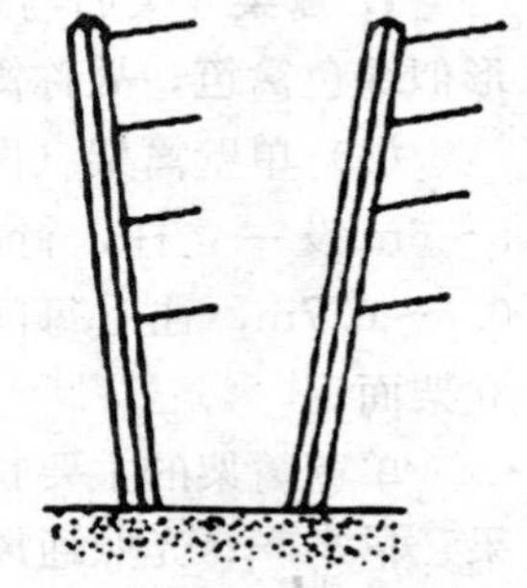
图 5－2 葡萄双壁篱架

（3）双十字 V 形架（图 5－3） 该架式是由浙江省海盐县农科所杨治元同志研究而成。由架柱、2 根横梁和 6 根铁丝组成。葡萄行距 2.5～3.0m，柱距 4～6m，柱长 2.5m，埋入土中 0.6m。纵横距要一致，柱顶要成一平面。两头边柱须向外倾斜 30°左右，并牵引锚石。种植当年每根柱架 2 根横梁。下横梁 60cm 长，扎在离地面 105cm（欧美杂种）或 125cm（欧亚种）处；上横梁 80～100cm 长，扎在离地面 140cm（欧美杂种）或 160～165cm（欧亚种）处。两道横梁两头及高低必须一致。离地面 80cm（欧美杂种）或 100cm（欧亚种）处，柱两边拉两条铅丝，两道横梁离边 5cm 处打孔各拉一条铁丝，形成双十字 6 条铁丝的架式。需用材料，每 667m^2 柱 45～67 根，长短横梁各 45～67 根，铁丝 1 600m 左右。

本架式的特点是：夏季将枝蔓引缚呈 V 形，葡萄生长期形成 3 层：下部为通风带，中部为结果带，中、上部为光合带。蔓果生长规范。增加了光合面积，提高了叶幕层光照度和光合效率；提高萌芽率、萌芽整齐度和新梢生长均衡度，顶端优势不明显；提高通风透光度，避免日灼，减轻病害和大风危害，能计划定梢、定穗、控产，实行规范化栽培，提高果品质量。省工、省力、省农药、省材料。

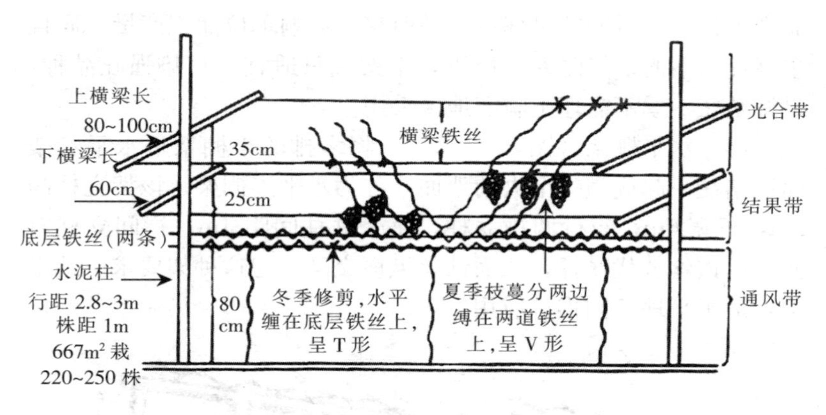

图 5－3　葡萄双十字 V 形架模式图

2. 棚架

（1）小棚架（图 5－4.1）　是由大棚架改造发展而来的，它克服了大棚架架面过宽的缺点。架根处的立柱高 1.2～1.5m，架梢高 2～2.2m。小棚架行距 4～7m。这种架式的优点是：行距较大棚架缩小一半，每 $667m^2$ 栽植株数增加，枝蔓迅速布满架面，定植后 3 年达丰产。枝蔓短，上下架方便，损伤后更新快，2～3 年就能补上空位，架面平整度好控制，易丰产稳产。

（2）大棚架（图 5－4.2）　大棚架的架面一般呈倾斜状，架根处的立柱高 1.5～1.8m，为作业方便，架梢高 2～2.5m 以上。这种架式既适合平地、庭院，又适宜山地、丘陵。庭院中的大棚架甚至爬上房顶，更显出大棚架“占天不占地”的优越性。大棚架行距 8～15m；以前在多石的坡地或沙滩地多采用大棚架，因行距大，少挖定植沟而节省人工，改土施肥集中，投资相对少。大棚架不足之处：由于行距大，枝蔓爬满架的时间较长，前期葡萄产量较低；单株负载量大，要求根系供应能力强，对肥水要求高；主蔓损伤后；更新时间长；架面过大，易出现高低不平而产生盲芽。后期结果部位容易前移，影响单位面积产量，而且主蔓过长不便下架防寒。所以，本架式只适宜生长势强旺品种，最好是在冬季不需埋土防寒地区采用。

（3）水平棚架（图 5－4.3） 将多排的小棚架呈水平状架面连结在一起成为一个大的架面，称为水平连棚架。该架立柱高 2m，行宽 6m，每行两排立柱，每个立柱间距 4m。行间立柱对齐，以铁丝替代横杆，架面铁丝纵横交叉。建这种架要求土地平整，适于平地建园推广应用。

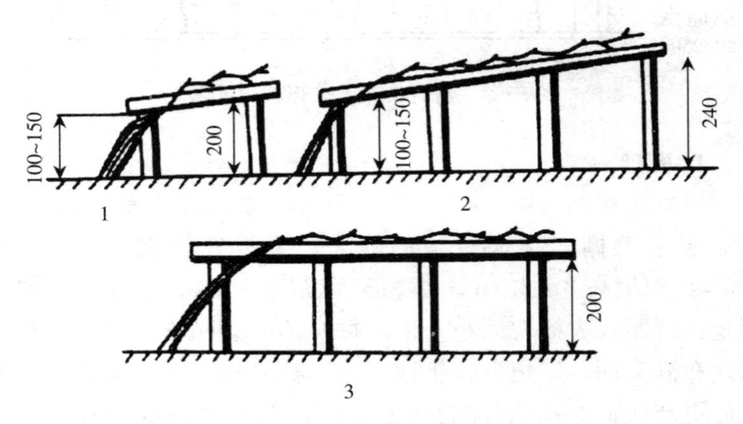

图 5－4 葡萄的棚架（单位：cm）

1. 小棚架 2. 大棚架 3. 水平棚架

水平连棚架（图 5－5）的优越性是：架高 2m 左右，有利于小型机具在架下耕作和人工操作；变过去临时架为永久固定架，架的抗力加大，不易损坏，每年减少大量的维修工量和资金；架面水平，生长势缓和，平面和立面结合，形成立体结果，保丰产；通风透光好，架高减少病害侵染，使浆果品质提高；在寒冷地区，有利于防寒取土；由于用铁丝替代横杆，减少架材投资，节省建园成本。

图 5－5　水平连棚架

（二）架材的选用

葡萄架主要由立柱、横梁、顶柱、铁丝、坠线五部分组成，架材是建园中最大一项投资，应本着节约的原则，采用就地取材，分期建架的方法，以降低建园的成本。

1. 立柱　立柱是葡萄架的骨干，因材料不同可分为钢管柱、水泥柱、石柱、木柱、竹竿等。

（1）钢管柱　一般采用直径 3.81～5.08cm，长 2.3～2.5m 的热镀锌钢管，下端入土部分 50cm，用沙、石、水泥的柱基，既增强固地性，又可防腐（图 5－6）。可购置废钢铁管代替新铁管，地上部用油漆防锈，以降低成本。

（2）水泥柱　水泥柱由钢筋、沙、石、水泥浆捣制而成，一般采用 400 号水泥，直径 60mm 钢筋、建筑用沙和卵石。

（3）石柱　有花岗岩石的山区，可就地取材，按立柱高度裁成宽窄条（12cm×15cm 或 15cm×20cm）石柱。棚架用的石柱，在石柱顶部凿成一个凹槽，以便固定横梁。

（4）竹、木立柱　我国盛产楠竹与林木，可就地取材。一般立柱选用小头直径 10cm 左右即可，埋入地下部分应涂沥青防腐。

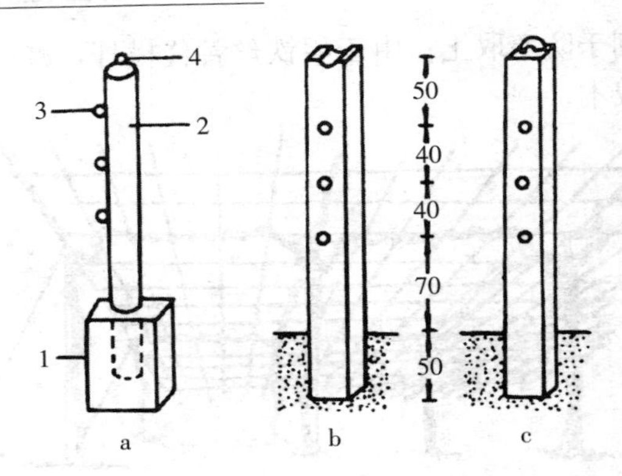

图 5-6 立柱（单位：cm）

a. 具有水泥柱基的钢铁管立柱 b. 顶部凹槽的水泥立柱

c. 顶部扣环的水泥立柱

1. 柱基 2. 柱身 3. 侧圆孔 4. 顶圆孔

2. 横梁 建立倾斜式棚架时要有横梁，篱架双十字 V 形要有横挡（小横梁）。水平连棚架，行长在 50m 之内，中间可用 8 号铁丝、钢丝或直径 6mm 钢筋代作横梁，而超过 50m 后，应在行向每间隔 50m 左右设横梁（用圆木或铁管），棚架两头的边柱上必须设横梁。横梁用竹、木、铁管均可。

3. 铁丝或钢丝 铁丝是组成架面承受引缚葡萄枝蔓的基础材料，应选用镀锌铁丝，防止生锈。常用 8 号、10 号、12 号铁丝或用钢丝 12 号、18 号。

此外，每行架两头还需用坠线和坠石，为加固水平连棚架，每行架两头还应采用顶柱。

（三）立架技术

树立的支架必须牢固，除能经受葡萄枝蔓和果实的重负外，还要能经受当地极端天气的大风。

1. 边柱的建立 无论是篱架，还是棚架，边柱都承受整行架柱的最大负荷，它不仅承担立架面的压力，而且还承受中间各架负荷的拉力。在选材上，边柱要比中间立柱大 20％以上的规格，长 20～30cm。边柱埋设有两种方法（图 5－7）。

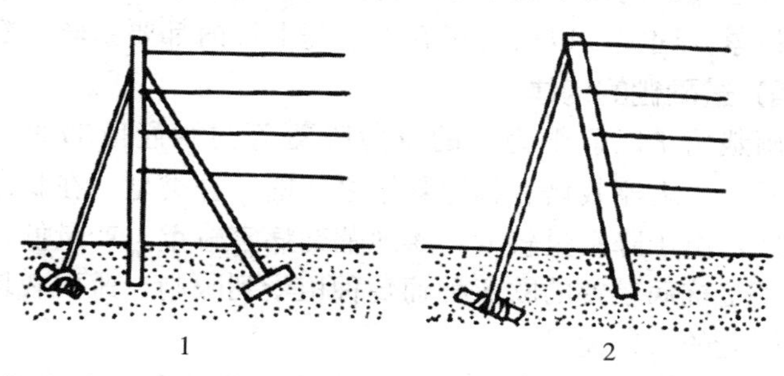

图 5－7　单边柱的建立

1. 直立边柱　2. 外斜边柱

2. 中柱的建立　篱架行内每间隔 5～6m 直立埋设一根中柱，埋入土中深约 50cm，架中柱距葡萄栽植点的距离，单壁篱架为 30cm；双壁篱架为 25～35cm。

棚架行内每间隔 4～5m 直立埋设一根中柱，深约 50cm。架根柱距葡萄栽植点为 50～60cm。架梢柱与架根柱相对应，两柱间隔距离视葡萄行距和棚架结构而异，一般以 4m 为宜。

3. 横梁或横挡的建立　倾斜式棚架的架根柱和架梢柱顶端之间由横梁连结。竹、木横梁、大头朝架根，小头向架梢。边柱上横梁由于承受整个架面负荷 50%以上的拉力，需选粗度最大，材质最佳的横梁。横梁与立柱之间用长杆螺丝固定牢，不得松动。

篱架的横挡，最好用长杆螺丝将它与立杆固定。

4. 坠线与坠石的建立　每行架柱的边柱外侧，都应设立坠线和埋设锚石。坠线一般采用双股 8 号镀锌铁丝，绑在边柱的上部，与边柱呈 45°～50°拉向地下，伸入地面 70～80cm，下端系在长约 50cm 的水泥柱或锚石块上。

5. 拉线　每行架柱之间都由 8 号和 10 号镀锌铁丝或 12 号和 18 号钢丝，按 40cm×50cm 间距组成立架面和棚架面。铁丝

由边柱或边柱上的横梁固定，顺行向立柱或横梁拉向另一头，用紧丝器拉紧并固定，以后每年春天葡萄上架前都要紧丝一次。

（四）避雨棚的构建

避雨栽培是以避雨为目的将薄膜覆盖在树冠顶部的一种方法，它是介于大棚栽培和露地栽培之间的一种类型。在我国长江以南地区，由于降水量较大，露地葡萄病害较重，产量低，品质差，特别是抗病较差的欧亚种葡萄种植受到限制，避雨栽培是克服这一问题的有效途径。

1. 篱架覆盖（图 5－8） 在单壁篱架的顶部顺行向搭成简易小拱棚，木横梁 1.2～1.4m，拱杆用竹子做成，骨架搭好后，用宽 2m、厚度 0.03～0.05mm 耐高温长寿薄膜覆盖在骨架上，薄膜两边翻卷用黏胶剂粘合，膜上横向拉压膜线，50cm一道。

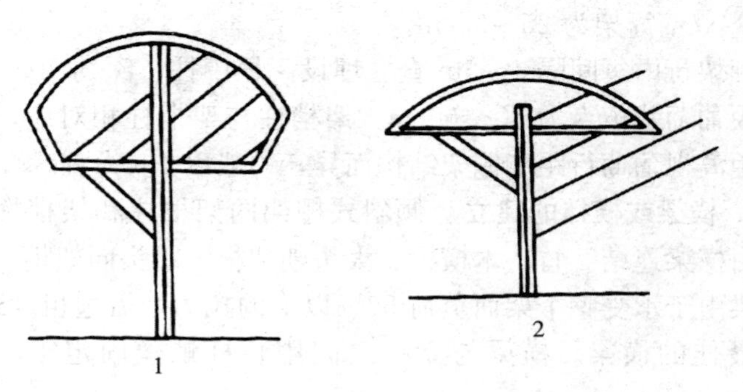

图 5－8 篱架简易覆盖

1. 宽顶篱架 2. 篱架

2. 水平架波浪形避雨棚（图 5－9） 葡萄园行距 2.5m，每块以 30cm 宽的水沟相隔，沟深以便于排水或灌水为度。避雨棚顶部离地 2.3m，于 1.8m 以上处建避雨棚，棚宽 2.2m，棚高 0.6～0.7m。棚顶与棚边用木条固定，用竹片做成弓形并扎钉。每 50cm 钉 1 竹片。竹片上覆膜，膜厚 0.06mm，每 50cm 用一压膜线（可用机用包装带代替），膜的宽度以盖至棚边或稍宽为宜。每一单架加两根横梁，离地 105cm 处一根（60cm 长），离地 140cm 一根（80～100cm 长），横梁可用钢管或杂木条或粗楠竹等。每一单架有三层六道铁丝，第一层离地 80cm，双道（绕柱），第二层铁丝，第三层铁丝分别固定在横梁两端，一般采用 10 号铁丝。端柱 12cm×12cm×280cm，埋入土中 50cm，用铁丝绑锚石埋于土中或用柱作边撑以固定，防止倒塌。中柱 10cm×10cm×280cm，横梁固定处可留 1 孔穿铁丝，柱间距 6m，中间柱埋于土中 50cm。水平架波浪形避雨棚雨水在波谷流下入排水沟，这样可尽量保护架面，仅在波谷处受到雨淋，影响较小。在充分避雨的前提下，膜覆盖面越小越好，以保证棚内良好的通风性能。为避免薄膜在架面上形成高温损伤叶片，葡萄枝蔓顶部离架面以 30～40cm 为宜。

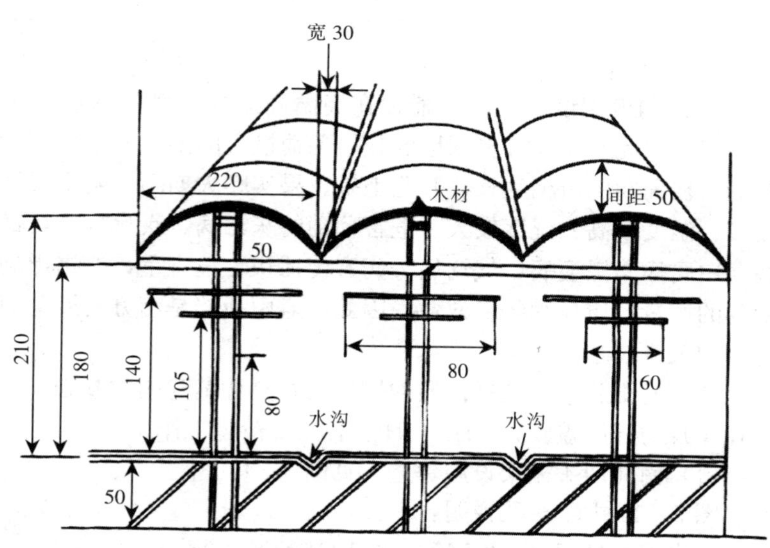

图 5-9　葡萄波浪形避雨棚（单位：cm）

3. 装配式镀锌钢管大棚（图5-10） 避雨设施可以直接采用联合6型、8型装配式镀锌钢管大棚。适宜的棚长度为30～45m，棚宽6～8m，棚顶高3～4m。棚间距1m左右，南北向搭建。6m大棚每个大棚种植2行葡萄，8m大棚种植3行葡萄。棚顶覆膜可选聚乙烯膜（PE）或乙烯-醋酸乙烯膜（EVA），无滴类型，厚度在0.06～0.08mm。

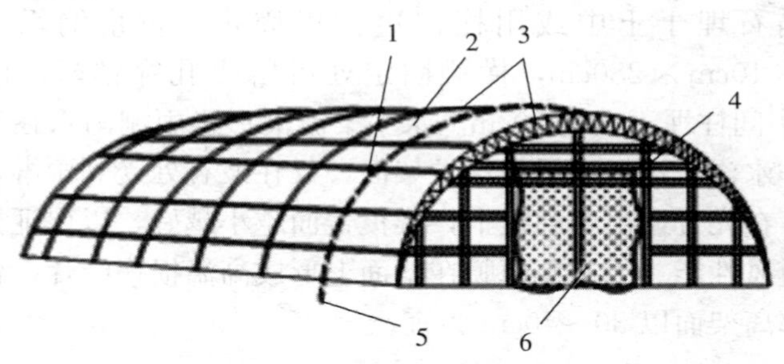

图5-10 装配式镀锌钢管大棚

1. 压膜线 2. 棚膜 3. 钢结构桁架 4. 卡槽 5. 地锚 6. 门

4. 避雨棚架设施 由于葡萄在高温高湿的环境中易感真菌性病害，因此，在南方多雨地区栽培葡萄最大的困难就是病害的防治。在葡萄的新梢生长、开花坐果、果实膨大期间，阴雨天气较多、温度较高、湿度较大，危害葡萄的灰霉病、炭疽病、霜霉病、白腐病、黑痘病、气灼病等病害传播快、危害重，严重影响葡萄的产量、质量和经济效益。因此，避雨栽培是南方发展葡萄生产的关键技术。

葡萄避雨栽培，选择优质的棚架材料是葡萄建园的基础。一般在4月初开始盖膜，4月15日前后完成覆膜工作。

（1）南北两头棚架设施建造 见图5-11。

图5-11中①～⑫说明：

①水泥立柱规格：2 500mm×100mm×100mm。

②水泥撑柱规格：3 000mm×100mm×100mm。

③φ20热镀锌厚壁管，长580mm，与横向φ20热镀锌厚壁管

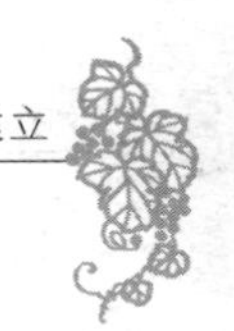

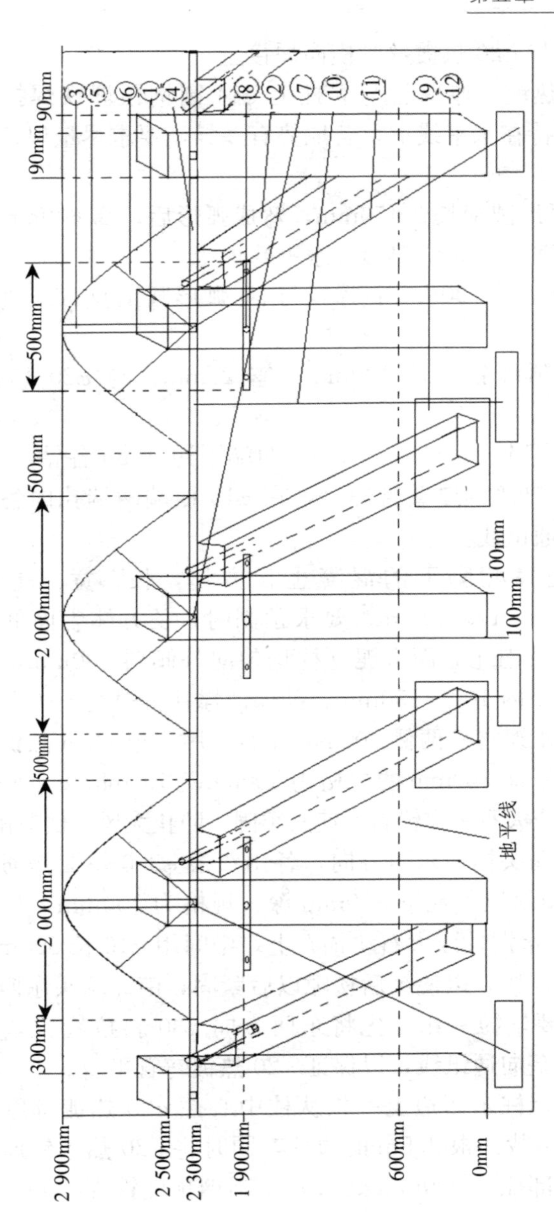

图 5-11　避雨棚架南北两头设施建造示意图(单位:mm)

焊接，柱端与 φ20 热镀锌管横向焊接。

④φ20 热镀锌厚壁管与立柱上 φ14 圆钢预埋铁焊接，焊接时，尽量保持在水平线上，若地势有差异，要求尽量保持在同一条直线上。

⑤φ9 弧形圆钢长 2 450mm，弯成弧形后，高 600mm，弦长 2 000mm，两端与 φ20 热镀锌水平管焊接。

⑥φ9 圆钢长 700mm 斜撑，与 φ9 弧形圆钢及 φ20 热镀锌水平管焊接。

⑦φ14 预埋铁，长 100mm，露 20mm，与 φ20 热镀锌管焊接。

⑧φ8 预埋铁，与长 500mm、两端距边 5mm 各钻一个 3mm 的孔的 φ15 热镀锌厚壁管焊接，在 φ15 横端两端孔内各拉一根 φ20 热镀锌通讯线。

⑨水泥撑柱脚下的混凝土长方体，长、宽、高规格为 400mm×300mm×500mm，要求预制时，长方体表面低于地面 100mm，保持南北立面水泥立柱均匀向外倾斜 100mm，柱脚埋于护脚混凝土内 100～150mm，并保证撑柱脚混凝土的密实。

⑩每根水泥立柱两侧 300mm 左右，用一根 φ2.5 热镀锌通讯线与埋于地下深 800mm 的规格为 100mm×100mm×500mm 以上的断水泥柱或大石头作锚石，使其牢固，防止大风吹倒避雨棚。

⑪南北两头挡柱东西方向，各用双根 φ3.0 热镀锌通讯线与地面呈 30°角斜拉于地下 800mm 深、规格为 100mm×100mm×500mm 的断水泥柱或大石块锚石上，中间用 φ16 长 500mm 左右的花篮螺丝连接，以便今后松隙以后紧固，南北两头东西方向超过 150m 需要增拉一组。先将东西方向 φ30 斜拉线拉紧固定之后，再拉紧垄向通讯线，以保证 φ20 热镀锌管平直。

⑫南北挡柱东西边上一根从柱中心往 φ20 热镀锌厚壁管尾端 1.5m 处，栽一根 2.5m 的边柱，同时将 φ20 热镀锌厚壁管焊接在边柱顶部往下 200mm 处与 φ14 圆钢预埋铁焊接好，东西边

各栽一根。

（2）中间棚架设施建造　见图 5－12。

用 5－12 中①～⑦说明：

①中间水泥柱立柱规格：2 800mm×100mm×100mm。

②弧形楠竹片，长 2 510mm，宽 30mm 以上，竹片两端 30mm 处各钻一个孔径 3mm 孔，50mm 处各钻一个孔径 3mm 的孔，两孔不要成直线，以免竹片破裂。

③顶部 Φ12 螺纹钢预埋铁，长 200mm，预埋时外露 30mm 顶部往下 5mm 处钻一个孔径 3mm 的孔，栽水泥柱时，注意孔的方向，孔对正垄向，以便拉设铁丝。

④φ3.0 热镀锌通讯线从水泥柱顶部往下 570mm 处，拉设一道通讯线，用 φ2.5 热镀锌通讯线与中间水泥柱连接绞紧，形成整体，绞拉时，注意保持水泥柱垂直。

⑤顶部往下 970mm 处的 φ8 预埋铁焊接 φ15 热镀锌厚壁管，长 500mm，距两边 5mm 处，各钻一个 3mm 的孔，拉设铁丝用。

⑥顶部往下 970mm 处预埋 φ8 预埋铁。

⑦中间边柱规格：2 500mm×100mm×100mm，顶部往下 200mm 处，预埋 φ14 圆钢，长 100mm，外露 20mm。

（3）东西两边撑柱建造　见图 5－13。

图 5－13 中①～④说明：

①水泥撑柱规格：3 000mm×100mm×100mm，顶部预埋 φ12 圆钢长 200mm，预埋时，外露 30mm。

②水泥立柱规格：2 500mm×100mm×100mm，顶部柱顶往下 200mm 处，预埋 φ14 圆钢，长 100mm，外露 20mm，垄中水泥柱间距 5 400mm，东西两边水泥立柱间距 2 700mm，以后建造避雨棚时，拉一根 φ20 热镀锌通讯线，连接各避雨棚，形成整体，增强抗风能力。

③根据用户的经济条件与要求，可采用下列两种方式：

a. 用 φ20 热镀锌厚壁管焊接，再将 3 000mm 撑柱焊接于 φ20

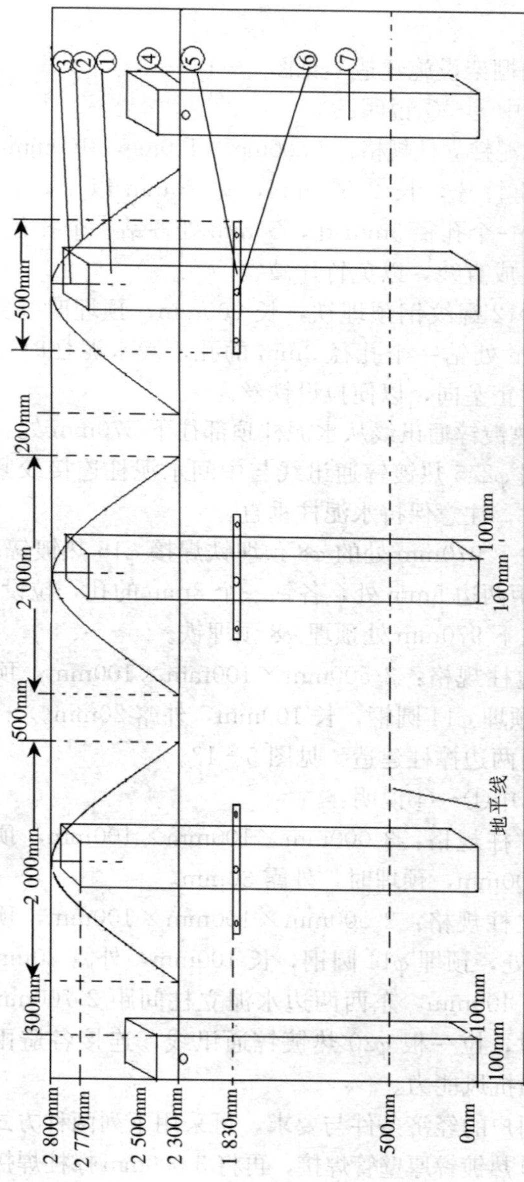

图 5-12 避雨棚架中间设施建造示意图

热镀锌管上。

b. 用 φ3.0 以上热镀锌通讯线连接水泥立柱，在拉设通讯线时，每根水泥立柱旁串一根 φ10 长 30mm 热镀锌厚壁管，再将 3 000mm撑柱焊接于 φ10 热镀锌管上，再将撑柱用 φ20 通讯线与水泥立柱绞紧。

④撑柱脚长、宽、深为 400mm×300mm×500mm 的混凝土长方体固定，混凝土长方体低于地面 100mm 左右，预制时注意保持水泥立柱垂直和撑柱脚密实。

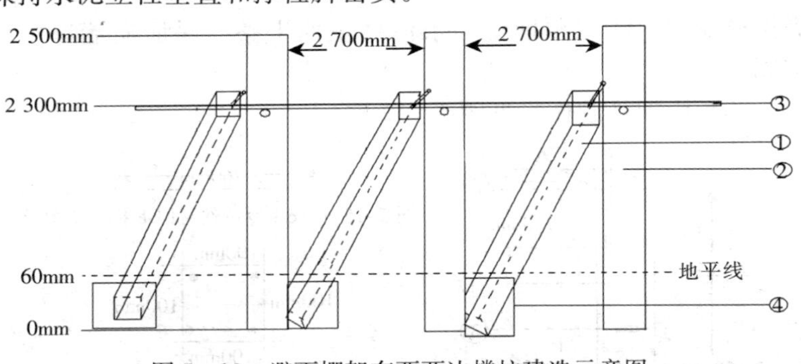

图 5－13　避雨棚架东西两边撑柱建造示意图

（4）南北两头挡柱制作　见图 5－14。

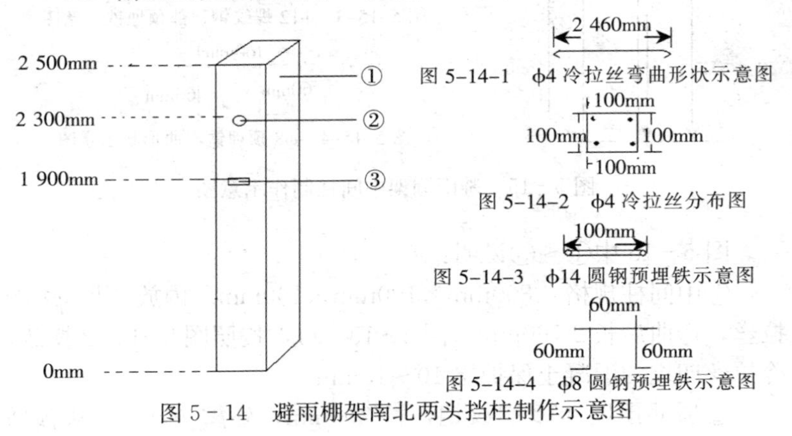

图 5－14　避雨棚架南北两头挡柱制作示意图

图 5－14 中①～③说明：

①南北挡柱规格：2 500mm×100mm×100mm，内放四根 φ4 冷拉丝，每根长 2 500mm，弯曲后长 2 460mm（图 5－14－1），预埋时参照图 5－14－1 形状，图 5－14－2 摆放，四周边均要有 10～15mm 混凝土保护层。

②柱顶往下 200mm 处，埋好 φ14 圆钢 100mm 长，埋入 80mm，外露 20mm（图 5－14－3）。

③柱顶往下 600mm 处埋入 φ8 圆钢如图 5－14－4 所示形状，焊接横端用，注意预埋铁与水泥柱正面平整，保证横端焊接后牢固。

（5）中间柱制作　见图 5－15。

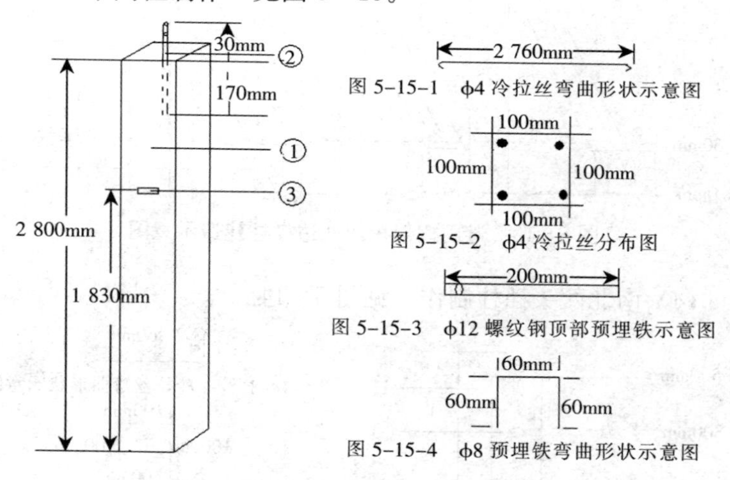

图 5－15　避雨棚架中间柱制作示意图

图 5－15 中①～③说明：

①中间柱规格 2 800mm×100mm×100mm。内放 4 根 φ4 冷拉丝，弯曲后长 2 760mm（图 5－15－1），按照图 5－15－2 摆放，冷拉丝四周的混凝土保护层 10～15mm。

②顶部预埋 Φ12 螺纹钢，长 200mm，外露 30mm，从预埋

铁顶部往下 5mm 处，钻一个 3mm 的孔，预埋时，注意孔必须正对柱子的正面，以便拉线（图 5－15－3）。

③从顶部往下 970mm 处，预埋 φ8 圆钢，如图 5－15－4 所示，焊接横挡用，注意预埋铁与水泥柱正面平整，以保证焊接后的牢固。

（6）撑柱制作　见图 5－16。

图 5－16 中①～②说明：

①撑柱规格 3 000mm×100mm×100mm。内放 4 根 φ4 冷拉丝，长 3 020mm，两端各弯曲 30mm，弯成型后长2 960mm（图 5－16－1）。φ4 冷拉丝的分布如图 5－16－2，混凝土保护层 10～15mm。

②顶部预埋 φ12 圆钢，长 200mm，外露 30mm（图 5－16－3），不需要钻孔，预埋时保证周边混凝土密实，确保预埋牢固。

图 5–16–1　ϕ4 冷拉丝弯曲示意图

图 5–16–2　ϕ4 冷拉丝分布示意图

图 5–16–3　ϕ12 圆钢预埋铁示意图

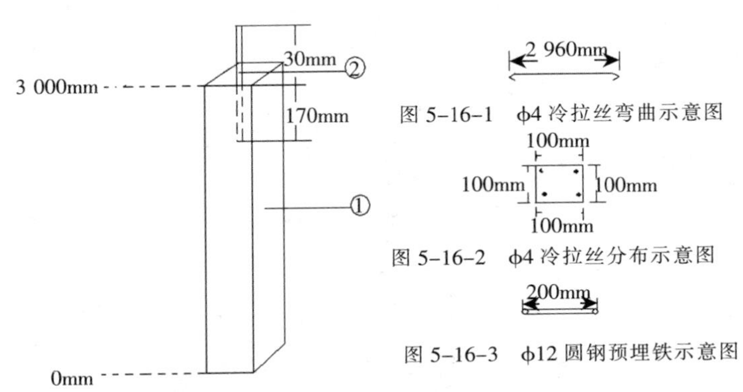

图 5－16　避雨棚架撑柱制作示意图

（7）东西向边柱制作　见图 5－17。

图 5－17 中①～②说明：

①东西边柱规格：2 500mm×100mm×100mm。内放 4 根 φ4 冷拉丝，长 2 500mm，弯成型后长 2 460mm（图 5－17－1），按图 5－17－2 分布，混凝土保护层 10～15mm。

②柱顶往下 200mm 处，预埋 φ14 圆钢，长 100mm，外露 20mm（图 5－17－3）。

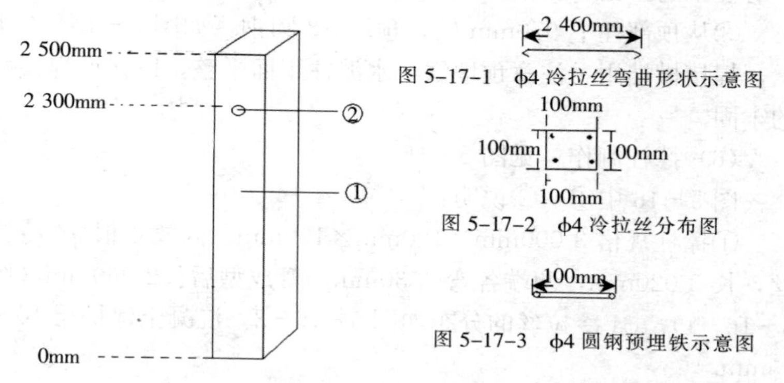

图 5-17-1　ϕ4 冷拉丝弯曲形状示意图

图 5-17-2　ϕ4 冷拉丝分布图

图 5-17-3　ϕ4 圆钢预埋铁示意图

图 5－17　避雨棚架东西向边柱制作示意图

第六章

土、肥、水管理

一、土壤管理

土壤是各种植物赖以生存的基础。葡萄从定植到衰亡的整个生长过程，都要连续不断地从土壤中吸收大量的水分和营养物质，以满足其生长发育的需要。因此，葡萄园的土壤管理是整个葡萄栽培管理中最基本也是最重要的技术措施之一，特别是在土质瘠薄的山地、丘陵地建园，一般需要通过深翻改土和加厚活土层为获得丰产、优质的葡萄提供基本保证。

（一）深翻改土

深翻改土是土壤管理的重要内容，深翻可以疏松土壤，提高土壤肥力，扩大根系分布的范围，主要分为建园定植前的深翻或挖定植沟等来对土层进行深翻改良，以及之后葡萄园日常管理中进行的土壤翻耕。

在未耕种过的荒地，特别是沙荒地建园，由于土壤过于瘠薄，有机质和速效养分含量低，最好先种绿肥植物在盛花期翻入土壤，可以大大提高土壤肥力，改良土壤结构。葡萄园定植前一般翻耕的深度通常为60～100cm，但在地下水位高的地段翻耕不宜过深，土壤中有石砾或纯沙不良结构层的园地，深翻的深度以不超过不良结构层为宜。

在新建葡萄园时须挖定植沟、施足基肥。为了避免主干深埋，最好在定植前一个季节挖好定植沟，待土壤下沉紧实后再定植葡萄，如果是随挖沟随定植，则土墩要加高。地下水位高的地段，挖沟深度以见地下水为度，而且墩要加高并采用高畦栽培。

虽然在建园时对定植沟内的土层进行了深翻改良，但在定植沟以外的大部分土层尚未熟化，使葡萄根系生长幅度局限在定植沟的范围之内。为继续创造一个适于葡萄根系生长的土壤环境，需要在葡萄定植后的最初几年，尽早对定植沟以外的生土层进行深翻熟化。

1. 土壤翻耕的作用 葡萄是喜肥喜水作物，根系发达。翻耕可起如下作用：①改变土壤的水、热、气状况。翻耕时结合施有机肥，则效果更佳，不仅可以疏松耕作层，而且还可以改变土壤板结的现象，对上、中、下三层土壤都起作用。深翻压绿可增加土壤的孔隙度，降低容重，增加有机质，土壤保肥保水能力增强，成为葡萄植株的养料库，为葡萄丰产稳产提供物质基础。②通过翻耕，根系显著增加，引根深扎，扩大了根群的吸收范围，能促进根系生长。③有利树势的增强和提高产量。无论是枝梢生长量，还是叶幕层体积和单株产量，都有明显提高。

2. 深翻范围 应在定植后的最初几年和深施基肥结合起来，逐渐扩大深翻范围，最后达到全园深翻。深翻的深度当然尽可能深，棚架行距大，可以适当加深；而篱架行距小，可适当浅耕。一般深翻 50～60cm。深翻时应注意，新沟和旧沟不要重叠过多，也不能与旧沟相距远了，若两沟之间出现隔离层，会有碍于根系延伸生长。

3. 深翻时间 南方地区以采果后结合秋施基肥（9～11 月）进行效果最佳，节约了劳动力。同时，由于此期地温较高，伤根易愈合，尚可发新根，有利于翌年生长、结果。且由于结合施基肥，有利于树体贮藏营养的积累，从而促进葡萄根系的活动及树体的生长发育。北方各省冬季严寒，春天干旱，如果在冬春两季进行深翻改土，若不能及时回填，往往使根系受冻和土壤失水干旱而影响葡萄生长发育。应选择夏天雨季或秋天间作物收获以后，直到地结冻以前的时间进行。因为夏秋季节，降雨多、土壤湿度大，通过深翻晒土，减少一些土壤水分，反而起到抑制根的水分吸收作用，有利于枝蔓成熟，此时温度高，有利于切断根系的愈合。

4. 深翻方式　深翻的方式需因地形和土壤灵活采用。

（1）深翻扩穴（放树窝子）　采用定植穴定植的葡萄定植数年后，再逐年向外深翻扩大栽植穴，直至株间全部翻遍为止，适合劳力较少的葡萄园。这种方法每次深翻范围小，需 3～4 次才能完成全园深翻。每次深翻可结合施入粗质有机肥料。

（2）隔行深翻　即隔一行翻一行。山地和平地葡萄园因栽植方式不同，深翻方式也有差异。等高撩壕的坡地葡萄园和里高外低梯田葡萄园，第一次先在下半行进行较浅的深翻施肥。下一次在上半行深翻把土压在下半行上，同时施有机肥料，这种深翻应与修整梯田等相结合。平地葡萄园可实行隔行深翻，分两次完成，每次只伤一侧根系，对葡萄生育的影响较小。行间深翻便于机械化操作。

（3）全园深翻　将栽植穴以外的土壤一次深翻完毕。这种方法一次需要劳力较多，但翻后便于平整土地，有利果园耕作。

上述几种深翻方式，应根据葡萄园具体情况灵活运用。一般小树根量较少，一次深翻伤根不多，对树体影响不大，成年树根系已布满全园，以采用隔行深翻为宜。山地葡萄园应根据坡度及面积大小而定，以便于操作，有利于葡萄生长为原则。

5. 深翻方法　在山坡石头多、平川土黏重的葡萄园深翻改土时，应考虑用客土法，将优质沙壤土或园田壤土拌入有机质、有机肥料填到深翻沟中，使土壤彻底更新。其他园地的深翻改土可参照建园时定植沟土壤改良的方法进行。

6. 深翻注意事项

（1）深翻扩穴时一定要注意与原来定植穴打通，不留隔墙，打破“花盆”式难透水的隔墙，隔行深翻应注意使定植穴与沟

相通。

对于撩壕栽植的葡萄园，宜隔行深翻，且应先于株间挖沟，使扩穴沟与原栽植沟交错沟通，并与坎下排水沟相通，彻底解决原栽植沟内涝问题，对于黏重土果园尤为重要，以达到既深翻改土又治涝的目的。

（2）深翻一定结合施有机肥。深翻时，将地表熟土与下层的生土分别堆放，回填时须施入大量有机物质和有机肥料。生土与碎秸秆、树叶等粗有机物质分层填入底层，强酸性土壤掺施适量石灰；熟土与有机肥、磷肥等混匀后填在根系集中层。每翻 $1m^3$ 土加施有机肥 20～40kg。

（3）深翻深度应视土壤质地而异。黏重土壤应深，并且回填时应掺沙；山地果园深层为砂砾时宜较深，以便拣出大的砾石；地下水位较高的土壤宜浅翻，以免使其与地下水位连接而造成危害。

（4）深翻时尽量少伤根，以不伤骨干根为原则。如遇大根，应先挖出根下面的土，将根露出后随即用湿土覆盖。伤根剪平断口，根系外露时间不宜过长，避免干旱或阳光直射，以免根系干枯。

（5）深翻后必须立即浇透水，使土壤与根系密切接合，以免引起旱害。

（二）清耕

为满足葡萄根系生长发育的需要，在日常的土壤管理中要保持土质疏松、肥沃，并经常注意改善土壤的透气性、增加有机质。清耕法是指在果园内不间作作物，在生长季内多次浅清耕、松土除草，一般在灌溉后或根据杂草生长情况进行清耕除草，以保持果园表面裸露的一种土壤管理方法。清耕的目的是清除杂草，减少水分蒸发和养分消耗，改善土壤通气条件，促进微生物活动，增加有效养分，减少病虫害，防止有害盐类上升等。清耕应根据当地气候和杂草生长情况而定，在杂草出苗期和结籽前进行除草效果更好。清耕深度一般为5～10cm，里浅外深，尽量避免伤害根系。对于幼年园，为避免杂草与葡萄争夺肥水，可结合间作物的管理，多次清除树盘杂草，以保持疏松无杂草的土壤环境。

采用清耕法的果园松土除草时虽然可避免杂草与果树争夺养分与水分，也可使土壤保持疏松通气，在葡萄幼苗期可避免其与杂草竞争营养，有利于幼苗的生长。但是长期使用清耕法的果园土壤表面裸露，表土流失严重，团粒结构易受破坏，土壤有机质含量降低快，增加了对人工施肥的依赖，也容易出现各种缺素症，造成树势减退以及生理障碍，并且劳动强度大、费时费工，不适合在果园长期施用此法。

（三）生草

生草栽培是在葡萄园的行间实行人工种草或自然生草，这是国外常采用的土壤管理方法。若采用人工种草，一般可在葡萄行间种苜蓿、草木樨、三叶草等禾本科草类，而自然生草则可利用果园内自然生长的草，根据草的种类尽量留取低矮、根系浅的种类，不对其耕锄，注意控制草的高度。

采用生草栽培的优点是土壤不用耕作，从而减弱了雨水对地表土层的冲刷，防止水土流失，增加了土壤有机质，改善了土壤的理化性状，促进土壤团粒结构的发育。生草还可以调节地面温度，在南方高温和地下水位低的地区，夏季覆草可以降低地温，防止土壤淋失，减少土壤水分蒸发，有利根系的生长。生草可以在全园进行，也可以在行间生草、行内清耕。

但为了防止草与葡萄争夺肥水，必须在适当的时间进行割埋处理，以保证葡萄枝蔓的生长和果实的发育，这种措施称作刈割。在干旱地区，刈割或绿肥覆盖地面并在其上培土，可以达到增肥保水的目的。需要注意在每次割草后应增施氮肥，以补充葡萄生长的需要，避免杂草与葡萄争夺氮肥。葡萄园的草经多次刈割后覆于行间，既可降温保湿，又可增加土壤有机质及有效磷、钾、镁的含量，并且可以改良土壤结构。

（四）种植绿肥

在幼年葡萄园，最好采用每年间种冬、夏季绿肥的制度。6～8月正是夏季绿肥（大叶猪屎豆、印度豇豆、豇豆、饭豆、绿豆等）收获季节，必须将绿肥直接压入土中。绿肥的翻压时间最好选择在鲜株产量和养分含量最多，且木质化程度较低的时期进行。翻压过早，鲜草产量低；翻压过迟，不利于养分的分解。翻压的适期大致是：豆科作物在初花至盛花期，田菁在现蕾期。

冬季绿肥主要有肥田萝卜（又称满园花）、油菜、燕麦、黑麦、豌豆、苕子、紫云英、黄花苜蓿、蚕豆、三叶草等。不同的绿肥种类播种期稍有差异。一般在9～10月播种，宜早不宜迟。

常用的方法：

（1）行间带状种植　此法适合于行间较宽的葡萄园。梯田梯壁上均可种绿肥。

（2）全园种植　多用于倾斜地水土易流失的地区，其抗旱效果优于覆盖。

（3）播种时以磷肥拌种效果较好，一般多数绿肥每公顷播种量45～75kg。提倡混播，如紫云英中混播满园花（即肥田萝卜），由于紫云英固氮多，满园花直立生长，可充分利用空间，满园花还可以吸收土壤中难溶性磷、钾肥多，混播可提高氮、磷、钾的总体水平。同样，箭舌豌豆中也可混播一些满园花、燕麦等。

（4）播种前若土壤过干，则宜先灌水后翻耕。播种后若遇秋冬干旱，应灌溉润湿土面，使出苗整齐，苗生长壮实。立春后气温回升，注意追施尿素或稀薄人畜粪，促进绿肥生长。

（五）合理间作

间种是提高土地利用率，增加物质生产和经济效益的一项有效土壤管理措施。不仅幼龄葡萄行间可以间种经济作物，而且成龄葡萄架下也可间种耐阴的药材、食用菌等。

1. 间作物的选择原则　间作物植株要矮小，不影响葡萄光照；生育期要短，避开葡萄旺盛生长期，充分利用“时间差”；与葡萄没有共同的病虫害，而且用药时对两种作物都不产生伤害；不与葡萄发生剧烈的水分和养分竞争，不影响葡萄的生长发育；间作物有较高的经济效益等。

2. 间作物的种类　总结我国各地的生产经验，葡萄园间作物大致有如下八大类：

①豆类　大豆、小豆、绿豆、蚕豆、豌豆、矮生菜豆等。

②薯类　马铃薯、红薯等。

③瓜果类　草莓、西瓜、香瓜、甜瓜等。

④蔬菜类　胡萝卜、萝卜、冬瓜、角瓜、菠菜、葱、小白菜。

⑤矮小花、草类　各种一年生矮小草本花卉、多年生矮小木本花卉、各种草坪等。

⑥根生作物类　甜菜、花生等。

⑦矮小苗木类　葡萄苗、花卉灌木苗、菜秧等。

⑧食用菌和中药材类　如木耳、香菇、草菇、金针菇等；细辛、天麻等。

3. 间种的要求　间作物应与葡萄植株定植点相距 0.5m 以上；葡萄开花期和浆果着色期，间作物尽量不灌水，以免影响葡萄坐果和着色；间作物不能使用含有 2，4－D 成分的农药和除草剂，以防伤害葡萄叶片。

（六）地面覆盖

在葡萄园内进行地面覆盖可抑制杂草生长、减少地面蒸发、防止水土流失，对于稳定土壤温、湿度等均有明显作用。地面覆盖可以选择地膜，或秸秆、稻草、山草等材料。

现今在葡萄栽植畦上采用地膜覆盖的较多，一般在萌芽前后进行覆盖，覆盖地膜后有许多优点：①物候期提前。覆膜后地温提高，使根系提早活动，果实提早 4～6d 成熟。②有利于根系生长发育。使骨干根总数增多，细根数量在 25cm 以上土层内增加

1倍多，而中下层反而有所减少。③茎粗叶茂。地下吸收能力增强，地上枝叶健壮，从而使光合作用加强，同化产物增加。④抗病性增强。由于增强了树势，抗病力明显提高，有试验结果表明叶片发病率下降45%，果穗发病率下降97%。⑤提高品质和产量。有试验结果表明，平均提高糖度1%左右，平均粒重增加15%，穗重增加10%左右。⑥防止杂草生长。减少水土、养分流失。

也可用稻草、杂草、山青、秸秆、锯木屑、塘泥等作为覆盖的材料，在旱季前中耕后覆盖于树盘或全园，树盘覆盖时一般每株用鲜料70～100kg。覆盖物经分解腐烂后成为有机肥料，可改良土壤。

但在园地进行地面覆盖的缺点是容易导致葡萄根系上浮，在北方地区冬季葡萄根系应加强防寒，南方地区旱季应增加灌水，以防土壤干裂造成表层断根。

（七）免耕

免耕法，又称最少耕作法或保护性耕作法，即尽量对土壤不进行耕作，栽种时仅满足种子或果树得到恰当的覆盖即可，土壤应保留前茬经济作物或绿肥作物残茬覆盖，栽种后这些作物残茬大部分应保留在未扰动的土壤表面。

免耕系统中作物残茬还田，可以减少成本和降低能耗，不但保护了土壤，而且通过碳循环过程促进了植物碳向土壤有机质和腐殖质的转化，有助于控制侵蚀及改善土壤入渗能力，增加土壤肥力，促进养分元素循环，减少土壤板结，改善水质，减少土壤碳排放，抑制土壤害虫活动。

在实行免耕法的同时，有的利用除草剂来灭除杂草。这种方法的优点是工效高、节约劳力、降低生产费用。土壤不耕作后，土壤结构不受影响，能保持良好的状态，葡萄根系生长不受影响。但缺点是使用除草剂有污染土壤之嫌，且肥料不易随时补充。而且，绿色果品不能使用除草剂，不符合绿色果品的要求，

种植者应引起高度重视，保证果品无污染。

使用除草剂时要注意：

在园区内未硬化的道路上

①使用草甘膦、克无踪、2甲4氯等除草剂时，应避免将药液喷到葡萄叶上，以免产生药害。

②阿特拉津（莠去津）和2,4-D极易对葡萄植株产生药害，要谨慎使用。

③喷药力求均匀周到，对宿根性杂草地面茎叶喷雾应达湿润滴水为度。

④应先查清葡萄园杂草种类及发生情况，再确定选用除草剂的种类和用量，避免盲目喷施除草剂。

⑤为增加药效、降低成本，也可混合柴油、硫酸铵或黏着剂等。喷用除草剂，应在晴天无风、叶面露水已干时进行，并在喷头上加除草喷雾罩。

二、营养与施肥

（一）营养元素的生理效应

1. 葡萄所需营养元素及其生理功能　葡萄在整个生命活动中，营养物质需要量较大的有氧、氢、碳、氮、磷、钾、钙、镁等元素，这些元素一般称为多量元素；硼、铁、锰、锌、钴、钼、钠、氯、铜等需要量少，但对葡萄的生长发育有很大的作用，因而称为微量元素。除氧、氢、碳外，其余元素主要由根系吸收到植株内部，有时也可从绿色部分渗入体内，如叶面喷肥。

（1）大量元素

①氮　氮是组成各种氨基酸和蛋白质所必需的元素，而氨基酸又是构成植物体中的核酸、叶绿素、磷脂、生物碱、维生素等物质的基础。氮肥在葡萄整个生命过程中主要促进营养生长，扩大树体，使幼树早成形，老树延迟衰老，因而氮肥又被称为“枝肥”或“叶肥”。此外，氮还具有提高光合效能，增进品质和提

高产量的效应。由于氮素是叶绿素、蛋白质等的重要组成部分，因此，缺氮时叶色黄化，影响碳水化合物和蛋白质等的形成，枝叶量少，新梢生长势弱，落花落果严重；长期缺氮，则导致植株利用贮存在枝干和根系中的含氮有机化合物，从而降低植株氮素营养水平，具体表现为萌芽开花不整齐、根系不发达、树体衰弱、植株矮小、抗逆性降低、寿命缩短。

随着氮素施用量的加大，产量也相应增加，但如施用量过多，其他各种矿质元素不能按比例增加时，又会引起枝叶徒长，消耗大量碳水化合物，影响根系生长，花芽分化受阻，落花落果严重，产量低，品质差，植株的抗逆性降低。因此，只有适时适量供应氮素，才能保证葡萄植株生命活动的正常进行。

②磷　磷是构成细胞核、磷脂等的主要成分之一，积极参与碳水化合物的代谢和加速多种酶的活化过程，调节土壤中可吸收氮的含量，促进花芽分化、果实发育、种子成熟，增加产量和改进品质；还能提高根系的吸收能力，促进新根的发生和生长，提高抗寒和抗旱能力。

缺磷，酶的活性降低，碳水化合物、蛋白质的代谢受阻，影响分生组织的正常生长活动，延迟萌芽开花物候期，降低萌芽率；新梢和细根的生长减弱；叶片小，积累在组织中的糖类转变为花青素，叶片由暗绿色转变为青铜色，叶缘紫红，出现半月形坏死斑，基部叶片早期脱落；花芽分化不良，果实品质和植株抗逆性降低。磷素过多又会抑制氮、钾的吸收，并使土壤中或植物体内的铁不活化，植株生长不良，叶片黄化，产量降低，还能引起锌素不足。因此，在施磷肥时，要注意氮、钾等元素间的比例关系。

③钾　钾对碳水化合物的合成、运转、转化起着重要的作用，可促进果实肥大和成熟，提高品质和耐贮性，并可促进枝条加粗生长和成熟，提高抗寒、抗旱、耐高温和抗病虫害的能力。葡萄是喜钾的作物，整个生长期间都需要大量的钾，尤其是在果实成熟期的需要量最大，因而有“钾质作物”之称。缺钾的可见

症状出现在夏初新梢中部的叶片上，首先是叶缘褪绿黄化，逐渐进入主脉间区域，并向叶片中央延伸。叶缘出现的褪色枯斑向上或向下卷曲，叶片逐步变成黄绿色。钾在葡萄各器官的分布随物候期而变化，由于钾的可移动性强，因而以生长旺盛部位及果实内含钾最多，晚秋葡萄进入休眠期，钾又可运转到根部，有一部分随落叶回到土壤中。

④硫 硫是生命物质的必要组成元素。没有硫，作为生命基础物质的蛋白质也不能形成，因为几乎所有的蛋白质都离不开含硫氨基酸。所以，硫被认为是植物的第四营养物质，其需要量排在氮、磷、钾之后。硫的需要量约为氮的 1/7，和磷相似。硫是蛋白质、氨基酸、维生素、辅酶的组成成分，它的重要性仅次于氮。硫有助于酶和维生素的形成，影响叶绿素的形成和光合作用的进行，与色素、乙烯和次生代谢物的生成相联系。硫能维持细胞膜的结构，增强抗逆性。葡萄吸收的硫，是硫酸形态的硫，称有效硫。硫酸盐（如硫酸铵）是主要的速效性硫肥。有机质是大多数土壤中硫的主要来源，有机质的含量和微生物的分解速率，影响葡萄吸收有效硫的量。硫酸盐形态的硫带有负电荷，不易被土壤胶体颗粒所吸收，留在土壤溶液中并随水流动，所以容易被淋失，尤其是降水多的沙地，更易流失。

⑤钙 钙在植物体内起着平衡生理活性的作用，适量钙素可减轻土壤中钾、钠、锰、铝等离子的毒害作用，使植株正常吸收铵态氮，促进根系的生长发育。钙还是细胞壁的组成部分。缺钙会影响氮的代谢和营养物质的运输，不利于铵态氮吸收，蛋白质分解过程中产生的草酸不能很好地被中和而对植物产生伤害。缺钙的主要表现是：新根短粗、弯曲，尖端不久褐变枯死；叶片较小，严重时枝条枯死和花朵萎缩。缺钙与土壤 pH 或其他元素过多有关。当土壤强酸性时，则有效钙含量降低，含钾量过高也造成钙的缺乏。钙素过多，土壤偏碱性而板结，使铁、锰、锌、硼等成为不溶性，导致果树缺素症的发生。

⑥镁　镁是叶绿素和某些酶的重要组成成分，对植株的光合作用和呼吸代谢有一定的影响。镁也可促进果实肥大，增进品质。缺镁使叶绿素不能形成，出现失绿症，尤其在叶脉之间形成黄绿色、黄色或乳白色，植株生长停滞，严重时新梢基部叶片早期脱落。

（2）微量元素

①硼　硼能改进糖类和蛋白质的代谢作用，促进花粉粒的萌发和子房的发育；有利于根的生长及愈伤组织的形成；能提高维生素和糖的含量，增进品质。

缺硼会使花芽分化、花粉的发育和萌发受到抑制，坐果率明显降低。叶片缺硼的症状既像皮尔氏病（Pierce's Disease），也像西班牙麻疹病（Spanish Measles）。幼叶出现油渍状的黄白色斑点，叶脉木栓化变褐，老叶发黄向后弯曲，花序发育瘦小，豆粒现象严重，种子发育不良，果形变弯曲。硼主要分布在生命活动旺盛的组织和器官中。葡萄一般花期需要硼较多，如能在花期酌情喷硼，可减少落花落果，提高坐果率。

②锌　锌参与生长素的合成，又是碳酸脱氢酶的组成成分。缺锌的典型症状是小叶病，即新梢顶部叶片狭小或枝条纤细，节间短，小叶密集丛生，质厚而脆，严重时从新梢基部向上逐渐脱落。这是由于锌的缺乏，导致了生长素含量低而引起的生长异常。缺锌还造成果穗上大小粒现象，但果粒不变形或不出现畸形果粒。

锌肥如硫酸锌，可与有机肥混合后土施，也可叶面喷施。土施的常用量为每公顷4～11kg；叶面喷施的浓度为0.2%～0.4%。土施有效期长，效果缓慢；叶面喷施，效果较快，但有效期短。

③铁　铁是光合作用中氧化还原的触媒剂，又与叶绿素的形成有密切关系；铁还是呼吸作用中氧化酶的重要组分之一。缺铁会影响叶绿素的形成，幼叶失绿，叶肉呈黄白色，叶脉仍为绿

色，所以缺铁症又称黄叶病。严重缺铁时，叶小而薄、叶肉呈黄白色或乳白色，随病情加重，叶脉也失绿呈黄色，叶片出现栗褐色的枯斑或枯边，逐渐枯死脱落，甚至发生枯梢现象。植株一般能利用的为2价铁，往往土壤中含铁量很高，但由于是3价铁而不能被植株利用，仍表现为缺铁症。

④锰 锰是酶的组成成分，能激化几种重要的代谢反应，通过帮助叶绿素的合成而在光合作用中发挥作用。锰能加速萌发和成熟，增加钙、磷的有效性，提高维生素C的含量。缺锰时，幼叶叶脉间黄化，叶片边沿变黄。碱性土壤易出现缺锰症状，土壤水分过多，也会影响锰的有效性。发现土壤缺锰时，可将可溶性锰盐如硫酸锰与有机肥混合后施入，也可叶面喷施。一般用量是每公顷11kg左右。葡萄是对锰敏感的果树，施肥时应注意施锰，特别是碱性土上的葡萄园。

⑤铜 铜为叶绿素合成所需，且能催化若干生物过程。铜制剂波尔多液作为葡萄的杀菌剂，已经应用了一百余年，对葡萄的丰产起到了重要作用，并且获得了丰产，所以人们较少研究铜在葡萄生长发育过程中的生理作用。但一般认为铜在植物体内可以1价或2价阳离子存在，在氧化还原过程中，起电子传递作用。铜是某些氧化酶的组成成分；叶绿素中有1个含铜的蛋白质，因此，铜在光合作用中起重要作用。

⑥钼 钼是形成硝酸还原酶所必需的，这种酶在葡萄树体内可把硝酸盐还原为铵，被葡萄所吸收和利用，所以钼对光合作用和生长发育都有重要作用。钼在无机磷转化为有机磷的过程中，也有重要作用。缺钼时整株黄化，生长缓慢，枝条变形，叶片出现淡绿色斑点，果实着色不良。缺钼症状的轻重，与土壤pH有关。随着土壤pH增高，钼的有效性增大，这与其他微量元素相反，所以酸性土壤易缺钼。多施磷酸盐有利于葡萄吸收钼，而多施硫酸盐，则可能诱发缺钼。将钼酸钠、钼酸与氮、磷、钾配合施用或叶面喷施，对矫正缺钼症状，都有效果。

⑦氯　在光照条件下，参与水的化学分解，并能活化某些酶系统。它有助于钾、钙、镁离子的运输，并能通过帮助调节气孔保卫细胞的活动，控制水的散发损失。氯在土壤中的移动性很强，含量也很丰富，所以很少发生缺氯症状，而比较常见的是因管理不当，土壤中氯的含量过高，对葡萄造成的毒害。

⑧钛　钛作为一种无机营养元素还未在葡萄生产上广泛应用。但有研究报道，在玫瑰香初花期和幼果期喷布 20mg/L、30mg/L、50mg/L、100mg/L 的硫酸亚钛水溶液，其中后三种处理比对照分别增产 18%、17%和 24.3%，可溶性固形物含量增加 1.02%～1.67%，可滴定酸含量增加 0.10%～0.27%，维生素 C 含量增加 0.49～1.13mg，提早成熟 5～7d。产生这些效果的主要原因是由于硫酸亚钛水溶液增加了叶片中叶绿素含量。

⑨硝酸稀土　稀土是镧系元素和钪、钇等 17 种元素的总称。目前用于农业上的稀土化合物主要是镧、铈、镨、钕等 4 种元素。稀土元素作为微量元素应用于葡萄生产，可以提高浆果产量和品质，但其作用机制有待于进一步研究。

2. 营养元素之间的相互关系

（1）相助作用　当一种元素进入果树体内，另一种元素或多种元素随之增加；或土壤中由于某一元素的存在，促进另一元素或多种元素被根系吸收，称相助作用，或协作作用。如树体内适量氮素可促进镁的吸收；适量锰素可提高植物对硝酸盐和铵盐的利用，因为锰是硝酸盐的还原剂，又是铵盐的氧化剂；钾可以促进氮的吸收，对氮的代谢产生直接影响；适量的镁，可促进磷的吸收和同化；铁（^{55}Fe）和碳（^{14}C）的螯合剂可为植物所吸收等。

（2）相克作用　当一种元素增加，另一种元素就减少，这种现象称相克作用。氮与钾、硼、铜、锌、磷等元素间就存在相克作用。如过量施用氮肥而不相应地施用上述元素，树体内钾、硼、铜、锌和磷等元素的含量就相应减少。

相助和相克作用发生于大量元素和微量元素、阳离子和阴离子之间，且一种元素的存在形式与其他元素间的关系也有不同的表现。当离子在溶液中的浓度变化时，元素间的关系也发生变化。相克作用影响元素间的关系有三种形式，即元素间的竞争而影响元素的吸收，或阻碍元素的运输，或元素到达目的地而不能被吸收和利用。如钾、镁间存在相克作用，钾过多则表现缺镁，镁的缺乏又会导致锌、锰的不足。镁在植物体内是磷的载体，当果园土壤缺镁时，即使大量施磷，植株也不能吸收，而大量施磷后又会发生缺铁和缺铜症。增施氮肥，不相应地增加磷、钾肥，就会出现磷、钾不足，植株徒长，结果量少。所以，在施氮肥的同时，必须配合适量的磷、钾肥。反之，若氮肥不足，又会出现钾肥过剩的现象，从而影响氮的吸收，也会造成生长不良的后果。

3. 缺素原因与缺素症矫正

（1）缺素原因分析　葡萄缺素的原因很复杂，有土壤、品种和砧木因素，也可由栽培技术不当引起。

①土壤发育的基础条件不同，出现土壤中缺乏某些元素。例如，缺乏有机质的风积沙土多为贫氮、缺硼；淋溶性强的酸性沙土多为贫钾少锌；酸性火成岩发育而来的土壤，多为贫钙；碱性土、排水不良的黏土，多为缺钾；由花岗岩、片麻岩风化而成的土壤，多为贫锌；由黄土母质发育而成的土壤，多为贫铜等。

②土壤中含有的元素，由于干旱无水不能成为溶液，或溶液pH不适宜而成为不可给态，或元素被土壤颗粒吸附固定，或元素间的不协调而影响一些元素不能被根系所吸收等。

③由于土壤管理不善，如土壤板结缺少氧气，固、气、液三相比例失调，使养分成为不可给态；因早春和冬季气温低或夏秋高温，限制根系的活动和某些元素的吸收等。

④由于品种对土壤性质不适应，如康太葡萄在石灰质土壤中栽植，造成严重缺铁、缺锌，出现叶片黄化、新梢节间缩短、叶

小丛生等症状。

⑤栽培技术不当，也常引起缺素症。如老园改造时在原栽植沟上重栽、葡萄苗圃连年重茬，土壤中积累一些有毒物质，影响某些元素的吸收；施肥不科学，造成肥分流失或不到位等。

（2）缺素症的矫正　通过上述感官诊断后，还可对组织（如叶片）的营养元素进行分析，确定其是否缺乏某种营养元素，一旦确定之后，又须对土壤的营养元素进行分析，弄清是土壤缺素，还是植株不能利用土壤中的营养元素，然后给以矫正。如果土壤缺乏营养，就要进行施肥；如果不是由于土壤营养不足，而是营养元素被固定而不能被利用，就应该进行土壤改良，使其释放营养元素。为此，采用葡萄叶柄营养诊断和土壤养分测定相结合的方法是值得借鉴的。

（二）肥料的种类

肥料主要分有机肥、矿质肥及生物肥三种。

1. 有机肥料　有机肥料是动、植物的有机体和动物的排泄物，经微生物腐熟后形成的有机质。生产上常用的有厩肥、禽粪、堆肥、饼肥、人粪尿、灰肥、骨粉、土杂肥、垃圾、绿肥等，所含营养元素比较全面，除含有氮、磷、钾主要元素外，还含有微量元素和各种生理活性物质（包括激素、维生素、氨基酸、蛋白质、酶等），故称为完全肥料。

施用有机肥，不仅能供给植物所需的营养元素和各种生理活性物质，而且能增加土壤的腐殖质，改良土壤结构，提高土壤活性和保肥保水能力，从而改善土壤的水、肥、气、热状况，并可缓和施用化肥后的不良反应（土壤板结）和提高化肥施用效果。

多数有机肥需要通过微生物的缓慢分解释放才能被葡萄根系所吸收，在整个生长期可以继续不断地发挥肥效，以满足葡萄不同生长阶段、不同器官发育对营养元素的全面需要，从而避免元素流失和元素间相克等引起的缺素症的产生，故有机肥料多作基肥施用。

2. 矿质肥料　矿质肥料是指从地矿、海水、空气中提取营养元素，经化学方法合成或物理方法加工而成的单元素和多元素肥料，因不含有机质，故又称无机肥料或简称化肥。

化肥是现代工业发展的产物，具有多种类型，有由一种元素构成的单元素化肥；由两种以上元素组成的复合化肥；有粉状、结晶体、颗粒型和液体化肥。化肥的基本特点是养分元素明确，含量高，施用方便，易保存，一般易溶于水，分解快，易被植株吸收，肥效快而高。但是长期使用化肥，也给生产带来很多弊端：易使土壤板结，土壤结构及理化性状恶化，导致土壤的水、肥、气、热不协调；施用不当，易导致缺素症的发生，也易产生肥害，或被土壤固定，或发生流失，造成很大浪费。

3. 生物肥料　生物肥料又可以叫做微生物肥料或生物菌肥，是一种含有微生物的活体肥料，主要是靠它含有的大量有益微生物的生命活动来完成，是以微生物的生命活动导致植株获得肥料效应。

生物肥料是一种活制剂，其中的有益微生物当处于旺盛的繁殖和新陈代谢时，其生命活动中发生的物质转化和有益代谢产物的形成，可以增加土壤中的氮素或有效磷、钾的含量，也可将土壤中一些植株无法直接吸收利用的物质转化为可被吸收的营养物质。施用生物肥料能改善土壤团粒结构、增强土壤的物理性能和减少土壤颗粒的损失，在一定的条件下，它还能参与腐殖质形成，提高土壤有机质的含量。生物肥料不会对植株产生副作用，反而还能提高植株的生产刺激物质，可以促进植株生根，提早成熟，提高植株的抗病、抗旱性。另外，大量的生物菌群还能分解土壤中的化肥、农药残留，溶解污水灌溉后的重金属残留，起到净化环境的作用。

（三）土壤施肥方法

1. 施肥量　计算施肥量前应先测出葡萄各器官每年从土壤中吸收各营养元素量，扣除土壤中能供给量，再考虑肥料的损失，其差额即理论施肥量，计算公式如下：

施肥量＝（果树吸收肥料元素量－土壤供给量）/肥料利用率

在萌芽前芽膨大期施肥，此时葡萄花芽尚在继续分化，及时补充养分，可以促进葡萄的花芽进一步分化，并为萌芽、展叶、抽枝等生长活动提供营养，追肥以氮肥为主，用量为全年追肥量的10%～15%。

巨峰系列进入结果期后，地力条件好的园地在花前一般不需施肥，否则增加落花落果。定植后的第一年和结果期在6年以上树，80%以上结果母枝直径在0.6～0.8cm，落叶时间早，枝条灰白色或灰褐色，地力下降，需要补充肥料。通常每667m^{2}施人畜粪2.0吨，加尿素5～10kg，加硼砂2kg或45%硫酸钾复合肥20～25kg加硼砂2kg。红地球、秋红、无核白鸡心、夕阳红、金星无核、藤稔等坐果率高的品种，必须每年追肥，对提高产量、品质效果较好。同时，因南方土壤普遍缺硼，应施硼肥。一般视地力情况每667m^{2}施人畜粪2.5～3.0吨加尿素5～10kg加硼肥或硫酸钾复合肥30kg左右。适量补充肥料，有利于枝蔓的健壮生长。施肥过多，则会因花序枝蔓生长过旺，易导致花前落蕾、受精不良、加重落花、落果和增加不受精的小粒果，严重影响产量和品质。

2. 施肥方法　葡萄根系分布与地上部枝蔓分布具有“对称性”，篱架葡萄的根系集中分布在原栽植沟内，且深，施肥应在栽植畦两侧挖深沟分层施入；棚架葡萄的根系，大部分偏重分布于原栽植沟内和架下，少数分布到架后，其比例（5～7）∶1，施肥应在架下由浅到深，逐年扩展。

土壤施肥的具体方法：

（1）条沟状施肥　离主干50～70cm以外，在行间、株间或隔行人工或用机械开沟施肥，也可结合深翻进行（图6－1）。

（2）放射状施肥　离主干50～70cm以外，向四方各开一条由浅而深的沟，其长度因株行距而定。此法较环沟施肥伤根少，但挖沟时也要躲开大根。可每1～2年更换放射沟位置施肥一次（图6-2）。

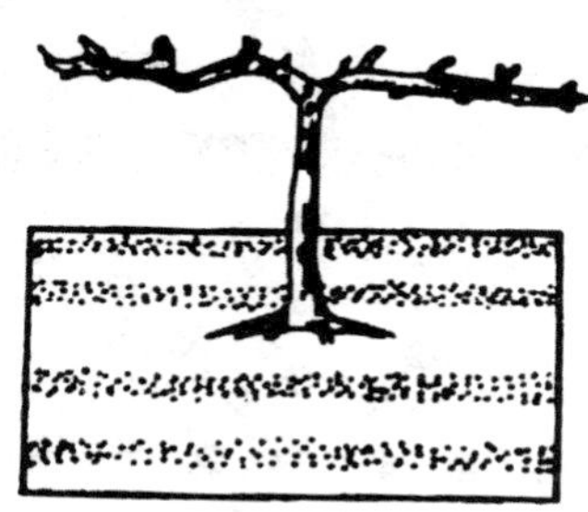

图6-1　条沟状施肥法

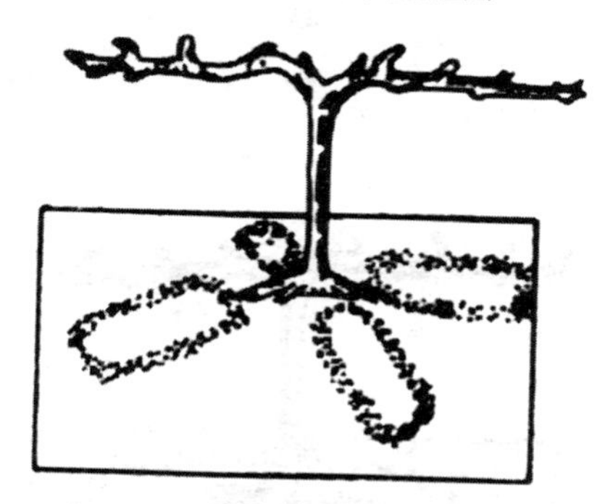

图6-2　放射状施肥法

（3）穴状施肥　在葡萄根系分布的范围内，从根颈向外钻孔或挖穴，每孔直径20～30cm，由里向外逐渐加深（10～40cm）、加密（1～3个/m^2），肥料混土施入或追施肥水（图6-3）。基肥和追肥都适用，这是较为先进的施肥方法，特别适宜颗粒肥料和液体肥料的机械施肥，肥料分布面广，很少伤根，孔穴复原后通透性好，利于发根，肥效高，省肥、省工。

（4）环状施肥　即在主干外围50～70cm以外挖深宽各20～30cm环状沟施肥。此法操作简单，经济用肥；但挖沟易切断水平根，且施肥范围较小，一般多用于幼树（图6-4）。

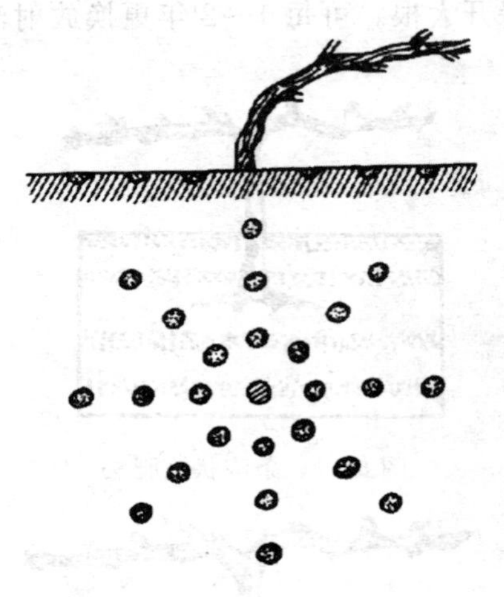
图 6-3　穴状施肥法

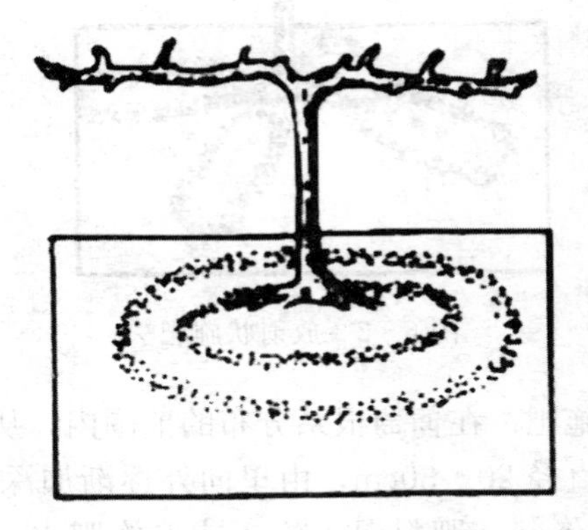
图 6-4　环状施肥法

（5）全园施肥　成年树或密植园，根系已布满全园时，将肥料均匀撒布园内再翻入土中。因施得浅，常导致根系上移，降低根系的抗逆性。此法若与放射状施肥隔年更换，可互补不足，发挥肥料的最大效用。施用时注意浓度和用量，以免产生肥害。

（6）灌溉式施肥　近年来使用液肥开展灌溉式施肥研究，尤其与喷灌、滴灌和渗灌结合施肥的效果更佳，肥分分布均匀，不损伤根系，不破坏耕作层土壤结构，肥料利用率高，成本低，尤其对山地、坡地的成年园和密植园更为适合。液肥浓度也应控制在适宜的范围内，人畜粪应控制在10%～20%，化学肥料控制在0.5%～0.8%。

（四）幼年园的施肥技术

1. 建园基肥

（1）挖定植沟　建园时应首先挖定植沟，以便进行改土、施建园基肥。平地按南北行向，山坡地按等高线挖定植沟，行距2.5m，丘岗坡地定植沟宽1.0～1.2m、深0.8～1.0m，湖区平地定植沟宽0.6～0.8m、深0.5～0.6m。

（2）基肥用量　一般每667m^2需饼肥200～300kg，磷肥100～150kg（湖区平地，磷肥适用过磷酸钙；山丘地，宜选用钙镁磷肥），人畜粪2 500～5 000kg，硫酸钾复合肥100～150kg，锯末屑、稻草2 000kg左右。饼肥与磷肥混合发酵15d左右。另外，由于南方大部分地区土壤呈酸性，因此需根据当地情况适量施用生石灰100～200kg。

（3）施肥方法　先将饼肥、磷肥、人畜粪各50%施沟底，深翻20cm左右，土与肥要充分拌匀，然后施入锯末屑、稻草，回填50%的土壤以后，再施入剩余50%的饼肥、磷肥、人畜粪，以及硫酸钾复合肥各50%，将土与肥料拌匀，将定植沟回填复原。再撒施另外50%硫酸钾复合肥及生石灰，以定植沟为中心撒1.0～1.2m宽，用旋耕机将土与肥拌匀，土壤经旋耕打碎后，再开沟整垄，垄沟宽50cm左右，垄脊与沟底落差40cm左右。此项工作需在定植前一个月完成。

2. 幼苗追肥　当幼年园的葡萄幼苗发芽后，由于根系浅、根量少，对定植沟的基肥暂时吸收不到，为了促进幼苗生长，发芽后应及时追肥，追肥的原则应掌握薄肥勤施，先淡后浓，先少后多。

一般当葡萄幼苗长至 8～10 叶时开始追肥，每 7～10d 追施 1 次，宜逐渐提高所施肥料浓度。可以第一次用 0.15%尿素加 5%人畜粪，第二次用尿素 0.2%，人畜粪浓度不变。第三次尿素 0.25%，人畜粪 10%。

苗高达到 1m 以上时，尿素浓度提高到 0.3%～0.4%，人畜粪浓度提高到 15%左右。气温在 30℃以上时，尿素浓度控制在 0.3%以内，人畜粪控制在 10%以内，特别是天气炎热的中午、上午 11 时至下午 4 时更应注意浓度。每株树每次淋施 3～5kg 肥水。

7 月下旬至 8 月中旬，离树 50cm 以外，沿行向两侧每 40cm 打 1 个直径 8cm 以上，深 30cm 以上的孔或开 20cm 宽，30cm 深的沟，每 667m^2 施饼肥 75～100kg，硫酸钾复合肥 15～25kg。

3. 幼年园秋季基肥 定植当年的秋季应施足基肥，为第二年葡萄结果打好基础。施肥量应根据品种、树势、地力和架势等确定。湖南地区一般在 9 月底至 10 月初开始施基肥，生长势弱或需肥量大的欧亚种，每 667m^2 施饼肥 200kg、磷肥 50～100kg、人畜粪 1 000～1 500kg、硫酸钾 10～15kg、尿素 10kg、硼砂 2kg、硫酸锌 2kg，生长势强或巨峰系欧美杂交种减半施用。距树 60cm 以外，沿行向两侧打洞或开沟施用，施用后应灌水保湿 5～7d。

（五）结果园的施肥技术

1. 施催芽肥 葡萄萌芽开花需消耗大量营养物质。在早春葡萄萌发前树液流动期，即葡萄的伤流期，根系就开始活动，但在早春吸收根发生较少，吸收能力也较差，主要消耗树体贮存养分。一般春季气温上升到 10℃以上时，芽开始膨大进而萌发，长出嫩梢，但根据气温和雨水的变化，萌芽期或早或迟，但湖南地区大多数的品种都将在 3 月中下旬至 4 月上旬萌芽。当葡萄开始萌芽时若树体营养水平较低，此时氮肥供应不足或过多，会导致大量落花落果，影响营养生长，对树体不利，故生产上应注意施催芽肥。催芽肥的施用量应根据品种、树势、地力、架势和树龄等确定。湖南地区一般红地球等坐果率高、需肥量大的品种需要施催芽肥；红宝石无核等生长势特强的品种，一般少施催芽肥；巨峰系欧美杂交种坐果率低的品种，一般不施催芽肥。总之，催芽肥施用应结合葡萄园实际，使树势中庸，促进坐果，使葡萄树体营养水平均衡。为了有利于树势健壮，生长和开花坐果，对弱树、老树和结果过多的大树，应加大施肥量。若树势强旺，基肥数量又比较充足时，花前追肥可推迟至花后。但在开花前一周至开花期，禁施速效氮肥，否则落花落果较轻的藤稔葡萄，在花期强旺生长也会导致受精不良而出现落花落果的现象。

催芽肥一般 3 月上中旬，即萌芽前半个月左右施入，一般长势中等的葡萄园或需肥中等的品种每 667m^2 施复合肥 15～20kg；需肥较多的葡萄园每 667m^2 施尿素 10kg，复合肥 15～20kg；缺镁的葡萄园应该再加施硫酸镁 20～25kg。在整个萌芽期间，一般不进行全园翻耕，只是在施肥时局部挖施肥沟、施肥穴结合施肥进行翻土。

2. 壮果肥　花后幼果和新梢均迅速生长，需要大量的氮素营养，壮果肥可促进果实膨大和新梢正常生长，扩大叶面积，提高光合效能，有利于碳水化合物和蛋白质的形成，减少生理落果。一般施肥期应掌握坐果率高的品种在谢花期开始施肥，坐果率低的品种在着果后果粒黄豆大小时开始追施壮果肥，湖南地区分两次施用，每次施用一半。第一次施肥间隔 10～12d 后进行第二次施肥。

两次壮果肥总共施用量为，每 667m^2 饼肥 100kg、50％硫酸钾 25kg、磷肥 50kg、尿素 10～15kg。施肥时将氮、磷、钾化肥混合后撒施畦面，浅翻入土或畦两边开沟条施入后覆土（每次施一边或每次两边均施，不宜开穴点施）。如土壤干燥，施肥后应

适当浇水。

另外，还可加施叶面追肥，在果粒硬核期以后，每10d喷一次3%～5%的草木灰和0.5%～2%的磷肥浸出液，或喷施0.2%～0.3%的磷酸二氢钾，连续喷施3～4次，对提高果实品质有明显作用。

3. 上色肥 南方地区一般6月下旬至7月上旬为梅雨期末期，浆果开始进入成熟期（早熟品种6月上中旬，中熟品种6月中下旬，晚熟品种7月上中旬），需施一次上色肥。此时正值果实着色初期，施肥对提高果实糖分、改善浆果品质、促进新梢成熟都有作用。这次追肥以磷、钾为主，也可添加少量速效氮肥（如枝叶茂盛可不加氮肥）。此次施肥易裂果的品种切不可施氮肥。

上色肥施用量通常每667m^{2}施磷肥50～100kg，硫酸钾20～35kg。可用打孔器打洞施用，一般每行葡萄两边离树干50cm，每隔40cm左右打一个洞，将肥料按规定数量施入洞中，并覆土盖严；或两边开10～15cm的小沟施入，施后覆土、浇水，以提高肥效。

另外可加施叶面施肥，以增加浆果体积和重量、提高含糖量、增加着色度、促进果实成熟整齐一致。可结合病虫防治时喷施0.2%～0.3%的磷酸二氢钾或1.0%～2.0%的草木灰浸出液，连喷2次。

4. 还阳肥 葡萄果实采摘后应施用一次还阳肥，以补充树体在结果时消耗的大量营养物质，使树体及叶片保持健壮，促进当年花芽分化、枝蔓木质化，为下一年稳产奠定基础。

施还阳肥可在采果后一周之内进行，每667m^{2}施尿素15～20kg，硫酸钾10～15kg左右。

5. 基肥 当进入秋季，随着气温下降，秋季新梢加长生长基本停止，夏芽副梢不再增加，冬芽逐步充实，无明显的营养生长消耗，而叶片仍进行光合功能，制造的有机营养开始大量积累，此时施基肥可提高树体的贮存营养水平，有利于当年花芽分化和增进新梢、枝蔓木质化，增强越冬能力。而且根系在秋季进入了一年中的第二个生长高峰期，此时施肥挖沟时土温较高，伤根容易愈合，切断一些小根，可起到修剪根系的作用，刺激伤口处发生大量吸收细根，既可加速速效性氮、磷、钾的吸收，增加树体营养的积累，又可增强翌年早春根系吸收功能。施入的有机肥料，可逐渐分解，增加土壤有机质含量，为翌年春天根系开始活动后，及时供给可吸收态的营养，对萌芽、新梢生长、开花、坐果创造丰富的养分来源。

基肥施用量：基肥以有机肥料为主，适当掺入一定数量的矿质元素，有机肥采用厩肥、人畜粪、土杂肥、草木灰、火土肥均可，并加入适量过磷酸钙。施肥量应根据品种、树势、树龄、地力、架势等因素确定。湖南地区 10 月中旬前应完成施基肥，红地球等坐果率高、丰产性强、需肥量大的品种，一般每 $667m^2$ 施饼肥 200～300kg、磷肥 50～100kg、人畜粪 1 000～1 500kg、硫酸钾 10～15kg、硼砂 2kg、硫酸锌 2kg；巨峰系欧美杂交种和生长势旺的葡萄园应减半施用。

施肥方法：①篱架葡萄园在树干两侧，棚架在架的后部距树干 60cm 处，开沟 40～50cm 深、30cm 宽，长度按架长短为宜。要逐年扩大范围，直至超出定植时 1m 宽的沟为宜。遇有细小须根时可切除，把肥料填入沟中，挖松与土拌匀，然后覆土。这种施肥方法，可将根系引向深处，并向远处扩展，同时，可通过逐年施肥，达到改良土壤的作用。②由于肥料量多，肥料混合撒施畦面，全园深翻 30cm，既不烧根，又可扩大根系对肥料的吸收面。③施用后应灌水土壤保湿 5～7d。

（六）叶面施肥技术的应用

葡萄植株可以通过叶片吸收少量养分，一般不超过植物吸收养分总量的 5%，生产上可以采用叶面施肥技术来作为地面施肥的一种补充。

1. 叶面施肥的优点

（1）吸肥均匀　树冠各部位的枝、叶、果吸收肥分均匀，受肥面广，不像土壤施肥会受养分分配中心的影响，使前后上下吸收养分不匀。

（2）发挥作用快　一般喷后 15min 至 2h 内即可被叶片吸收利用。在施后 10～15d，叶片色泽明显改观，至第 25～30d 作用消失，故可及时满足葡萄的需要，特别有利于葡萄对某些元素的急需。

（3）及时补充营养　植株在生育后期，根部吸肥能力衰退或处于营养临界期，通过根外追肥可以及时补充树体营养。

（4）增强光合强度　根外追肥可增强叶片光合强度 0.5～1 倍以上，还可提高叶片呼吸作用和酶的活性，改善根系营养状况，促进根系发育。

（5）肥料利用率高　根外施肥可避免某些元素（如磷等）在土壤中易被化学固定而成为不可利用态。通过叶面喷施，肥料可直接被叶片、果实、新梢吸收。

（6）成本低、工效高　根外追肥用肥量少，用工量省，成本低，收效大。此外，还可以与非碱性农药、植物生长调节剂等混喷，提高工效。

2. 根外追肥的吸收和运转机理　葡萄的叶片、幼果和新梢等绿色部分，均具有吸收营养元素的能力，尤其是叶片。营养元素可通过叶片表（背）面气孔和角质层透入叶内的表皮细胞（或保卫细胞）内部的细胞质，最后到达叶脉韧皮部。

营养元素进入叶片的速度、数量与叶片的内外因素有关：

（1）嫩叶吸收量大于成叶，成叶大于老叶。叶背气孔比叶面多，吸收速率大于叶面。

（2）温度对营养物质进入叶片有直接影响。据研究，根外追肥的最适气温为 18～25℃。温度下降，叶片吸收养分减慢。

（3）溶液停留在叶表（背）面上的时间愈长，被吸入营养物质和数量也愈多。因此，根外追肥宜选无风或微风天的上午 10 时或下午 4 时以后进行，阴天更好。

（4）矿质肥料种类不同，进入叶内的速度也不一样（表 6－1）。在生产上多用渗透速度快的矿质肥作为根外追肥。

表 6－1　几种矿物质肥料进入叶内的速度

肥料种类	进入叶内时间	肥料种类	进入叶内时间
尿素	15min	硫酸镁	30～60min
硝态氮	15min	硝酸钾	1h
氯化镁	15min	铵态氮	2h

在生产上当葡萄幼叶展开、新梢开始生长时，喷施 0.2%～0.3%尿素加磷酸二氢钾混合液 2 次，可促进幼叶发育，显著增大叶面，提高光合能力，促进营养生长和花芽分化。

3. 注意事项

（1）喷施时间　在葡萄生长期内均可喷施。遇气温高，浓度宜低，防止灼伤叶片。选择无风多云天或阴天进行，晴天应在晨露干后至 10 时前或下午 4 时后进行。避免在晴热天午间施用。干燥大风时，蒸发快，会发生肥害，雨天、雾天肥液流失，均不宜进行。

（2）喷施部位　以喷叶片为主，尤其是叶背，幼果和绿蔓也能吸收肥料，须仔细喷到。叶幕上下、里外等部位，力求喷雾周到均匀。

（3）合理混合　可与一般的治虫药、防病药混合喷施，节省劳力。配用石灰的硫酸锌、硫酸锰溶液不宜与防病、治虫药混用，以免降低药效。

（4）肥料的选择　喷施叶面肥用的肥料应是完全水溶性的，喷施浓度也要受到一定的限制。肥料的喷施浓度一般不得超过 0.5%，但硝酸钾肥料的喷施浓度可以达到 1%。叶面施用氮应

以硝态氮为主，铵态氮和尿素态氮为辅；铁、锌、锰和铜等最好使用螯合态的，这样就可以与磷一起施用，同时也避免相互之间发生拮抗作用；钙、镁不要和磷一起喷施，以避免出现不溶性沉淀；叶面肥选用尿素时，由于尿素内含有缩二脲，对叶片有毒害，应选择缩二脲含量<2%的尿素（国家规定缩二脲含量：颗粒状一级品<1%，二级品<2%；结晶状一级品<0.5%，二级品<1%），超过国家规定的不能用于根外追肥。

（5）叶面喷施不能取代所有的根部追肥。在保证土壤施肥的前提下，才能发挥叶面施肥的作用。

三、水分管理

（一）排水

葡萄园内的排水系统非常重要，葡萄虽然耐涝性较强，但若葡萄园内长期排水不当，土壤水分过多，土壤毛细管水饱和，下层重力水又排不出园外，将对葡萄植株产生水害。排水不良的葡萄园土壤中空气很少，土壤好气性细菌活动受到限制，根系不向下生长，而是浮在上层或在地表水平生长，地上部分枝蔓徒长，抗逆性减弱，冬季易受冻害。而且由于地表湿度大，植株常发生多种病害，特别是当南方梅雨季节雨水较多时，一般正值幼果膨大期，若排水不良会加剧生理落果或裂果。若葡萄园内长期排水不良会使好气性细菌停止活动，土壤有机物将不能分解，而使根部腐烂，吸水力差，地上部呈现缺水症状，叶片变黄、脱落，严重时导致植株全株枯死。

对南方葡萄园而言，主要采用以下方法排水：

1. 排除地表积水　地表积水是由于暂时排不出水所引起，一般多发生在雨季，可修明渠排水。平地葡萄园多采用高垄栽培，排水沟主要包括行间的小排水沟、小区间的大排水沟和全园的总排水沟。总排水沟控制全园地下水位。一般安排小排水沟比垄面低20～40cm，大排水沟比垄面低60～80cm，总排水沟深

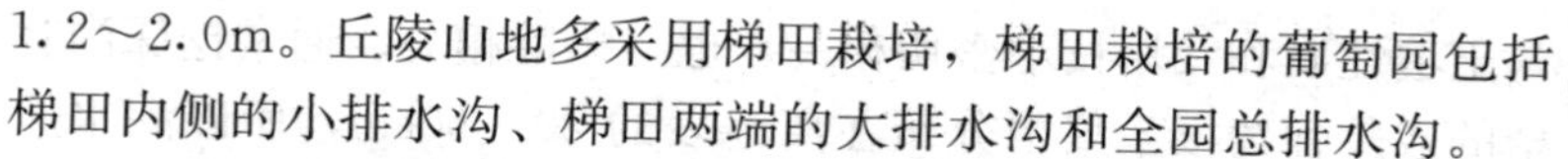

1.2～2.0m。丘陵山地多采用梯田栽培，梯田栽培的葡萄园包括梯田内侧的小排水沟、梯田两端的大排水沟和全园总排水沟。

2. 排除深层积水　下层重力水的滞留所引起的水害问题，可修筑地下排水管道。方法是用多孔的水泥管或陶管，外包一层纤维类的东西作渗水用，管直径15～20cm，深埋在1m以下。不但排水，还增加土壤孔隙度和通透性。也可以在行间挖沟（可几行挖一条沟），深100cm，宽50cm，在沟底放一层20～30cm厚的砾石、炉渣等滤水层，其上覆20cm厚的秸秆，再将原土回填。使园内各沟连通，并通向园外的总排水沟，土壤重力水通过缝隙排出园外。国外目前一般采用铺设塑料管的方法解决土壤渗水透气问题，塑料管的口径有10～20cm各类型号，其上密布孔眼，外包一层棕树皮，土壤重力水可通过孔眼流入管道排出，空气可通过管道进入土壤中。铺设深度1.0～1.2m，在每行葡萄下铺设一根管道即可。

（二）灌溉

1. 灌溉的重要性　水是植物细胞中原生质的重要组成部分，是细胞中许多代谢过程的反应基质，它的存在对于维持蛋白质及核酸的结构有重要作用。水作为一种重要介质在葡萄树内起着物质运转的作用，土壤中的矿质营养通过土壤溶液进入根内，又通过水分运转到茎、叶及果实中。它可使细胞处于膨胀状态，是葡萄树幼嫩组织的主要支撑物质，失水后这些组织即发生萎缩。它也可以调节树体温度，使葡萄树免受高温之害。

葡萄抗旱性虽强，但年降水量小于400mm地区或雨量较多地区的干旱季节，或葡萄采用避雨设施栽培，也必须进行灌溉。如果水分亏缺，葡萄各个组织和器官的发育就会受阻，光合作用减弱。在土壤缺乏水分时适时灌溉，可促进新梢生长，提高产量和品质。

2. 灌水量　适宜的灌水量应在一次灌溉中使葡萄根群分布最多的土层达到田间持水量的60%以上。葡萄根群分布的深浅与土壤性质和栽培技术密切相关，也与树龄相关。通常挖深沟栽植的成龄葡萄根系集中分布在离地表的20～60cm，所以灌水应浸湿0.6～0.8m以上的土壤。

灌水量理论指标，有几种计算方法，最为简便的是根据土壤可容水量来计算，公式如下：

灌水量＝灌溉面积×土壤浸湿深度×土壤容重×（田间持水量－灌水前土壤湿度）

3. 灌水方法

（1）沟灌或畦灌　这是葡萄园传统的灌水方法，在葡萄园行间开灌溉沟，沟深宽各25～30cm；或利用葡萄栽植畦，进行沟灌或畦灌。优点是省工，水直接渗入根群土层。仍为当前不少地方的主要灌溉方法。该方法浪费水分，易造成土壤板结，需加以改进。沟灌或畦灌湖南地区应选择在晴天下午5时后和第2天上午9时前早晚进行，或阴天进行，高温的时段应排干葡萄园田间的积水，避免高温蒸伤树体。

（2）喷灌　喷灌是把灌溉水喷到空中，成为细小水滴再落到地面，像降雨一样的灌水方法。喷灌起源于20世纪30年代，50年代以后迅速发展起来，发达国家在农业生产上愈来愈多地应用喷灌。喷灌比传统的地面灌溉有许多优点。但因受葡萄树冠高大和株行距的限制，应将喷灌细小水滴低于葡萄树最低叶面以下，以早晚喷灌为宜，高温中午严禁喷灌，以免蒸伤树体。

（3）滴灌　滴灌是滴水灌溉的简称，滴灌是利用其灌溉系统设备，把灌溉水或溶于水中的化肥溶液加压（或地形自然落差）、过滤，通过各级管道输送到果园，再通过滴头将水以水滴的形式不断地湿润果树根系主要分布区的土壤，使其经常保持在适宜果树生长的最佳含水状态。完整的果树滴灌系统由水源工程和滴灌系统组成。水源工程包括小水库、池塘、抽水站、蓄水池等。滴灌系统是指把灌溉水从水源输送到果树根部的全部设备，如抽水装置、化肥注入器、过滤器、流量调节阀、调压阀、水表、滴头及管道系统等（图 6－5）。

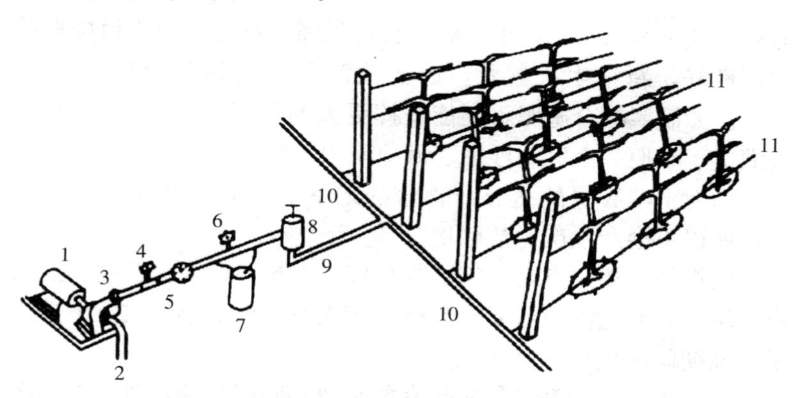

图 6－5 葡萄园滴灌系统示意图

1. 电机 2. 吸水管 3. 水泵 4. 流水调节阀 5. 水表
6. 调压阀 7. 化肥罐 8. 过滤器 9. 干管 10. 支管 11. 毛管

管道系统由干管、支管和毛管组成。干管直径有 65、80、100mm；支管有 20、25、32、40、50mm；毛管有 10、12、15mm 等几种规格。干管和支管应根据葡萄园地形、地势和水源情况布置。丘陵地区，干管应在较高部位沿等高线铺设，支管则垂直于等高线向毛管配水。平地葡萄园，干管应铺在园地中部，干管和支管尽量双向连接下一级管道。毛管顺行沿树干铺设，长度控制在 80～120m。

滴头是滴灌系统的关键，有几种类型，普遍应用的是微管滴头，内径有 0.95mm、1.2mm 和 1.5mm 三种。微管接头的安装，需先按设计在毛管上打一孔，将微管一端插入孔内，然后环毛管绕结后引出埋入地下，埋深 20cm。滴头应安装在葡萄主干周围，数量因株行距而定，如株行距 2.0m×1.5m，每株可安装 2 个微管滴头。

滴灌的优点有：ⓐ节约用水。滴灌仅湿润植株根部附近的土层和表土，大大减少水分蒸发。由于滴灌省水，在水源流量很小的地方亦可发展滴灌，实现节水灌溉。ⓑ提高产量。滴灌能经常地对根域土壤供水，使根系处于良好的需水状态。由于植株根系发育良好，新梢生长健壮，因而滴灌可提高葡萄产量30%～80%。如滴灌结合施肥，还能发挥更大的作用。ⓒ适应地域广。滴灌适于平原、山区、沙漠、碱地采用。滴灌时水分不向深层渗漏，因而土壤底层的盐分或含盐的地下水不会上升并积累至地表，所以不会产生次生盐碱地。

滴灌的主要缺点是：需要管材较多，投资较大；管道和滴头容易堵塞，对过滤设备要求严格；滴灌不能调节小气候，不适用于结冻期间应用。

（4）渗灌　渗灌工程主要有蓄水池、阀门和渗水管。根据灌溉面积的大小，管道可分设干、支、毛管三级。1/3～2/3hm^2的葡萄园，须修建一个半径1.5m、高2m、容水量13t左右的圆形蓄水池和一级渗水管（图6-6）。塑料渗水管长100m，直径2cm。每隔40cm在渗水管的左、右两侧及上方各打1个（共3个）针头大的渗水眼孔。每个渗水管上安装过滤网，以防堵塞管道。行距2～3m的葡萄园，每行中、中间铺设一条渗水管，深埋40cm。

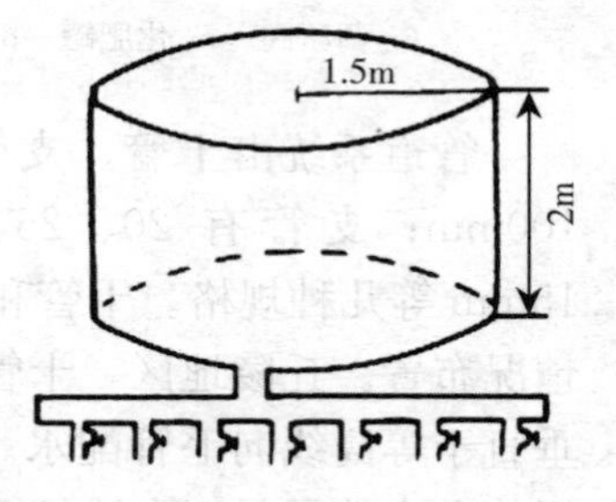

图6-6　渗灌池示意图

渗灌的优点有：ⓐ省水。采用渗灌，全年5次，每次用水225m^3/hm^2，共计1 125m^3，全年节约水量近70%。ⓑ投资少。可供0.38hm^2果园渗灌的建设费用，当年从节约用水和减少用工支出中即可收回。ⓒ提高果实产量和品质，增加经济收益。

4. 灌溉时期　正确的灌水时期不是葡萄在形态上显露出缺水状态（如叶卷曲），而是根据物候期、土壤含水量以及降水量的多少确定的。一般在生产前期，要求水分供应充足，以利生长与结果；生长后期要控制水分，保证及时停止生长，使葡萄适时进入休眠期，作好越冬准备。

葡萄园的灌水主要应根据葡萄的物候期而有所不同：

（1）萌芽前后　萌芽前后土壤中如有充分的水分，可使萌芽整齐一致，此时期土壤湿度应保持在田间持水量的65%～75%，特别在春旱地区这个时期的灌水更为重要。在萌芽前灌水的基础上，若天气干旱，土壤含水量少于田间最大持水量的60%时就需要灌水。壤土或沙壤土，手握土时当手松开后不能成团；黏壤土捏时虽能成团，但轻压易裂，说明土壤含水量已少于田间最大持水量的60%，须进行灌水。灌水方法除在盘灌、沟灌外，在生长季灌水最好采用滴灌或喷灌，这两种方法具有省水、省工、保肥的作用，在盐碱地可以防止返盐，特别是在山区丘陵地、缺水的干旱地更为有利，但萌芽前与灌冻水还是应该采用地面灌溉。春季萌芽后灌水需根据具体情况而定，一般土壤不干旱可不灌水，以免灌水后降低土温，影响根系生长。但有的地区此期正值梅雨季节前期，除注意调节水分外，重点是排水。

（2）花期　从初花至谢花期10～15d内，应停止供水。花期灌水会引起枝叶徒长，过多消耗树体营养，影响开花坐果，出现大小粒和严重减产。江南的梅雨期正值葡萄开花期和生理落果期。如土壤排水不良，甚至严重积水，会大大降低坐果率，同时引起叶片黄化，导致真菌病害和缺素症（如缺硼）等发生。因此，在葡萄园规划、设计、建园时，必须建设好符合要求的排水系统。在常年葡萄园管理中，要加强排水系统的管理，经常清理泥沟，清除杂草，保持常年排水畅通。畦沟要逐年加深，特别是水田建园，要使地下水位保持较低的水平，在梅雨季节，雨停田干不积水。

（3）果实膨大期至着色前　此期植株的生理机能最旺盛，为葡萄需水的临界期，适宜的土壤湿度为田间持水量的75%～85%。如水分不足，叶片会夺去幼果的水分，使幼果皱缩而脱落。若遇严重干旱，叶片还会从根组织内部吸收夺取水分而影响

呼吸作用正常进行，导致生长减弱，产量下降。这个时期南方地区正值梅雨季节，一般年份不但水分能满足生长发育的需要，而且要注意排除园内多余水分。但北方地区雨水少，土壤干燥时，应及时灌水，特别是红地球、巨峰葡萄怕旱应及时灌水。

（4）果实着色期　此期间应严格控水，浆果着色期水分过多，将影响糖分积累，着色慢，降低品质和口味，耐贮性差，易发生白腐病、炭疽病、霜霉病等，某些品种还可能出现裂果。特别是此时南方梅雨结束即进入伏夏，高温干旱天气遇阵雨、大雨易造成裂果。但连续 4d 以上晴热天即应灌水抗旱，晚上灌水，清晨排水，一直到葡萄成熟采收前。

（5）果实采收后及秋冬季休眠期　果实在采收后应及时灌水，以恢复树势，促进根系在第二次生长高峰期大量发生。秋冬季应视土壤水分含量多少，适时灌水，特别是施基肥后应灌水一次，以促进肥料分解。

第七章 葡萄整形修剪

一、整形修剪的理论依据

（一）树形

葡萄是蔓生植物，无定型树形，其树形一般都是人工造成。依照修剪学的观点，葡萄的树形是指多年生骨干枝蔓的排列形式，要看其主干、主蔓、侧蔓的空间分布而定。一般可分篱架类树形和棚架类树形两大类。

（二）整形

所谓整形是树木生长前期（幼树时期）为将其造就成一定树形而进行的树体生长调整，主要借助不同的修剪方法来实现。整形主要是培养一种合适的、易于维持的树形，便于栽培和管理。

（三）修剪

修剪一般是指实现树体、维持树形以达到生产目的的方法，是为了有计划地构成和维持树形和为达到生产高品质果实的目的，而去除葡萄新梢、枝蔓、卷须、叶片及其他营养器官等的措施。同时，对放任树形的改造也称为修剪。通常除去干枯死枝不算是修剪，因为这种剪枝并不影响树体的生理活动和行为。把去除未成熟的果穗和花序，称之为疏花疏果。拉枝、缚枝、弯枝等，因具有修剪的某些生理作用，也被列为修剪的范畴。也把某些具有修剪作用的化学药剂处理措施，特称为化学修剪。修剪的目标是建立或维持某种合适树形，通过修剪和疏花疏果措施调整树体和枝梢的负载能力，使结果部位和结果枝在树体上占据合理的位置和布局。

（四）架式

用于支撑葡萄枝蔓生长的支架形式，简称架式。架式类型很多，不同的架式要求不同的树形与之相适应，而同一种架式在不同地区可能采用的树形也不一样。

（五）叶幕

叶幕是指葡萄树体叶片群体的总称。根据层次的不同，分为个体水平上的叶幕和群体水平上的叶幕。个体水平上的叶幕是1株树整个叶片群体的总称；群体水平上的叶幕则指整个人工群如1行、1个篱壁面、1片果园等所有个体叶幕的总和。

二、整形修剪的特点

（一）葡萄整形修剪的重要性

葡萄是一种根深、冠大、高产、长寿的藤本植物，若不加人工干预则会成为一团“乱麻”，中、下部光杆，只顶部发枝。葡萄的生长量很大，一个正常的芽一年的生长量达3～4m，最多可长到10m以上。因此，若不进行适当的人工整形修剪，在自然状态下的生长过程中会有很多不需要的枝条，树冠也会变得复杂，会影响树冠内部阳光的透过率、通风不良，病虫容易滋生，喷布药剂难，树冠内部的花芽不易分化，且管理不方便，生长结果调节难，产量低、品质差，出现严重的大小年结果现象，树势弱，极易引起植株老化。

因此，需结合自然条件和管理水平从幼树时进行修枝，改变树体结构，塑造树形，充分利用阳光和空间，扩大结果范围，培养适宜的骨架，获得较高产量。完成树形后还要通过长时间的修剪来调节树势，改善通风透光条件，促进开花结果，保持生长和结果的相对平衡，维持树形，提高果实品质。

（二）整形修剪的相关因素

葡萄的整形修剪得当可以使幼树早结果、早丰产，成年树盛果期延长，衰老树更新复壮。但一定要密切结合环境条件、地点、时间及葡萄树体的生长结果特性来进行，根据自然条件、栽培技术水平、品种的生长结果习性、不同树龄、树势、树形等方面考虑采取不同的整形修剪措施来达到预期的目的。

1. 自然条件及栽培技术水平　一般来说，生长期气温较高、肥水管理水平高、土壤肥沃的地区，葡萄植株生长旺盛，适宜采用较大的架式和相对较轻的修剪。反之，生长期气温偏低、肥水管理水平较低、土壤贫瘠的地区葡萄生长较弱，宜采用小型架式，并加重修剪量。

2. 葡萄品种　不同的品种生长结果习性不同，因此需采用不同的整形修剪方法。一般对生长势强、树冠扩大容易的品种宜采用大型架式；生长势比较弱、树冠扩大比较慢的品种宜用小型架式。树势旺盛、需要树冠扩大，或者是结果枝在母枝上的着生节位较高的品种需要采用中、长梢修剪。底部芽的结果性好，其多数结果枝着生在1～3节上的品种，其修剪宜以短梢修剪为主的混合修剪法。修剪采用方法要根据其多数果枝着生位置来决定。

3. 不同年龄时期　葡萄在幼龄期时不宜结果太多，应着重培养树体，使之健壮及很快满架，以尽快达到丰产架式。盛果期应着重维持生长结果的平衡，不要盲目追求高产量而忽视质量。要适当疏剪花果，提高优质果的比例。同时注意枝组的更新，防止结果部位外移造成结果面积的缩小。衰弱期应注意大更新，包括整体大更新（从基部锯除、重新发枝），局部更新（逐步从局部培育更新枝）。葡萄寿命长达100多年，一般每10～20年需进行一次大更新。

4. 树形与整形修剪的关系　整形是通过修剪造就树形的过程，因此整形之前必须先了解欲达到理想的树形及其特点，之后再有计划地进行树形的塑造。整形主要采用修剪和引缚措施，引缚是指将枝蔓和生长的新梢按一定树形要求固定到支架的某一部分上；修剪在整形过程中的主要作用在于确定芽的数量和部位，进而确定主干和侧蔓方向的数目。

幼树整形要经历一定的过程，不能一蹴而就，要有计划分步骤地进行。在幼树的整形过程中，修剪必须注意以培养结构骨干枝为主要目的，需要剪去少数具有生产能力的枝条，充分利用各类枝条加快整形，使其早成形、早结果、早丰产。当葡萄进入结果期后，要注意把保留结果部位与维持培养骨干枝两者关系处理好，做到持续优质丰产。

葡萄的树形是随着架式而改变的，棚架一般适于生长势强品种，其架面大，一般采用多蔓（3～4 蔓）的大型 X 形、一字形、H 形等树形。棚架的整形修剪要特别注意内部更新，培养稳定的结果枝组，防止结果部位外移。篱架式一般生长势中等偏弱的品种，其架面小，一般采用 1～2 个主蔓的 T 形、Y 形、扇形等树形。篱架的整形修剪则注意控制生长量，保证在有限的架面内生长结果的平衡，另外也需要注意进行枝组的更新。

三、整形技术

由于葡萄植株本身的习性，一般采用搭架栽培形式才能使其正常生长结果。在长期栽培过程中，葡萄架式在不断改进，不断发展。我国南方高温、高湿的气候条件下，真菌性病害严重，葡萄虽无需防寒，但一般宜采用避雨栽培模式，架式可采用双十字 V 形架、T 形架、一字形架、H 形架、X 形架等。

（一）V 形架整形技术

V 形架（图 7－1）又叫双十字 V 形架，这种架式常采取行株距（2.5～2.8）m×（1.0～1.5）m。在培养树形时，第一年在植株旁立一临时垂直支柱，待萌芽后新梢长至 20cm 时，选留 1 个健壮新梢垂直绑缚在支柱上，其余新梢全部抹除。随着选留新梢的生长，每 20～30cm 绑缚一次，保证新梢直立。当新梢高度达到 100cm 以上时在 90cm 处摘心，留顶部两个一次副梢沿行向引绑，各留 50～75cm 摘心，培养成主蔓，再在主蔓上每隔 30cm 左右培养结果母蔓，每株留 6～8 根，两侧各 3～4 根二次副梢留 5～7 叶摘心，再在其顶部留一根三次副梢，留 4～5 叶摘心，培养成来年的结果母枝。其余副梢，中、小叶品种留 3～4 片叶绝后处理，大叶品种留 2～3 片叶绝后处理。冬季修剪时根据已形成主蔓的粗度进行修剪，剪口直径 0.6～1.0cm，每个结果母枝留 3～4 芽修剪，若二次副梢培养的结果母枝粗度不够，则全部剪除，留两根一次副梢主蔓做来年结果母枝。修剪后将其水平绑在第一层铁丝上，两株苗木之间的延长蔓相遇为宜。第二年及以后冬季修剪每株留 6 个枝（4 长 2 短），结果母枝以留 5～7 芽中梢修剪为宜，预备枝留 2 芽修剪。

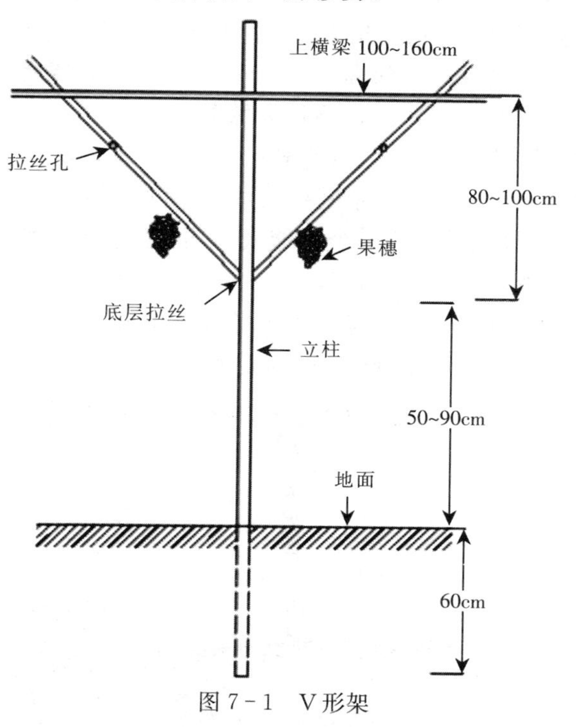

图 7-1　V形架

本架式的特点是：夏季将枝蔓引缚呈 V 形，葡萄生长期形成三层：下部为通风带，中部为结果带，中、上部为光合带。枝蔓与果穗生长规范。增加了光合面积，提高了叶幕层光照度和光合效率；提高萌芽率、萌芽整齐度和新梢生长均衡度，顶端优势不明显；提高通风透光度，避免日灼，减轻病害和大风危害，能计划定梢、定穗、控产，实行规范化栽培，提高果品质量。省工、省力、省资。本架式适应于花芽分化好的品种。

（二）T 形架整形技术

T 形架式（图 7－2）整形为一种“高、宽、垂”的树形。一般采用株行距（2.5～2.8）m×（1.5～2.0）m。栽植后，当新梢高度达到第一道铁丝（一般为 1.1～1.4m）时摘心，让最顶端的两个副梢生长，沿篱架方向两边分出绑在第一道铁丝上培养成水平双臂，当双臂长到 80～100cm 时摘心（双臂所留长度应根据葡萄栽植的株距决定，一般为株距 1/2），每株以主干为中心两边各均匀留 3～4 个二次副梢，共 6～8 个，留 50cm 摘心，培养成来年结果母枝，其余副梢均留 2～3 叶绝后处理。冬季修剪时根据已形成的 6～8 个结果母枝粗度进行修剪，剪口径 0.6cm 以上的留 4～8 芽修剪，横绑在第一道铁丝上，否则从基部剪除。翌年及以后在两臂上逐步培养成 6～8、长 2～4 短的结果枝组，每 $667m^2$ 留 9 000～12 000 个芽。

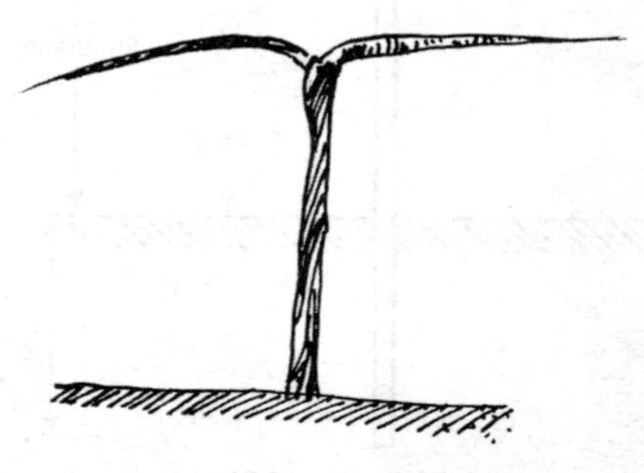

图 7－2　T 形架

（三）一字形水平棚架整形技术

一字形整形技术主要用于水平棚架上，栽植葡萄的一般株距2m、行距6～8m。栽植后每株苗木培养一条强健新梢，立支架垂直牵引，抹除棚高（1.75～2m）以下的所有副梢，待新梢引缚长至刚超过棚高时摘心。然后从摘心后所萌发的副梢中根据长势选择2个副梢向相反水平牵引，培育成主蔓。主蔓保持不摘心的状态持续生长，直至封行后再摘心。

主蔓上长出的副梢适时牵引其与主蔓垂直生长，形成结果母枝，在每个主蔓上培养形成9～10个结果母枝。冬季完成结果母枝的修剪，结果母枝一律留1～2芽短截（超短梢修剪）。定植第二年从超短梢修剪的结果母枝上发出的新梢（结果枝），按照20cm的间距选留，与主蔓垂直牵引、绑缚。

（四）H形水平棚架整形技术

H形整形（图7－3）修剪主要以平棚架的栽培方式，是在一字形的树形基础上把两个副梢再进行分枝，形成4条主蔓呈H形，主蔓间距2～2.5m，主蔓长5～7m，每株$50m^2$［株行距（10～14）m×5m］，每$667m^2$栽12株。主蔓上培养的结果母枝

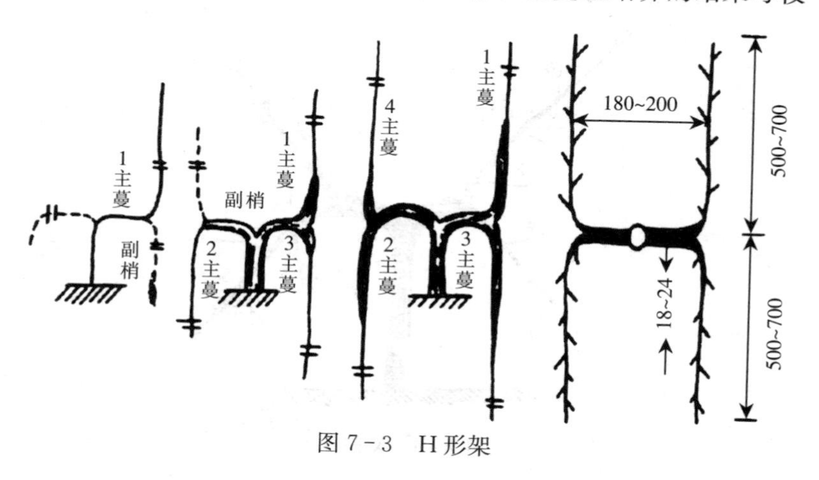

图7－3　H形架

间距20～25cm，结果母枝留1芽或2个芽进行短梢修剪，每$667m^2$留结果枝960～1 680个。结果母枝上的2个芽若萌发出2个结果枝则保留基部枝条，若基部枝条无花，则保留有花枝条。

H形整枝适宜短梢修剪的品种，它架面高，管理简便，省工省时；光照条件好，品质优；花芽容易形成，花芽质量好；枝条萌芽整齐，新梢生长缓和，葡萄成熟一致，商品价值高；树体结构简单，修剪容易；结果早、易丰产、稳产性好等。

（五）X形水平棚架整形技术

X形整形（图7-4）技术适用于水平棚架式，该树形从地面单干之上，距棚面30～40cm处开始分两叉，每叉伸展离中心2.5～3m再各分两个主枝，共4个主枝，俯视呈X形，各主枝按其形成的迟早，所占架面面积不同。一般第一主枝占有架面约36%，第4主枝最后形成，仅占架面的16%，其余两大主枝各占约24%。该树形的树冠扩大快，整形技术要求较高，修剪较难，容易出现主从不明，树形紊乱，构成树形要花很多时间和精力才能完成，对于生长旺盛，树势难于平衡的品种效果较好，修剪宜采用长梢修剪。

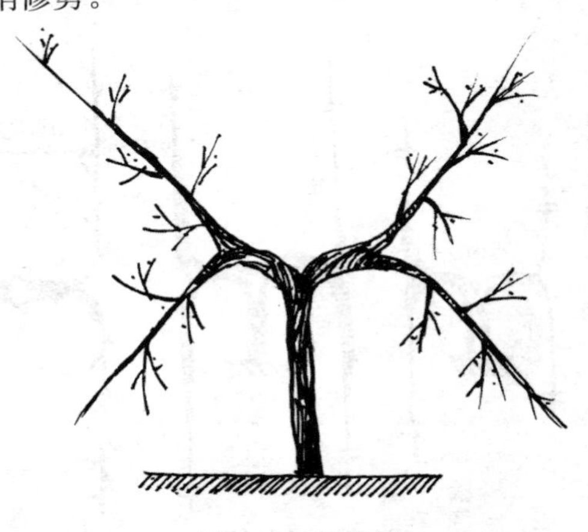

图7-4　X形架

四、葡萄冬季修剪技术

（一）冬季修剪时期

冬季修剪是在结束当年收获、落叶之后、葡萄植株处在休眠状态时，根据品种的特性通过修剪来维持树形，留下最好的结果母枝，剪掉不必要的枝条。萌芽前后剪断葡萄枝条时会有伤流，因此最好在伤流前完成冬季修剪。

（二）冬季修剪方法

在对葡萄进行修剪前，必须对葡萄品种的生长结果特性了解清楚，否则随便乱剪不仅达不到修剪的目的，反而会造成不可预测的损失。要根据品种的生长势强弱，母蔓着生结果枝节位的高低，连续结果能力，果枝的丰产性以及枝条的萌芽率等来制订出合理的修剪方案。冬季修剪常用的方法有短剪、疏枝、回缩修剪三种方法。

1. 短剪　就是短截，即把一年生枝条剪去一部分，分为超短梢修剪（留 1～2 芽）、短梢修剪（留 3～4 芽）、中梢修剪（留 5～7 芽）、长梢修剪（留 8～12 芽）、超长梢修剪（留 13 芽以上）。对于花芽分化一般、结果部位高的品种宜采用以长梢修剪为主的混合修剪；对于结果部位低、花芽分化好的品种宜采用以短梢修剪为主的混合修剪。处于以上两者之间的则采用以中梢修剪为主的混合修剪。

2. 疏剪　即从基部将枝蔓剪除。包括一年生枝和多年生蔓。主要是疏除过密枝、病虫枝。疏枝应从基部彻底剪掉，注意留残桩。但同时要注意伤口不要过大，以免影响留下枝条的生长。不同年份的修剪伤口，尽量留在主蔓的同一侧，避免对树体内养分和水分的运输造成影响。

3. 缩剪　缩剪是将二年以上的枝蔓剪截到分枝处或有一年生枝处，主要是用来更新、调节树势和解决光照。多年生弱枝回缩修剪时，应在剪口下留强枝，起到更新复壮的作用。多年生强枝回缩修剪时，可在剪口下留中庸枝，并适当疏去其留下部分的超强分枝，以均衡枝势，削弱营养生长，促进成花结果。

（三）主蔓、侧蔓、结果母枝的修剪

对于尚未完成整形任务的植株，其重点是培养树形，进一步选好主、侧蔓。冬季修剪时，对粗度直径在 1cm 左右并充分成熟的新蔓，根据架式剪留，副梢各留 1～2 节剪截。若新蔓粗度直径在 0.7cm 以下或成熟节较少或基部有病虫害时，则可剪留 2～4 节，促其下年抽发新枝，再行培养。按照“合格者适当长留，不合格者重剪再继续培养”的办法，可以保证新蔓的质量并较快地培养成形。若架面还没有布满，延长蔓应在粗度 0.8cm 以上的成熟节位饱满芽处进行剪截，倾斜式小棚架延长蔓一般剪留 9～10 节，特别强壮的剪留 12 节。单篱壁架延长蔓一般剪留 6～8 节。若架面已布满，则延长枝已失去延长作用，可改造成结果枝组。

已完成整形任务的盛果期植株，要保持主、侧蔓的旺盛生长势头，以小更新为冬剪的重点，包括主侧蔓换头和选留预备蔓等。对其修剪特别要注意结果枝组的培养，应选留健壮、成熟度良好的一年生枝作结果母枝。剪口下枝条的粗度，一般应在 0.6cm 以上，细的短留，粗的长留，剪口宜高出剪口下的芽眼 3～4cm，以防剪口风干影响芽眼萌发，而且剪口要平滑。

在主蔓或侧蔓上，一般在 25～30cm 要设一个结果枝组，结果枝组是具有两个以上分枝的结果单位，其上着生结果母枝和新梢。设置结果枝组是防止树体内空膛、扩大结果面积、保证丰产的重要措施。配置结果枝组的具体方法是（图 7－5）：在需要配置结果枝组的位置，当年从结果母枝上萌发一些新梢，冬剪时该新梢成为新的结果母枝，而老母枝上就出现两个以上新母枝，此时的老母枝就成为具有两个以上分枝的结果枝组。选强壮的两个新枝，一个枝作为下一年的结果母枝，另一个枝留作预备枝。第三年将已结果的枝条疏除，在预备枝上选 2 个枝，用上面的方法培养成新结果枝组。在培养结果母枝组的过程中，如其中一个新梢较弱（4～5 节处粗度在 0.7 厘米以下），或不成熟，而附近又没有可代替的枝条，这时，可剪留 1～2 节，作更新复壮。总之，在结果母枝组上不可留空位，要千方百计找新梢来补足。在延长枝的基部附近，可适当多留 1～3 个节位的母枝，以防止该部位光秃。但对多余的枝条则要彻底去除，以免通风透光不良。

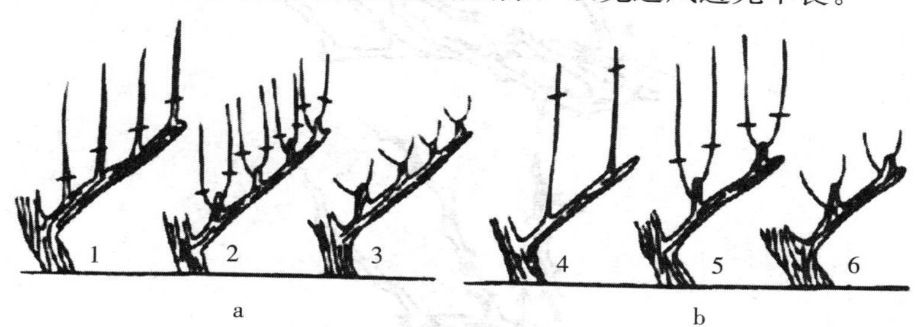

图 7－5　结果枝组的培养

a：1. 前一年冬剪　2. 本年冬剪　3. 修剪后的枝组

b：4. 本年新梢 3～4 片叶时摘心，促发副梢

5. 冬剪时，对副梢短剪　6. 修剪后的枝组

（四）枝蔓更新的方法

1. 结果母枝的更新　结果母枝更新目的在于避免结果部位逐年上升外移和造成下部光秃，修剪方法有：

（1）双枝更新　结果母枝按所需要长度剪截，将其下面邻近的成熟新梢留 2 芽短截，作为预备枝。预备枝抽发新梢后在翌年冬季修剪时，上一枝留作新的结果母枝，下一枝再行极短截，使其形成新的预备枝。原结果母枝于当年冬剪时被回缩掉（图 7－6. a），以后逐年采用这种方法依次进行。双枝更新要注意预备枝和结果母枝的选留，结果母枝一定要选留那些发育健壮充实的枝条，而预备枝应处于结果母枝下部，以免结果部位外移。

（2）单枝更新　冬季修剪时不留预备枝，只留结果母枝（图 7－6. b）。翌年萌芽后，选择下部良好的新梢，培养为结果母枝，冬季修剪时仅剪留枝条的下部。单枝更新的母枝剪留不能过长，一般应采取短梢修剪，不使结果部位外移。

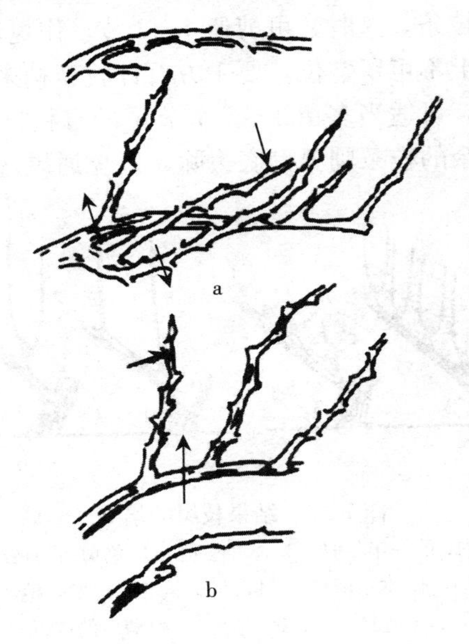

图 7-6　结果母枝的更新

a. 双枝更新　b. 单枝更新

2. 结果枝组的更新　随着枝龄增加，枝组分枝级数增多，伤口也增多，枯桩不断出现，枝组营养输送能力削弱，枝组逐渐衰老，需从主蔓上潜伏芽发出的新梢，选留位置合适的进行培养，以替代老枝组。逐渐回缩老枝组的结果母枝，刺激主蔓上或枝组基部潜伏芽萌发，对潜伏芽新梢，疏去花序以促进生长，如果新梢强壮，于5～6片叶时摘心，促发副梢，冬剪时副梢短截后即成为新的枝组，将周围老枝组疏剪，逐年更新复壮全部枝组。每年如此，每个枝组3～5年即可得到更新，可保证枝组健壮，连年丰产。

3. 多年生枝蔓的更新　经过年年修剪，多年生枝蔓上的

“疙瘩”“伤疤”增多，影响输导组织的畅通；另外，对于过分轻剪的葡萄园，下部出现光秃，结果部位外移，造成新梢细弱，果穗果粒变小，产量及品质下降，遇到这种情况就需对一些大的主蔓或侧枝进行更新。

(1) 大更新　葡萄寿命一百多年，其一生要经过多次大更新。凡是从基部除去主蔓进行更新的称为大更新。大更新一般包括两种情况，一种是部分主蔓的更新，另一种是整个植株的更新。部分主蔓更新，一般是采用基部发出的萌蘖枝，最好是地下根颈部分发出的强壮的萌蘖枝，更新一根主蔓，选一枝萌蘖枝，其余萌蘖枝从基部彻底疏除，以免再发。选取的萌蘖枝在冬剪时根据其强壮程度剪留 5～8 节。第二年加强管理，从萌发的枝条中，选取 2～3 个壮枝作侧蔓培养。第三年在侧蔓上培养结果母枝组，完成更新任务。进行全株更新的植株，一般是整个植株中、下部空虚光杆，中、上部缺少好的结果枝组，植株长势衰弱，结果能力差。具体方法是在植株根颈部位在冬季修剪时锯除，并在其上复以湿土，为促使根蘖萌发，可覆盖地膜。早春根蘖萌发，选取 3～4 个强枝，其余从基部彻底疏除，防止再发。其培养方法与培养更新主蔓同。

(2) 小更新　对侧枝蔓的更新称为小更新。一般在肥水管理差的情况下，侧蔓 4～6 年需更新 1 次，采用回缩修剪方法。小更新包括双枝更新、异枝更新、劣枝更新。双枝更新如上所述，异枝更新是指在主蔓或侧蔓上无结果枝组，大都是单个枝条，可以用 1 个枝长剪作结果母枝，另 1 个枝短剪作更新枝的方法来达到更新的目的。第二年就可以改成双枝更新了。劣枝更新，是指一些结果枝组经多年修剪更新，变得弯曲畸形，完全失去结果能力。可通过疏除、回缩等方法解决，并在附近找适宜的更新枝短剪，从而培养成新的结果枝组。

开始衰老的植株，要果断地实行大更新修剪。主、侧蔓结果部位严重外移或上移，但中部和下部仍有枝组时，可进行回缩更新修剪，把主、侧蔓从先端压缩下来，并更新中、下部枝组，改善光照，促进中、下部发生健壮新梢结果（图7-7）。主蔓下部光秃，可行压蔓，把光秃带压入地下生根，增加植株在土壤中的营养面积，促进主蔓恢复生机和正常结果。当主蔓衰弱，产量极少时，可在主蔓下部选留新梢，精心培养成主蔓的预备蔓。当预备蔓开始结果后，可剪去原主蔓，由预备蔓替代成为新主蔓。

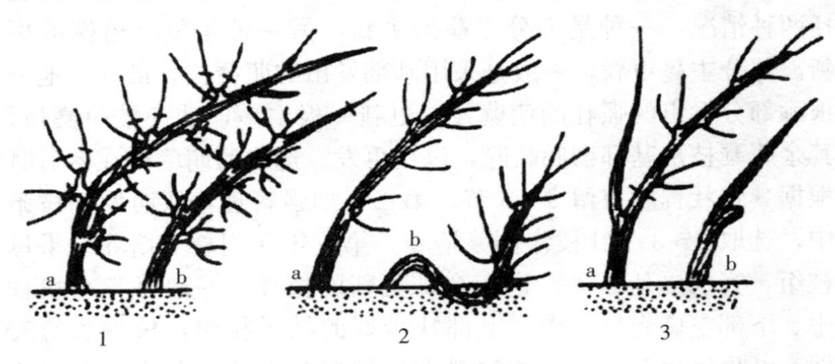

图7-7　主蔓更新修剪方法

1：a. 后部枝组衰弱，结果部位严重外移　b. 疏除枝组一些老枝，短剪弱枝，回缩主蔓

2：a. 主蔓下部光秃　b. 将光秃带埋入地下生根，恢复树势

3：a. 主蔓已衰老，在下部培养预备枝　b. 剪去老蔓，以新蔓代替

（五）冬季修剪后的工作及注意事项

1. 修整架面　支架、铁丝由于受上年枝蔓、果实、风雨等的危害，每年必须修整、扎紧铁丝，对倾斜、松动的架面必须扶正、扎紧。用牵引锚石或边撑将边柱扶正或撑正；如果有铁丝锈断，须及时补设。

2. 绑缚枝蔓　绑缚枝蔓是冬季修剪后的一项重要工作，不可忽视，通过调整枝蔓绑缚的角度大小来实现冬季修剪的意图。

对枝蔓须按树形要求进行绑缚，无论是幼年树，还是成龄树，骨干枝的绑缚是非常重要的。骨干枝是根据树形来决定绑缚的方向和位置。如扇形的主、侧蔓均以倾斜绑缚呈扇形为主；Y

形架的主蔓长1.0～1.5m，侧蔓沿葡萄行绑缚。再在侧蔓上培养结果枝组，每个结果枝组的间距25～30cm，须注意固定在架面上时不留空当，务必充分利用架面，这种绑缚可使枝蔓均匀合理地分布在架面上让其充分受光，提高光合效率，增加积累水平，改善营养条件。

采用短梢修剪的结果母蔓不必绑缚。对采用中、长梢修剪的结果母蔓可适当绑缚，形式有垂直、倾斜、水平、弓形等，可抑强扶弱，对弱枝垂直或倾斜绑缚，对强枝水平或朝下绑缚，可有效地防止结果部位的上移，同时，调节树体内营养物质的均衡分配，从而提高坐果率，达到高产、优质的目的。

3. 注意事项

（1）要注意鉴别结果母枝的枝质和芽眼的优劣。凡枝条粗而圆、髓部小、节间短、节位突起、枝色呈现品种固有颜色、芽眼饱满、无病虫害的为优质枝。芽眼圆而饱满、鳞片紧包为优质芽。

（2）要防止剪口芽风干和冻伤。葡萄枝蔓的组织疏松，水分易蒸发，故结果母枝剪截时，要保留距芽眼有3～4cm的距离，最好在上一节口剪。对于多年主蔓，疏剪、回缩剪时要留长约1cm的残桩。

（3）要正确掌握预备枝上的剪口芽的方向。预备枝的剪口芽应朝内，使营养物质易于沿着枝蔓顺势输送，有利于以后新梢萌发生长。

（4）要合理处理三杈枝。凡在主侧蔓分歧点由隐芽抽生的新梢构成三杈枝，必须剪去一枝。

（5）注意徒长枝的利用。主要用于更替机械损伤及衰老枝蔓。

五、葡萄夏季修剪技术

葡萄夏季修剪的目的在于确定合理的新梢负载量和果穗负载

量，控制生长期间新梢的徒长，使养分集中供应生殖生长之需，并控制副梢生长，改善架面的光照条件，提高浆果的品质，增加产量和使枝蔓发育充实，形成足够数量的花芽并充分成熟。

（一）抹芽

抹芽是在芽已萌动但尚未展叶时，对萌芽进行选择去留，用手或枝剪将部分萌动的芽和幼嫩短梢除去。抹芽应根据各品种的特点、树势、树龄等确定时间及抹芽量。

一般先萌发出的、扁平而肥胖的芽多数是结果枝，后萌发的、瘦小尖细的多半是营养枝。花芽分化好、树势较弱的品种如维多利亚、金星无核可在展叶前抹除位置不当的芽，去副芽留主芽，留芽量比计划留枝量多留20%。花芽分化差、树势旺的品种如美人指、红地球需在展叶后能看清花穗后抹除多余的芽，去副芽留主芽，留芽比计划留枝量多留10%。树势强旺、坐果率低的如夕阳红等品种，分2～3次逐步抹去，以调控树势，保持树势中庸。一般幼树2～6年轻抹，成年树6年以上可适当重抹。

为了避免结果部位的迅速外移，使结果部位靠近主蔓，要尽可能留用靠近母枝基部的枝和芽，可留用结果母枝基部和前端的枝、芽，疏去中间枝、芽，这样有利于冬季修剪时利用基部的枝进行回缩。同一节位上长出的双芽、三芽，只选留一个强壮的主芽，若附近缺枝可留双芽，若整株结果少，而副芽上有花序，也可多留一个芽，若枝太密，可仅留有花序之芽。

（二）抹梢与定枝

定枝工作是对抹芽工作的补充，抹梢、定枝应根据品种的坐果特点、叶片大小、树龄、树势、架式等确定。一般当新梢长到10～15cm，已能辨别出有无花序时进行定枝。留用枝芽的部位必须有可供顺利生长的空间，所以要留用外侧、向上生长的枝芽，不可留用夹在结果母枝和其他多年生枝蔓之间的枝芽。对没有生长点、发育不全的枝蔓要去掉，对生长空间的潜伏芽发出的新梢要加以培养利用。

坐果率高的品种如金星无核、夏黑无核、红地球、藤稔、无核白鸡心、维多利亚等宜早定梢，使得贮藏于树体内的营养物质与根部吸收的水分和养分更多地供给留下的枝芽、花序的生长发育。坐果率低的品种如夕阳红、巨玫瑰等宜分批进行，保持中庸树势，待稳果后结合疏果最后完成定梢。

夏季修剪时的定枝工作是对冬剪的调整和补充，留枝多少比较灵活，除了考虑其他修剪因素外，应根据新梢在架面上的密度来确定留枝量，一般架面上枝距为12～15cm，每株树留26～30个枝条，每公顷留枝57 000～67 500个。合理的留枝量可以改善架面的通风透光条件，有利于光合作用和枝梢的充实发育。

（三）去除卷须、绑蔓、去老叶

当新梢长到20～40cm时，及时引缚新梢到架面上，保证架面枝条分布均匀。新梢上的卷须要及时摘除，便于管理和节省营养。上色初期可摘除部分老叶、黄叶，改善通透性，一般每个新梢最多只能摘除下部至果穗处。

（四）新梢摘心、副梢处理

1. 结果枝摘心　结果枝摘心与副梢处理主要是确保坐果，改善架面通风透光，提高果实品质。应根据品种坐果特性、树势确定处理。一般坐果率低、落果重的品种，如夕阳红、夏黑无核、巨玫瑰在开花前1～2d至初花期在花穗前留5～6叶摘心，花穗下副梢去掉或留1叶绝后处理，树势较旺时，顶部副梢留2叶处理，待坐果稳定后再放一个二次副梢留5～7叶处理，其余副梢留1～2叶绝后处理。坐果率中等、结果适中的品种，如美人指、京玉等，一般在初花期在花穗前留5～6叶摘心，副梢在盛花期至生理落果前留1～2叶处理，顶端副梢根据生理落果情况而定，落果较重时，顶部留2叶处理，落果较轻时，顶端留5～7叶处理。红地球在盛花期至生理落果前主梢在果穗前6～8叶处理，副梢留2叶处理，顶端副梢根据生理落果情况而定，落果重时留2～3叶处理，落果轻时留5～7叶处理。坐果率高的品

种如红宝石无核，副梢处理在盛花期留 1 叶处理，新梢根据坐果情况在生理落果期于果穗前留 6～8 叶摘心处理。

2. 营养枝摘心　对于没有花序的营养枝摘心（即不着生花序的枝条，包括生长枝、更新枝、延长枝）与对结果枝摘心的目的不同。对于准备培养为主蔓、侧蔓的营养枝，当其达到需要分枝的部位时即可摘心。对于准备作为下一年结果母枝用的发育枝生长势一般较旺盛，摘心时间应适宜，以使芽充实饱满为度。一般生长枝和更新枝宜于花后一周摘心，生长势中等的留 9～12 片叶摘心，生长势旺的留 13～14 片叶摘心，生长势弱的留 7～8 片叶摘心，顶端延长枝摘心宜稍晚。

强枝留 12～20 片叶摘心，弱枝适当少留叶。长势弱时副梢留 1 片叶，长势强时留 2 片叶，二次以上副梢全部清除。营养枝的副梢生长量很大，要及时处理，否则会严重影响植株的生长发育和产量，一般半个月进行一次。

（五）采果后修剪

果实采收施基肥后，将相继发出副梢，应及时去除，并用缩节胺 800 倍液喷树冠，可促进枝蔓成熟，有利花芽分化，抑制副梢抽生。同时需要注意防止病虫害的发生，保持叶片的健康，保证树体的贮存的营养水平，有利于当年花芽分化和增进新梢、枝蔓木质化，增强越冬能力。

密植果园可在采果后立即间伐，以保证所留植株枝条有充分的空间进行活跃的光合作用，以保证来年正常结果。

第八章 葡萄的花、果管理

一、花序管理

大多数葡萄品种极易成花、花序较大、坐果率高，如果放任不管，容易结果过多、植株负荷超载，造成大小年结果现象、果实品质下降、树体早衰、经济寿命缩短。必须从花序管理着手，严加调控，控产提质，才能连年丰产优质。

（一）疏花序与花序整形

1. 拉长花序 对穗较紧的葡萄品种，如奥迪亚无核、金星无核、蜜汁等品种，为改善果粒的光照条件，增大果粒生长空间，避免形成“玉米棒”形果穗，尽可能减少因果穗过紧而导致果粒间隙隐藏葡萄炭疽病、灰霉病等病菌潜伏的危害，在葡萄花序长达7～10cm、开花前10～12d使用奇宝，每克加水40kg，震荡2min后浸蘸或喷布花序。约5d后花序轴明显拉长。

2. 疏花序 为了集中营养、提高葡萄坐果率和果实品质，保证合理的产量负担，需要疏除过多的花序，疏花序对于花序较多、花序较大及落花落果严重的品种尤为重要。疏花序一般在开花前5～7d进行，留花序的多少需根据品种、枝蔓粗细等来决定。一般中穗品种每株树留18～20个花穗，如夏黑、维多利亚、美人指等品种。大穗品种每株树留14～16个花穗，如红地球、红宝石无核等品种。果穗重在400～500g以上的大穗品种，壮枝留1～2个花序，中庸枝留一个花序，细弱枝不留花序；小穗品种（穗重在250g左右），壮枝留2个花序，中庸枝以留一个花序为主，个别空间较大的枝可留2个，细弱枝不留花序。在疏花序的顺序上一般先疏弱树、弱枝，后疏旺树、旺枝，弱者少留多疏，强者少疏多留，尽量选留大而充实、发育良好且靠近结果枝基部的花序，而靠外围小而松散、发育不良、穗梗纤细的劣质花序应及早疏除。结果枝与营养枝的比例大穗品种按1∶1，如红地球、红宝石无核等；中穗品种按1.5∶1，如夏黑、维多利亚等。

3. 花序整形 根据各品种的花穗大小、发育情况确定花穗上留多少小穗轴，通过疏除过多花序和控制花序大小来进一步调控产量，才能达到葡萄植株合理负载量。

由于葡萄每串花序上小花很多，少则几百朵，多则1 000～2 000朵，这些小花在形成过程中，发育质量不一致，中间的发育较好，而四周发育较差。为了提高坐果率，减少一串花序中小花间的养分竞争，使营养集中、花期一致，从而达到果穗外观紧凑整齐，果粒大小整齐、成熟度一致，便于包装。疏花序的时间，原则上在新梢上能明显辨清花序大小、花蕾已经分离之时尽早疏花，以节省养分。

应在花前5～7d开始进行花序整形，通过掐穗尖和疏副穗可将分化不良的穗尖和副穗去掉，剪去部分发育欠佳、质量不好的花蕾、过长的穗尖及多余的副穗、歧肩等。

为了达到果穗穗形一致、大小合适，以利提高果品外观和包装质量，还须对花序进行整形。掐穗尖和疏副穗可与疏花序同时进行（图8-1）。对果穗中等的品种，只掐除穗尖，去除部分为花序全长的1/5～1/4即可。对花序较大和较长的品种，要掐去花序全长的1/5～1/4，过长的分枝也要将尖端掐去一部分。对果穗较大、副穗明显的品种，应将过大的副穗剪去，并将穗轴基部的1～2个分枝剪去，同时掐去部分过长的穗尖。如红地球的花序一般保留6～8个一级分枝、80～100个花蕾，使果穗呈圆锥形，以利分级包装。

图 8－1　葡萄花序整形

（二）花期喷硼

硼主要分布在生命活动旺盛的组织和器官中，当葡萄缺硼时，往往幼叶会出现油渍状的黄白色斑点，叶脉木栓化变褐，老叶发黄向后弯曲，花序发育瘦小，豆粒现象严重，种子发育不良，果形变弯曲。

通常葡萄果实产生大小粒现象，除开花授粉时受环境条件的影响而使授粉不良，造成大小粒以外，主要的原因是因植株缺硼所致。葡萄一般花期需要硼较多，硼能促进碳水化合物运转，刺激花粉粒的萌发，利于授粉受精过程的顺利进行。硼还有利芳香物质的形成，能提高果实中维生素和糖的含量，改善果实品质。

硼还能提高光合作用的强度，增加叶绿素含量，促进光合产物的运转，加速形成层的细胞分离，促进新梢韧皮部和木质部生长，增多导管数目，加速枝条成熟。

因此，在生产上可采取花期叶面喷施硼。一般于葡萄花前一周、花期和花后分别叶面喷施一次浓度为 0.1%～0.2%的硼砂或硼酸溶液，可以明显提高葡萄坐果率。叶面追肥最好在傍晚、阴天或清晨进行，以保证肥料在叶面有足够的有效湿润时间。

（三）花期主、副梢处理

葡萄从第一朵花开放开始至终花为止为开花期。花期是葡萄生长中的重要阶段，对水分、养分和气候条件的反应都很敏感，是决定当年产量的关键。

葡萄的花期长短、开花的早晚，因品种不同、年份不同、管理技术、栽培环境等都对其有影响。开花期一般为 5～14d，欧美杂种开花期早，欧亚种开花期较晚，相差 7～10d。葡萄花蕾多集中在 7～11 时开放，盛花期后 9d 左右为落果高峰。冷凉的天气，开花期晚，延续时间长；气温高而稳定的天气，开花期早而稳定，延续时间短。干旱或其他不利的环境条件，缺素症等会引起闭花受精，大风、阴雨对授粉受精不利。因此花期气候直接影响着坐果率的高低。如果花期气候条件较差、葡萄树势衰弱、营养不足或枝叶徒长、架面通风不良等，也会造成大量落花落果，各品种间尤以白牛奶、巨峰等品种落花落果较重。为了减少落花落果，在加强花前肥水管理的同时，应适当定枝摘心，控制主、副梢的生长，及时引绑枝蔓，改善架面光照条件，以提高坐果率和促进幼果生长；对授粉不良的品种，还要采取人工辅助授粉或蜜蜂传粉，以达到高产和提高品质的目的。

葡萄结果蔓在开花前后生长迅速，会消耗大量营养，影响花器的进一步分化和花蕾的生长，加剧落花落果。通过摘心暂时抑制顶端生长而促进养分较多地进入花序，从而促进花序发育，提高坐果率。营养蔓和主、侧蔓延长蔓的摘心，主要是控制生长长度，促进花芽分化，增加枝蔓粗度，加速木质化。

1. 结果蔓摘心　根据摘心的作用和目的，结果蔓摘心最适宜的时间是开花前3～5d，或初花期。摘去小于正常叶片1/3大的幼叶嫩梢（图8-2）。也可以进行两次摘心，第一次于花前10天左右在花序前留2片叶摘心，对促进花序发育、花器官进一步完善和充实具有明显作用；第二次于初花期对前端副梢进行控制，留1叶或抹除，使营养生长暂时停顿，把养分集中供给花序坐果，对提高坐果率具有明显效果。

图8-2　葡萄结果蔓摘心

在花前摘心时，巨峰葡萄结果新梢摘心操作标准如下：强壮新梢在第一花序以上留5片叶摘心，中庸新梢留4片叶摘心，细弱新梢疏除花序以后，暂时不摘心，可按营养新梢标准摘心。但是，并不是所有葡萄品种结果新梢都需在开花前摘心的，凡坐果率很高的如黑汗、康太等，花前可以不摘心；凡坐果率尚好、通常果穗紧凑的如藤稔、金星无核、红地球、秋红、无核白鸡心等，花前也可不摘心或轻摘心。

2. 营养蔓摘心　没有花序的蔓称为营养蔓。在不同地区气候条件各异，其摘心标准也不同（图8-3）。生长期少于150d的地区，8～10片叶时即可摘去嫩尖1～2片小叶。生长期150～180d的地区，15片叶左右时摘去嫩尖1～2片小叶；如果营养梢生长很强，单以主梢摘心难以控制生长时，可提前摘心培养副梢结果母枝。

生长期大于180d的地区，可视情况分下列几种摘心方法：

（1）生长期长的干旱少雨地区，主梢在架面有较大空间的，营养蔓可适当长留，待生长到20片叶时摘心；相反，如果主梢生长空间小，营养蔓可短留，生长到15～17片叶时摘心；如果营养蔓生长势很强，也可提前摘心培养副梢结果母蔓。

（2）生长期长的多雨地区，主梢生长纤细的于8～10片叶时摘心，以促进主梢加粗；主蔓生长势中庸健壮的于80～100cm时摘心；主蔓生长势很强，可采用培养副梢结果母蔓的方法分次摘心。第一次于主梢8～10片叶时留5～6片叶摘心，促使副梢萌发，当顶端的第一次副梢长出7～8片叶时摘心；以后产生的第二次副梢，只保留顶端的1个副梢于4～5片叶时留3～4片叶摘心，其余的二次副梢从基部抹除，以后再发生的三次副梢依此处理。

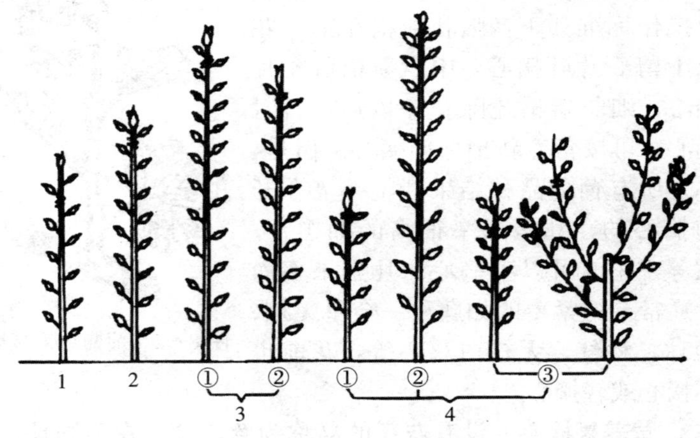

图8-3　营养蔓的摘心

1. 生长期<150d地区，8～10片叶时摘心

2. 生长期150～180d地区，15片叶左右时摘心

3. 生长期>180d的干旱少雨地区：①空间较大时，20片叶时摘心　②空间较小时，15～17片叶时摘心

4. 生长期>180d的多雨地区：①新梢较细时，8～10片叶时摘心　②新梢中庸健壮时，80cm左右时摘心　③新梢强旺时，第一次于8～10片叶时摘去3～4叶促使副梢萌发，第二次于副梢7～8片叶时，摘去嫩尖培养副梢结果母枝

3. 主、侧蔓上的延长蔓摘心　用于扩大树冠的主、侧蔓上的延长蔓，摘心标准为：

（1）延长蔓生长较弱的，最好选下部较强壮的主梢换头，对非用它领头不可的，于10～12片叶摘心，促进加粗生长。

（2）延长蔓生长中庸健壮的，可根据当年预计的冬季修剪剪留长度和生长期的长短适当推迟摘心时间。南方地区生长期较长，可在9月上、中旬摘心，使延长蔓能充分成熟。

（3）延长蔓生长强旺的，可提前摘心，分散营养，避免徒长。摘心后发出的副梢，选最顶端1个副梢作延长蔓继续延伸，按前述中庸枝处理，其余副梢作结果母枝培养。

4. 副梢的利用与处理　正确处理副梢决定着当年的坐果率、果实品质和翌年的花芽分化。现在生产上相当部分副梢处理不及时，造成养分浪费，架面荫蔽，光照不足，坐果率低，滋生病虫。

（1）结果枝上的副梢处理　结果枝上的副梢有两个作用：一是利用它补充结果蔓上叶片之不足，二是利用它结二次果，除此之外，其余副梢必须及时处理，以减少树体营养的无效消耗，防止与果穗争夺养分和水分。一般采用两种方法处理（图8-4）。

①习惯法　顶端1～2个副梢留3～4片叶反复摘心，果穗以下副梢从基部抹除，其余副梢“留1叶绝后摘心”。此方法适于幼龄结果树，多留副梢叶片，既保证初结果期树早期丰产，又促进树冠不断扩展和树体丰满。

②省工法　顶端1～2个副梢留4～6叶摘心，其余副梢从基部抹除，顶端产生的二次、三次等副梢，始终只保留顶端1个副梢留2～3叶反复摘心，其他二次、三次等副梢从基部抹除。此方法适于成龄结果树，少留副梢叶片，减少叶幕层厚度，让架面能透进微光，使架下果穗和叶片能见光，减少黄叶，促进葡萄着色。

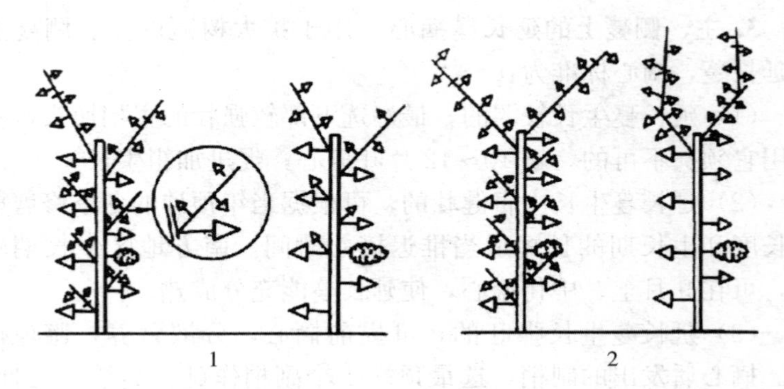

图 8-4　结果枝上的副梢处理

1. 习惯法：左边是摘心状，右边是处理后

2. 省工法：左边是第一次副梢处理，右边是二次副梢处理

（2）营养蔓上的副梢处理　营养蔓上的副梢可利用它培养结果母枝、结二次果和压条繁殖。因此，可按结果枝上副梢处理的省工法进行处理。

（3）主、侧蔓上的延长蔓的副梢处理　主、侧蔓延长蔓上的副梢，除生长势很强旺的可培养副梢结果母枝外，一般都不留或尽量少留副梢，也不再利用副梢结果。所以，延长蔓的副梢通常都从基部抹除，延长蔓摘心后萌发的副梢，也只保留最顶端的1个副梢继续延长。

另外，副梢处理还应根据架面决定，一般顶部的一个副梢留2～3叶后绝后处理。架面空间大、树势较弱的应适当延长。整个架面的枝条应保持在避雨棚外30～50cm以内，枝条下垂，保证叶面积。

（四）花期控肥控水

葡萄开花期间对温、湿度的要求比较严格，温度太高，湿度过低，花粉柱头的分泌物很快干燥，不利于授粉受精；湿度太高又会引起枝叶徒长，过多消耗树体营养，影响开花坐果，而且易发生花期病害。

南方地区由于花期气温较高，葡萄植株生长旺盛，花期施肥、灌水会引起枝叶徒长，树体营养大部分供应新梢生长，而影响开花坐果，易出现大小粒和严重减产。但在干旱地区，要在开花前15d左右浇水以利于开花和坐果。一般从初花至谢花期10～15d内，应停止施肥（尤其是氮肥）、供水、打药。但是当特别干旱、缺乏水分时，还是应适当调节土壤水分，适当补充少量的水分。

另外，由于我国南方地区葡萄开花期正值雨水较多的时期，因此要加强排水，清理沟渠，清除杂草，使地下水位保持较低的水平，使开花期间雨停田间不积水。

二、果穗管理

（一）疏果穗和果粒

通常葡萄产量与果实品质呈负相关，超过一定产量后，结果越多、品质越差。疏果穗和疏果粒是调整葡萄结果量决定产量的最后一道工序。

为了提高浆果质量，在葡萄生产中通过疏除一部分花序控制果穗数量，再行花序整形修饰穗形和调节穗重，以达到控制葡萄产量、提高品质、均衡穗重、规范穗形的目的。

国外优质葡萄的产量，一般都控制在1.7～2kg/m^2的范围内。我国果农过分追求产量，巨峰葡萄高产园每667m^2多达3 000kg以上（每平方米产果4.5kg以上）。造成浆果粒小、糖度低、酸度高、着色差（甚至不着色）、新梢不成熟、花芽分化不良。第二年发枝很少，花序也少，树势衰弱，第三年大量死树。所以从优质角度考虑，必须规范每平方米架面产果量2～2.5kg，每公顷产量1.95万～2.25万kg为标准。

1. 疏穗、疏粒的时期　为减少养分无效的消耗，疏穗和疏粒的时期以尽可能早为好。一般在坐果前进行过疏花序的植株，疏穗的任务减轻，可以在坐稳果后（盛花后20d），能清楚看出各结果枝的坐果情况，估算出每平方米架面的果穗数量时进行。疏粒工作在疏穗以后，在开花后25d左右，当果粒进入硬核期时，果粒约有黄豆粒大，能分辨出大小粒时可进行。

2. 疏穗方法 根据生产1kg果实所必需的叶面积推算架面留果穗的方法进行疏穗，是比较科学的。因为叶面积与果实产量和质量存在极大的相关性，通常叶面积大，产量高，品质好。但是产量与质量之间又是负相关，必须先定出质量标准，在满足质量要求前提下，按叶面积留果。

巨峰葡萄一般每1 000m^2架面上，具有1 500～2 000m^2的叶面积，产量可达到1 800～2 500kg，可溶性固形物含量17%左右，因此每667m^2生产1 180～1 650kg果实为宜。

疏穗的具体方法：强枝留2穗、中庸果枝留1穗、弱枝不留穗，每平方米架面选留4～5穗果。

3. 疏粒方法 在经过掐穗尖和花序整形后，花序中的果粒数一般减少了很多，但为了生产出果穗整齐、果粒硕大的葡萄，还要将过多的果粒除去。

疏果粒可在果实坐果稳定后，果粒为黄豆大小时进行。疏粒的目的是控制每串果穗的果粒数，整理果穗外形，增进果粒膨大，使果粒成熟、着色一致，使果穗大小符合所要求的标准，这也是果穗整形、果粒匀整、提高商品性能的重要措施。

标准穗重因品种而异，小粒果、着生紧密的果穗，以400～500g为标准穗；大粒果、着生稍松散的果穗，以800～1 000g为标准；中粒果、松紧适中的果穗，以750g左右为标准。果穗太大，糖度低，特别是着色更差，尤其是居于果穗中心的果粒特难着色，影响商品性。

疏粒时通常先疏掉因授粉受精不良而形成的小粒、畸形粒，个别突出的大粒果也要疏去，再去除果穗上的病虫、日灼果粒。然后再根据穗形要求，剪去穗轴基部4～8个分枝及中间过紧、过密的支轴和每支轴上过多的果粒，并疏除部分穗尖的果粒，选留大小一致、排列整齐向外着生的果粒。根据品种不同每穗保留的果粒数也有所不同。巨峰系列葡萄疏粒后的果穗模型如图8－5所示。树势生长较好，且每 $667m^2$ 栽葡萄树 150 株的葡萄园，可参照表 8－1、表 8－2 进行疏果定产。

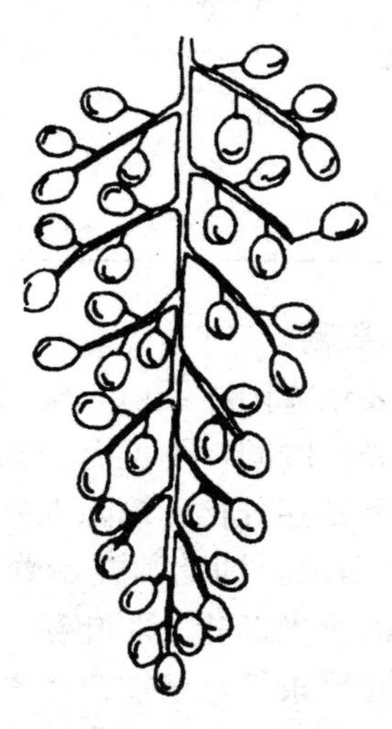

图 8－5 巨峰系列葡萄疏粒好的穗形

表 8－1 第一年结果园

品 种	最佳单穗（g）	单穗留果粒数（粒）	单株留果（穗）	每 $667m^2$ 产量（kg）
夏黑	400～500	60～80	13～16	1 000
红地球	800～1 000	70～80	8～10	1 250
红宝石无核	800～1 000	150～200	8～10	1 250
维多利亚	500～600	50～60	10～12	800
美人指	500～600	50～60	12～14	1 000
高妻	400～500	35～40	13～16	1 000

表 8-2 成龄结果园

品 种	最佳单穗（g）	单穗留果粒数（粒）	单株留果（穗）	每 667m² 产量（kg）
夏黑	400～500	60～80	20～24	1 500
红地球	800～1 000	70～80	13～16	2 000
红宝石无核	800～1 000	150～200	12～14	1 750
维多利亚	500～600	50～60	22～26	2 000
美人指	500～600	50～60	18～20	1 500
高妻	400～500	35～40	20～24	1 500

（二）去老叶、转果穗

葡萄着色成熟主要依靠阳光照射，浆果软化后若摘除果穗附近老叶，使果粒增加光照时间，不但有利葡萄着色，加快浆果成熟，还利于新梢成熟和冬芽分化。摘除老叶的时间一般从采收前30d左右开始至采收前10d，即葡萄开始着色成熟时。主要摘除果实以下和邻近果实的遮光老叶、弱叶和下部叶片，通过摘叶可以有效改善树冠内的光照条件，增加树体透光率，促使不同部位的果实着色均匀。摘叶时要尽量减小伤口防止水分流失。全树摘叶量应控制在总量的10％～15％，不能超过20％，要尽量摘除枝条下部的叶片，少摘枝条中、上部的叶片，保留健壮功能叶，摘除病残叶、老叶和过密叶。摘叶时间忌在阳光暴晒的中午进行，以避免果实发生日灼，应选择阴天，或晴天下午3时以后。

采用篱架栽培的葡萄园容易出现果穗着色不均匀的现象，一般在去老叶后一周检查果穗着色情况，将着色不均匀的果穗用手轻托轻转果穗，将果穗阴面转到阳面。一周后如果还有少部分未着色，再改变果实着色方向，使其全面、均匀着色。通过转果穗可使阴面果实着色同阳面一样，达到整串果穗着色均匀、全面和鲜艳。转果穗的具体时间，应以果面温度开始下降时为宜，在晴天下午4时后进行，阴天可全天进行。

（三）果穗上方留副梢防日灼

南方地区葡萄果实在夏季高温季节易受日灼危害，从而造成较大经济损失。

日灼病主要发生在果穗的肩部和果穗向阳面上，受日灼危害的果粒最初在果面上出现淡褐色、豆粒大小的斑块，后逐渐扩大成椭圆形、表面略凹陷的坏死斑。受害处易遭受炭疽病或其他果腐病菌的后继侵染而引起果实腐烂。硬核期的浆果较易发生日灼病，果实着色受害较少，朝西南面的果粒受害较为严重。

日灼病的主要发病原因是果实在夏季高温期直接暴露于烈日强光下，果粒表面局部温度过高，水分失调而致灼伤，或由于渗透压高的叶片向渗透压低的果实夺取水分，而使果粒局部失水，再受高温灼伤所致。一般篱架比棚架发生严重，地下水位高、排水不良的果实发病较重，施氮肥过多的植株叶面积大，蒸腾量大，发生日灼病也较重。另外有的葡萄品种由于果皮薄、抗病性差等因素受日灼的程度也较其他的更为严重。

防止日灼病主要是避免果实暴晒，在夏季高温的地区要注意架面的管理，夏季修剪时在果穗附近要保留果穗前后节和背上节共 3 个副梢用来增加叶幕的厚度遮阳防日灼，以免果穗直接暴晒于烈日强光下，其他部位可适当除去过多的叶片，以免向果实夺取过多水分、养分。对在生产上需疏除老叶的品种，要注意尽量保留遮蔽果穗的叶片。同时在高温期间可以配合灌水保持土壤湿润降低棚温及果实套袋来防止葡萄日灼的发生。

（四）果穗套袋与摘袋

1. 果穗套袋　果穗套袋，即在葡萄坐果后，用专用纸袋将果穗套住以保护果穗的一种技术。

果穗套袋能有效地防止或减轻黑痘病、白腐病、炭疽病和日灼病的感染和危害，尤其是炭疽病；能有效地防止或减轻各种害虫，如蜂、蝇、蚊、粉蚧、蓟马、金龟子、吸果夜蛾和鸟等危害果穗；能有效地避免或减轻果实受药物污染和残毒积累；能使果皮光洁细嫩，果粉浓厚，提高果皮鲜艳度，防止裂果，果实美观，商品性高。但由于袋内光照条件受到限制，着色稍慢，成熟期推迟5～7d；果实含糖量和维生素C含量稍有下降；果实套袋费时费工，且增加了生产成本。

（1）纸袋种类　目前，葡萄果袋市场质量良莠不齐，伪劣仿制袋大量上市，这种袋虽然价格低廉，但质量太差，生产中应用后会给果农带来巨大的损失。

主要表现在以下几个方面：

①原纸质量差，强度不够，在经过风吹、日晒、雨淋后容易破损，造成裂果、日灼及着色不均等。

②无防治入袋病虫害的作用，一旦发生病虫入袋危害，则束手无策，只能解袋防治。

③劣质涂蜡纸袋会造成袋内温度过高，灼伤幼果。

因此，生产中一定要严格选择纸袋种类，采用正规厂家生产的优质纸袋，坚决杜绝使用假冒伪劣产品。另外，用过一年的纸袋下一年不要再用，因为纸袋经过一年的风吹雨打，纸张强度和离水力显著降低，再次使用极易破损；涂药袋此时已经没有任何药效，难以发挥套袋应有的效果，甚至会带来不应有的损失。葡萄套袋应根据品种以及不同地区的气候条件，选择使用适宜的纸袋种类。一般巨峰系葡萄采用巨峰专用的纯白色，经过羊水处理的聚乙烯纸袋为宜；红色品种可用透光度大的带孔玻璃纸袋或塑料薄膜袋；为了降低葡萄的酸度，也可以使用玻璃纸袋、塑料薄膜袋等能够提高袋内温度的果袋。生产中应注意选择使用葡萄专用的成品果实袋。

（2）套袋时期　葡萄套袋要尽可能早，一般在果实坐果稳定、整穗及疏粒结束后立即开始，此时幼果似黄豆粒大小，南方可在5月进行，因炭疽病是潜伏性病害，花后如遇雨，孢子就可侵染到幼果中潜伏，待到浆果开始成熟时才出现症状，造成浆果腐烂。为减轻幼果期病菌侵染，套袋宜早不宜迟。如果套袋过晚，果粒生长进入着色期，糖分开始积累，不仅病菌极易侵染，而且日烧及虫害均会有较大程度地发生。另外，套袋要避开雨后的高温天气，在阴雨连绵后突然晴天，如果立即套袋，会使日灼加重，因此要经过2～3d，使果实稍微适应高温环境后再套袋。

（3）套袋方法　套袋前，全园喷布一次杀菌剂，如复方多菌灵、代森锰锌、甲基托布津等，重点喷布果穗，药液晾干后再开始套袋。将袋口端6～7cm浸入水中，使其湿润柔软，便于收缩袋口，提高套袋效率，并且能够将袋口扎紧扎严，防止害虫及雨水进入袋内。套袋时，先用手将纸袋撑开，使纸袋整个鼓起，然后由下往上将整个果穗全部套入袋内，再将袋口收缩到穗梗上，用一侧的封口丝紧紧扎住（图8-6）。注意铁丝以上要留有1.0～1.5cm的纸袋，并且套袋时绝对不能用手揉搓果穗。

图8-6　果穗套袋

（4）套袋后的管理　果实套袋后，由于天气、肥水、病虫害的影响，每2～3d，需要对套袋果实抽样检查。特别是尿袋，是酸腐病发生的前兆，一定要剪除并带出园区销毁。一般可以不再喷布针对果实病虫害的药剂。重点应防治好叶片病虫害如叶蝉、黑痘病、炭疽病、霜霉病等。对玉米象、康氏粉蚧及茶黄蓟马等容易入袋危害的害虫要密切观察，严重时可以解袋喷药。

2. 果穗摘袋　对葡萄已套袋的果穗，一般可有两种处理方法：如果采用白色、透明、透光白纸袋，可不摘袋，带纸袋采收入箱；如果采用纸质不能透光或透光性差的纸袋，应在采前一周左右摘除，以促进着色。

（1）摘袋时期及方法　有的葡萄品种套袋后可以不摘袋，带袋采收。若摘袋，则摘袋时间应根据品种、果穗着色情况以及纸袋种类而定。一般红色品种因其着色程度随光照强度的减小而显著降低，可在采收前 10d 左右去袋，以增加果实受光，促进良好着色。但要注意仔细观察果实颜色的变化，如果袋内果穗着色很好，已经接近最佳商品色泽，则不必摘袋，否则会使紫色加深，着色过度。巨峰等品种一般不需摘袋，也可以通过分批摘袋的方式来达到分期采收的目的。另外，如果使用的纸袋透光度较高，能够满足着色的要求，也可以不必摘袋，以生产洁净无污染的果品。

葡萄摘袋时，不要将纸袋一次性摘除，先把袋底打开，使果袋在果穗上部戴一个帽，以防止鸟害及日烧。摘袋时间宜在上午 10 时以前和下午 4 时以后，阴天可全天进行。

（2）摘袋后的管理　葡萄摘袋后一般不必再喷药，但须注意防止金龟子等害虫危害，并密切观察果实着色进展情况。在果实着色前，剪除果穗附近的部分已经老化的叶片和架面上过密枝蔓，可以改善架面的通风透光条件，减少病虫危害，促进浆果着色。此时，部分叶片由于叶龄老化，光合效率降低，光合产物入不敷出，而大量副梢叶片叶龄较小，所以适当摘除部分老叶不仅不会影响树体的光合产物积累，增加有效叶面积比例，而且可以减少营养消耗，更有利于树体的营养积累，但是摘叶不可过多、过早，以免妨碍树体营养贮备，影响树势恢复及来年的生长与结果，一般以架下有直射光为宜。另外，需注意摘叶不要与摘袋同时进行，也不要一次完成，应当分期分批进行，以防止发生日烧。

（五）地面铺反光膜

葡萄园内铺设反光膜在葡萄生产中有较高的实用价值，是增强光照最经济、最有效的方法之一，尤其对有色品种的增色和品质的提高效果非常显著。并且铺反光膜不仅可以促进果实增糖增色，提高葡萄果实品质以外，还可以防止杂草萌发、生长，减少肥料的流失及人工用量。

一般在葡萄的整个生长期都可铺设反光膜，但有时候为了节约成本，延长膜的使用年限，可以在葡萄开花时铺设，此时能有效地增强果树的光合作用，增加果实大小。也可在采果前去袋后再铺反光膜，增加架下散射光量，使果穗着色均匀一致，充分上色，提高果实的着色面积，缩短果实采收期，提高果实品质。

反光膜一般选用由双向拉伸聚丙烯、聚酯铝箔、聚乙烯等材料制成的反光性好、抗氧化、抗拉力强的薄膜，其反光率可达60％～70％，比普通膜高3～4倍。

铺膜前一般需要将行间杂草清除，将地整平，并进行适当的摘除老叶、修剪树冠内遮光较重的枝叶，使更多的阳光投射到反光膜上。铺膜后若遇到刮风下雨时应及时将被风刮起的膜重新整平，将膜上的泥土、落叶及积水清扫干净，以保证使用效果。在采果前可将反光膜收拾干净，卷起并妥善保存，以便来年再用，保护得当可连续使用3～5年。

第九章

植物生长调节剂的应用

一、葡萄常用的植物生长调节剂

葡萄内源激素参与调节众多生理活动如开花、坐果、果实生长与成熟等，而外用植物生长调节剂可以改变内源激素的平衡，从而调节葡萄的生长发育进程，使其按照人们所需的方向发展。在葡萄生产中，植物生长调节剂主要运用于促进生根、果实无核化、控制新梢生长、促进花芽形成、保花保果、增加产量、提高果实品质、延长或打破休眠、提高抗性、提高耐贮运力等方面。

在葡萄生产中常用的植物生长调节剂有以下几类：

（一）生长素类

生长素类对生长的促进作用主要是促进细胞的生长，特别是细胞的伸长，对细胞分裂没有影响。植物幼嫩部位对生长素类最敏感，对趋于成熟、衰老的组织，生长素的作用不明显。生长素能够改变植物体内的营养物质分配，生长素分布较丰富的部位，得到的营养物质就多，形成分配中心。生长素类的作用具有双重性，较低浓度的生长素促进生长，而较高浓度的生长素抑制生长。生长素类在生产上应用主要是促进果实的发育、扦插枝条生根、防止落花落果、提高耐贮性等。在葡萄上应用较多的生长素类植物生长调节剂有吲哚乙酸（IAA）、吲哚丁酸（IBA）和萘乙酸（NAA）三种。

1. 吲哚乙酸（IAA） 又叫吲哚-3-乙酸，是一种植物体内普遍存在的内源生长素，属吲哚类化合物，在光和空气中易分解，不耐贮存。它在调节植物的生长上，不仅能促进生长，调节愈伤组织的形态建成，同时也具有抑制生长和器官建成的作用。在较低浓度时能促进生长，较高浓度时则抑制生长。

2. 吲哚丁酸（IBA）　为白色结晶至浅黄色结晶固体，溶于丙酮、乙醚和乙醇等有机溶剂，难溶于水。吲哚丁酸活力强，较稳定，不易降解。它可经由叶片、树枝的嫩表皮、种子等进入到植物体内，再随营养流输到起作用部位。它能促进植物细胞分裂与细胞生长，诱导形成不定根，增加坐果，防止落果，改变雌、雄花比率等。

3. 萘乙酸（NAA）　为无色无味针状结晶。性质稳定，但易潮解，见光变色，需要避光保存。与吲哚丁酸类似，经叶片、树枝的嫩表皮、种子进入到植株内，再随营养流输导到全株。它能促进细胞分裂，诱导形成不定根，增加坐果，防止落果，改变雌、雄花比率等。

（二）细胞分裂素类

细胞分裂素是一类能促进细胞分裂、诱导芽的形成与生长的物质的总称。它是调节植物细胞生长和发育的植物激素，与植物生长素有协同作用，主要作用有促进细胞分裂、提高坐果率、诱导芽的形成和芽的生长、防止离体叶片衰老、保绿等。在葡萄上应用较多的细胞分裂素类植物生长调节剂有 6 - BA 和 KT - 30 两种。

1. 6 - BA　白色结晶粉末，难溶于水，微溶于乙醇和酸类。主要通过发芽的种子、根、嫩枝、叶片吸收，进入植物体内后移动性小。6 - BA 具有促进细胞分裂、诱导愈伤组织形成、促进芽萌发、防止老化、促进坐果等作用，在组织培养中应用较多。

2. KT - 30　又名 CPPU。白色晶体粉末，难溶于水，溶于甲醇、乙醇、丙酮等有机溶液，常规条件下稳定。它是目前人工合成的活性最高的细胞分裂素，其活性是 6 - BA 的几十倍，具有加速细胞有丝分裂，促进细胞增大和分化，诱导芽的发育，防止落花落果等作用。

（三）赤霉素类

赤霉素类是在植物体内广泛存在的一类植物激素，不同树种、品种、不同器官含有赤霉素的种类都有差异。赤霉素类可溶于醇类，难溶于水。赤霉素类可以促进植物生长，包括细胞的分裂和伸长两方面，体现在加速细胞的伸长，促进细胞的分裂。在葡萄生产上应用最多的是 GA_3，它能代替种子萌发所需要的光照和低温条件，从而打破种子休眠、促进发芽；可诱导葡萄单性结实，促进葡萄无籽果实的发育；可拉长花序、提高坐果率、增大果粒、改善果实品质等。

（四）乙烯类

乙烯类植物生长调节剂应用最多、应用技术最为成熟的是乙烯利，又叫乙基膦（CEPA）。乙烯利化合物为白色至微黄色针状晶体，易溶于水、醇类。它主要具有促进果实成熟、雌花分化，打破种子休眠，抑制茎和根的增粗生长、幼叶的伸展、芽的生长等作用。

（五）生长延缓剂和生长抑制剂

生长延缓剂和生长抑制剂在葡萄生产上应用较多的主要有脱落酸（ABA）、多效唑（PP333）等。

1. 脱落酸（ABA）　为白色结晶粉末，溶于水，易溶于甲醇、乙醇、丙酮、氯仿、乙酸乙酯与三氯甲烷等，而难溶于醚、苯等。ABA 稳定性较好，常温下可保存两年，宜在干燥、阴凉、避光处密封条件下保存。它的水溶液对光敏感，属强光分解化合物。由于脱落酸与赤霉素有拮抗作用，可以刺激乙烯的产生，因此有催促果实上色成熟的作用。但其主要作用是抑制与促进生长，促进叶的脱落，促进气孔关闭，影响开花、性器官分化等，可维持芽与种子休眠，因此脱落酸是一种抑制种子萌发的有效调节剂，可以用于种子贮藏，保证种子、果实的贮藏质量。

2. 缩节胺　也称甲哌啉、助壮素、调节啶、健壮素、棉壮素等。纯品为白色或浅黄色粉状物，极易吸潮结块，但不影响药效，不燃，无腐蚀，常温下放置两年有效成分基本不变。是赤霉素的拮抗剂，其生理功能主要是能够抑制细胞和节间的伸长，可控制新梢徒长，使植株矮壮。可增强叶绿素的合成作用，使叶色变深，并能增强光合作用，利于有机物的合成与积累。促进根系生长，增强根系对土壤养分的吸收能力。提高植株抗旱抗逆能力，减少花、果实脱落，提早成熟。

3. 多效唑（PP333）　为白色固体，易溶于水及有机溶剂。多效唑是赤霉素的抑制剂，可抑制植物的顶端生长优势、缩短节间长度、促进花芽分化。低浓度使用还可以增加叶片的生理效应，使光合作用、叶绿素含量、核酸、蛋白质等含量明显增加。但是，多效唑在土壤中残留时间较长，如果使用或处理不当，极易造成果品农药残留超标。

二、植物生长调节剂在葡萄上的应用

（一）促进生根与繁殖

葡萄通常有硬枝扦插、绿枝扦插、压条等繁殖方法，其体内能自身产生促进和抑制生根的物质，这些物质的不同比例决定了葡萄不同种及品种生根的难易程度。有的种或品种自身产生的抑制物质较多，需外源的植物生长调节剂来促进生根，如山葡萄、冬葡萄、藤稔等，因此合理应用植物生长调节剂，以促进难生根的葡萄品种生根，提高成活率。

用于葡萄生根与繁殖的生长调节剂主要有IAA（吲哚乙酸）、IBA（吲哚丁酸）、NAA（萘乙酸）等。由于IAA在葡萄枝内运转性较差，且在处理的部位附近可保持长时间活性，产生的根也比较强壮，因此IAA在促进葡萄插条生根最为常用，其次是NAA和IAA，而且通常生产上将这些生长调节剂按照一定比例混用，生根效果比单用的好。

采用生长调节剂来处理插条的方法主要有两种：①速蘸法。

把插条茎部末端在500～1 000mg/L的高浓度溶液的IBA、IAA或NAA等生长调节剂中浸3～5s，或将茎部末端蘸湿后插入生长调节剂粉末中，使切口沾匀粉末即可直接扦插，促进发根。②慢浸法。把插条基部2～4cm在较低浓度的IBA、IAA或NAA溶液中浸泡12～24h，一般使用的浓度为50～150mg/L。

另外，在葡萄苗定植前用500mg/L的NAA或IBA浸3～5s，或者将小苗根系等用含有20～100mg/L的NAA或IBA泥浆浸蘸，有利于促发新根，促进根的生长，提高成活率。

（二）拉长花序

在葡萄生产上主要利用赤霉素来拉长花序，但并不是任何品种都适合采用拉长花序技术。坐果好、果穗极紧密的品种采用赤霉素拉长花序，可以减少疏果用工量，果粒较小的品种还可以增加果粒重量，提高果实品质。例如一些酿酒品种，以及红地球、夏黑无核、醉金香、巨玫瑰等鲜食品种，进行无核栽培时均可采用赤霉素来拉长花序。但坐果较差的品种，或者坐果较好但新梢生长较旺盛的品种也不宜花序拉长，否则易导致坐果不理想，造成果穗较松散，影响商品性。

一般在开花前20～30d采用1～5mg/L赤霉素溶液浸蘸花序，效果较好，浓度越高抽生的花序越长。此外，花序拉长程度与处理时期有关，处理时期过早，花序往往过长；处理时间过晚，花序拉长效果不明显。因此生产上应根据品种、栽培技术和处理时期的不同相应地调整赤霉素的使用浓度，使用时期早处理浓度应较低，推迟处理时间可适当提高处理浓度。

（三）保花保果

葡萄落花落果是一种正常的自疏现象，如巨峰葡萄的正常坐果率为11.7%～13.4%。但是在生产当中，葡萄成龄树的生理落花落果往往超过了经济栽培所适宜的范围，坐果率在7%以下，导致产量大幅下降。造成大量落花落果的原因除与遗传因素相关外，大多是由于树体贮藏营养不足、养分分配不当、异常气候、不合理的栽培技术等原因所致。因此为提高坐果率，首先必须从加强葡萄园科学管理水平入手，采取营养调节措施，对园地进行土壤改良，增施有机肥，为葡萄根系生长发育创造良好条件；合理密植和密枝；控制留果量；花前摘心控制副梢生长等栽培措施。此外，还可以适当利用植物生长调节剂来保花保果。

一般现有的无核品种和自然坐果率低的巨峰等大粒有核品种，以及一些花前长势太旺盛的欧美杂种，通常采用赤霉素来提高坐果率。在葡萄坐果期使用赤霉素，可提高幼果的赤霉素和生长素水平，阻止离层的形成促进营养物质输送到幼果，从而提高坐果率。赤霉素的使用浓度为 25～100mg/L，一般在盛花期至落花后 5d 内喷穗或蘸穗，但具体使用期因品种、天气、果园而异，若使用偏早，坐果太好，增加疏果难度；使用偏晚，保果效果差。

（四）果实膨大

在葡萄生产上，通常采用植物生长调节剂来使葡萄果实膨大，特别是在无核品种上常用来增大果粒。促进葡萄果实膨大，实际上是通过采取措施以提高果实中细胞分裂素的含量，增加单位体积的细胞数量，加快细胞横向增生能力，加速果实的前期生长发育。需要注意的是，并不是所有的葡萄品种都适宜使用植物生长调节剂进行膨大处理，如巨玫瑰、黑蜜等巨峰系的大多数品种使用赤霉素后果粒增大效果不明显。而一些无核品种，如夏黑无核葡萄，若不采用赤霉素处理，其果粒仅 1.5～2.0g，商品性较差。适宜采用膨大处理的品种主要为自然无核品种、三倍体品种、有核品种无核化栽培，或对激素敏感、增大效果明显的品种，如藤稔、高妻、甬优 1 号、金峰、超藤、先锋 1 号（早甜）等。

常用于进行葡萄膨大处理的植物生长调节剂及使用方法：

1. KT－30 是一种新型高效的细胞分裂素类植物生长调节剂。具有促进坐果和果实膨大的高活性，其生理活性为玉米素的几十倍，居各种细胞分裂素之首。KT－30 对落花落果严重、开花期气候条件敏感的巨峰等品种提高坐果率的效果非常明显，可使产量大大提高。使用KT-30时有一点需注意，因为它能使坐果率提高、果粒明显膨大，必须严格控制产量，必要时配合疏粒。否则会因产量过高而造成着色和成熟期推迟，而在正常产量负载下，对着色和成熟期无明显影响，并且有提高浆果含糖量的效果。

市场上常见的商品名为“葡萄膨大剂”的产品，其有效成分主要是KT-30。“葡萄膨大剂”是塑料锡箔袋装液体产品，使用时每袋兑水1～1.5kg（或按说明书使用）。使用方法为落花后7～10d及20d各喷（浸）果穗一次。

2. 赤霉素 对无核品种应用赤霉素处理可使果粒明显增大。如美国自1961年以来，对生产上的无核白葡萄几乎全部采用赤霉素处理，应用面积达1.5万hm^2以上，果粒增大1～1.78倍。我国在无核白等品种上应用赤霉素处理也取得了较好的效果，使用方法是在盛花期用10～30mg/kg处理一次，于花后15～20d用30～50mg/kg再处理一次，浸蘸或喷布花序和果穗。不同品种最适宜的处理浓度有所差异，实践证明：红脸无核第一次用10mg/kg，第二次用30mg/kg；金星无核第一次用20～50mg/kg，第二次用50mg/kg；无核白鸡心第一次用20mg/kg，第二次用50mg/kg；无核白第一次用10～20mg/kg，第二次用20～40mg/kg处理，使用效果均较好，可使果粒增重0.5～1倍以上。

3. 大果灵或增大灵 对有核品种（如巨峰、藤稔等）于花后10～12d浸蘸或喷布果穗，可使果粒增大30%～40%。详细的使用方法参照产品说明书。

（五）无核化处理

葡萄无核化处理就是通过良好的栽培技术和无核剂处理相结合，使葡萄果实内原来的籽（种子）软化或败育，使之达到大粒、早熟、无籽、丰产、优质、高效的目的。无核化处理是目前葡萄生产上的一项重要新技术，其应用越来越普遍。无核化处理的植物生长调节剂主要有：

1. 赤霉素　应用赤霉素诱导葡萄形成无核果的工作，已在世界上许多国家葡萄生产上进行。如日本从1959年就开始在玫瑰露（底拉洼）品种上应用，到目前应用面积达上万公顷，技术成熟，效果良好。第一次处理是在玫瑰露葡萄盛花前12～14d，用100mg/kg的赤霉素溶液喷布花序，破坏胚（种子）的形成，达到无核的目的。第二次处理是在盛花后13d用50mg/kg赤霉素溶液喷布果穗，使果粒增大（因为无核后的果粒通常会变小）。

2. 葡萄无核剂或消籽灵　其主要成分也是赤霉素，同时增加了其他调节剂或微量元素。生产实践表明比单用赤霉素处理效果要好，副作用小。使用方法详见产品说明书。

需要特别强调的是，使用赤霉素或无核剂进行无核化处理的效果，与树势、栽培管理、药剂浓度及使用时期等都有密切关系，稍有不慎就会使穗轴拉长、穗梗硬化、容易脱粒、裂果等副作用，造成不应有的损失。因此，无核剂应提倡在壮树、壮枝上使用，并以良好的地下管理和树体管理为基础，尽量减少或消除不良副作用。此外，赤霉素不溶于水，需先用70%酒精或60°白酒溶解再兑水稀释；应选在晴朗无风天气用药，为了便于吸收和使浓度稳定，最好在清晨8：00～10：00或15：00～16：00喷药、蘸药。若使用后4h内降雨，雨后应补施一次。

（六）延长或打破休眠

在葡萄生产上由于气候的不同或生产目的不同，常常会利用一些生长调节剂或化学剂来延长或打破芽或种子的休眠。葡萄种子和芽休眠的开始和终止，除环境因素以外主要是由内部促进物质（生长素、赤霉素、细胞分裂素）和抑制物质（主要是ABA）相互作用的结果。

在冬天不需要防寒越冬但春天嫩梢有遭晚霜冻害的地区，或者是想要采取延迟栽培、达到葡萄果品晚上市目的的果园，可以在春季2～3月给葡萄树喷750～1 000mg/kg的NAA，以延迟

发芽，上一年生长期喷过 GA_3 的，春天发芽也会延迟。

南方许多地方由于冬季气温较高，气温低的时间持续比较短，或者是大棚覆膜栽培，葡萄会出现低温不足的现象。因为葡萄属于落叶果树，在温带的自然条件下形成了低温休眠的特性，当枝条上的冬芽形成后，即进入休眠状态，一直到第二年春天才会萌芽。进入休眠期后，葡萄植株一般需要有 1 000～2 000h 的需冷量，才可全部完成正常休眠，但因品种、年份、环境等条件有所差异，二年生里扎马特葡萄平均为 447.5h，京亚为 632.5h，巨峰为 771.4h，而绯红和无核白鸡心分别为 1 209h 和 1 291h。如果低温不足，葡萄正常休眠就不能顺利通过，就会出现葡萄发芽不整齐、发芽率低、枝梢生长不良、花器发育不完全、开花结果不正常而失去生产价值，进而直接影响产量和质量，因此常常需要借助一些化学物质来打破芽的休眠。

当前在葡萄生产上打破休眠最有效的方法是利用石灰氮或者单氰胺涂抹冬芽。石灰氮和单氰胺处理不仅可以弥补低温需冷量的不足，而且可以使冬芽萌芽整齐一致，花序发育良好。

具体处理方法为：

1. 石灰氮 化学名称为氰胺基化钙（$CaCN_2$），在常温下呈灰色粉末状。它可以促使抑制葡萄发芽物质的降解，从而打破芽的休眠，促进发芽。生产上常用 20%浓度的石灰氮进行涂芽或全株喷布处理的方法。在我国南方地区一般处理时期在 11 月下旬至 12 月中旬，而在 1 月处理的效果较差，处理得当可以提早 2～3 周发芽，提早 4～10d 开花，提前 1 周左右成熟。使用石灰氮处理时，枝条顶端的 1～2 个芽一般不涂，而只对枝条中、下部的芽眼进行涂芽处理，以防止对顶端优势产生影响。

2. 单氰胺 化学名称氨基氰（H_2CN_2），商品名称哚美滋、荣芽等，它是一种液体破眠剂。实际上石灰氮的水溶液中主要成分就是单氰胺，它打破休眠的机理和石灰氮完全相同，但单氰胺使用方法比石灰氮更方便，它不需要用水溶解，也不需要再进行

pH 调节，只要按照浓度稀释后就直接可以应用。一般单氰胺商品溶液的有效含量是 50%，在应用时可以稀释为 2%～5%的浓度（即兑水 10～15 倍）涂芽，加入 0.1%的吐温 80 等表面活性剂效果更为理想。使用时期与石灰氮类似。

（七）植物生长调节剂的其他作用

在葡萄生产上有时还会利用植物生长调节剂来增加果实糖分及着色，延缓生长。常见的一些方法如下：

1. 应用外源乙烯来促进葡萄降酸、增加花色素、促进着色　该法常伴随落果、果实软化等副作用。目前市场上供应的着色增糖剂、催熟剂等均是以乙烯利为主要原料的复配剂。它能促进增糖，促进着色，一般能提早 7d 左右采收，但浓度不能偏高，否则会导致严重落果。乙烯利的浓度一般以 200mg/kg 为宜，不能超过 300mg/kg。在果实已开始着色时微喷雾喷果穗或浸蘸果穗，尚未着色不宜使用，不能喷到叶片，否则会引起落叶。

2. 使用多效唑等生长延缓剂来抑制新梢的旺长　葡萄在温度和水分适宜的条件下其枝蔓一年四季可不断生长，并多次分枝，同时有时候由于土壤肥沃、水分过多或修剪不当，葡萄新梢会旺盛生长。生长过旺的葡萄，体内激素平衡状况和营养分配不利于生殖器官的发育和坐果。因此采用多效唑等生长延缓剂可以用来抑制或延缓新梢的生长，使新梢近顶端部分的细胞分裂和伸长受抑制，营养物质会更多地分配到花穗，而且还可以使 GA 的水平下降，显著提高坐果率，减少小果粒。使用的时期可在新梢旺盛生长初期、葡萄开花之前使用，可以减轻修剪量、提高坐果率，使用的浓度为 500～1 500mg/kg，全株喷布，喷施后新梢生长量明显减少，副梢的生长也会受到抑制。多效唑的使用以土施效果较好，叶面喷施只有短暂的控制效应，还易产生药害，施用量为结果树每株 0.15～0.5g，用 5～10kg 水稀释后，在主干周围挖沟浇入，施用时期可分秋施、花前施和花后施，秋施和花前施坐果过多、果粒密挤而影响发育。

三、应用植物生长调节剂的注意事项

1. 根据不同葡萄品种、树势、树龄特点选择植物生长调节剂 葡萄品种不同，其本身含有的各种内源激素种类与量也有所不同，对植物生长调节剂的反应也不一样，因此不能一概而论滥用生长调节剂，需根据品种的特点来选用。如坐果良好的品种，就没有必要再用植物生长调节剂促进坐果。扦插容易生根的品种，也不一定要用生长素类药剂来催根。一般无核品种用赤霉素增大果粒都有作用，但有极少数品种反应不太明显。有核品种利用膨大剂增大果粒时，品种不同增大效果不同，如巨峰用赤霉素处理增大不明显，而藤稔、先锋、伊豆锦花后应用赤霉素效果显著，效果不明显的品种就没有必要进行膨大处理。在对各种品种进行无核化栽培时效果也不同，对先锋、醉金香等进行无核化处理就容易成功，而且处理后果粒大、品质优；而巨峰无核化就不稳定，大多数情况下表现果粒小、无核率低。

葡萄品种、树势、树龄不同，植物生长调节剂的使用效果很可能不一样，但无论是增大果粒，还是无核化栽培，健壮的树势才是植物生长调节剂应用的基础。如果树势不稳定，或者树势偏弱，同一株树上开花早晚与花穗发育状态参差不齐，就很难选择合理的处理时期。

2. 生长调节剂只能作为栽培管理的辅助性技术 在葡萄上应用植物生长调节剂，必须以合理的土、肥、水和架面管理等综合栽培技术为基础，合理应用才能达到高产、优质、高效的目的。植物生长调节剂的应用，只能是葡萄栽培的辅助性措施，而不可取代基本的栽培管理技术。

在应用生长调节剂之前，必须把土、肥、水、光、温、湿等管理内容调节好，再辅以合理的修剪、留产、病虫害防治等管理，当植株强旺时选择适当的时期、适合的生长调节剂种类进行合理的应用、细致的管理，生长调节剂才能充分显示其效应，从而达到增产、增效的目的。例如对果实采用膨大处理时，如果没有充足的肥水、合理控产、及时的疏穗疏粒、适当的叶果比等条件，生长调节剂的功效就得不到充分的发挥，就不会达到目的。

3. 根据气候等条件选择植物生长调节剂使用时间、浓度　植物生长调节剂在使用时温度和湿度、处理时间对处理的效果影响较大。如在春末夏初时应选择在晴天上午 12 时以前或下午 3 时以后到落日之前，避开 30℃ 以上的高温时间，空气湿度在 60%～80%较好，天气太干燥，易造成药害，湿度太大处理效果不太理想。生长调节剂处理时期对处理效果影响较大，而且同一生长调节剂在不同时期使用，不仅效果不同，而且可能完全无效，甚至产生相反的效果，同时适当的浓度和次数也尤为重要。一般来说无核品种进行增大果粒的处理时期比有核品种要早；无核化生产时花前处理比花期处理无核率高；赤霉素在花前使用可以起拉长花序的作用，果实膨大期使用有增大果粒的作用；无核品种、单性结实品种在盛花后几天内用赤霉素促进果实生长的效果最好；种子败育型结实品种，最有效的时间是在胚败育期，约为盛花后 10d 左右。

此外，不同的果园、不同年份由于气候条件变化，具体处理时期一般还是要根据多年积累的经验，由物候期指标来决定。

第十章 葡萄产期调控技术

葡萄产期调控，是根据其开花习性以及影响开花的内在因素与外界条件，运用各种技术措施，控制或调节营养生长和生殖生长的关系，使之提早或延迟开花，在一个较大地区使葡萄产期周年均匀分布，即包括以修剪、化学处理等为主的调节成熟的农艺技术及通过设施栽培提早或延迟成熟期的技术，使葡萄鲜果在同一地区供应期提前半个月左右，或延后1～3个月。葡萄产期调控包括促成栽培、延迟栽培和一年两收或多收栽培等技术。

一、产期调控的方法

（一）产期调控的时期

1. 促成栽培 早春大棚覆膜升温时，如果葡萄尚未通过休眠，则会出现发芽不整齐，发芽率低，枝梢生长不良等问题。因此，打破休眠是大棚促成栽培中的一项重要技术措施。葡萄冬芽完成休眠需要一定的低温条件，一般认为，满足葡萄休眠的低温需求量为7.2℃以下低温1 000～2 000h。南方地区葡萄通过休眠的时期在1月上旬至2月中旬，但因品种而异。通过打破葡萄的休眠，促进葡萄提前萌芽，可以达到提早葡萄的成熟期。

2. 延迟栽培 于每年6月或以后，采取剪除副梢逼发冬芽抽生花穗，并在各品种果实采收后进行修剪，逼发冬芽萌发，开花结果，使葡萄延迟采收到11月以后。

3. 一年两收栽培 根据当地光温气候条件，分为两代同堂

栽培模式以及两收果实生育期完全不重叠的栽培模式。通过修剪、化学调控等手段进行催芽，采用适宜的综合配套栽培技术，两代同堂栽培模式的第一造果与第二造果分别于7～8月和10～11月正常成熟；生育期完全不重叠的栽培模式的第一造果（夏果）与第二造果（冬果）分别于6～7月和12月正常成熟。

（二）葡萄产期调控的形式

按照预定葡萄成熟期与常规栽培的比较来划分，产期调控可分为促成栽培、延迟栽培和一年两收栽培3种形式。

1. 葡萄促成栽培　葡萄促成栽培一般是利用棚膜的增温、保温效果，辅以温、湿度控制，创造葡萄生长发育的适宜条件，使其比露地提早生长、发育，浆果提早成熟并提高果实品质，以满足市场需求的一种栽培方式，是以提早成熟为目标的葡萄设施栽培的一种主要形式。在促成栽培方式下，葡萄一般于2～3月萌芽，6～7月收获果实，利用整枝修剪的方法，在特定时期促进或抑制枝蔓生长发育，人为控制花芽分化，实现调控产期的目的。

（1）大棚构建　以定型装配式钢管大棚为多。南方的单栋大棚，一般宽6m，肩高1.8～2m，脊高3.2m，每667m^2三栋，棚间距1m。棚膜以透光率高、耐高温的长寿无滴膜为好。常用的有EVA（乙烯-醋酸乙烯膜）无滴膜，有色的紫光膜等。连栋棚有逐渐增多趋势。为减少成本，各地创造不少竹木结构大棚，也可获得较好效果。

（2）促芽萌发　促进葡萄芽提早萌发是大棚促成栽培中的一项重要技术措施。一般利用适宜浓度的单氰胺或石灰氮溶液，涂抹于葡萄芽体上，破除其休眠，促进萌芽。

（3）温度和环境调控　大棚生态环境调控中温度是最重要的因子。早春覆膜时期，南方在1～2月，因地域而有差异。覆膜后，应尽量密闭保温，但温度不宜过高，白天温度超过30℃时需揭膜降温，随天气的逐步回暖揭膜也日渐频繁，直至四周全部揭开。棚内葡萄生长之后可结合每天降温通风补充CO_2，行间铺地膜可降低棚内湿度。

（4）树体管理　大棚内由于棚膜的遮光，光照较弱，栽培设计中应注意适当放宽栽植密度，控制产量。架式可用篱棚架，棚面倾斜向上，每棚栽两行，行间距2.5～4.0m。树形采用双主蔓小扇形，以长、中梢修剪为主。依据品种制定花穗整形、疏花疏果等技术，产量一般控制在11 250～15 000kg/hm^2为好，务求质量第一。夏季修剪要严格控制新梢，保持叶幕通风透光。

（5）土壤和水分管理　大棚内土壤易聚积盐分，因此要少施化肥，多施有机肥。增施钾肥以提高品质，施入337.5kg/hm^2的K_2O可显著提高品质。早春地温上升慢于气温，根系活动滞后是影响生长的主因，加盖地膜可缓和这一矛盾。棚内土壤水分全靠人工补给，应采用滴灌或微喷方式供水，约10d左右灌1次。在葡萄需水敏感时期应增大灌水量，灌足灌透，如萌芽前、幼果膨大期、浆果转色期等。

2. 葡萄延迟栽培　葡萄延迟栽培是通过栽培措施来延迟葡萄采收、上市。一般采用延迟萌芽、推迟葡萄成熟期，或者是利用葡萄一年多次结果的特性使果实在常规季节之后成熟，达到葡萄延迟采收的目的。

延迟萌芽采收一般可在设施栽培下人为创造春季棚内低温，在春季气温回升时，盖好草帘、保持低温，使越冬葡萄延长休眠期，推迟萌芽生长。生长期不揭棚膜，使栽培品种延迟生长，秋季利用棚内适宜的温度，使其达到推迟成熟、推迟上市，避开露地葡萄上市高峰，从而抢占晚市，获得较高的售价。另外，可通过在葡萄成熟前重回缩（剪掉部分副梢），促进顶部冬芽萌发和副梢生长等修剪技术使葡萄成熟期推迟，其作用是改变营养的输送中心，减少对果实养分的供应；另一方面新梢再次生长的嫩尖幼叶产生的赤霉素、生长素影响了体内激素的平衡关系，使果实成熟过程受到抑制。

利用二次结果来延迟采收可参考一年两收栽培。

3. 葡萄一年两收栽培　葡萄的一年两收，是当年生新梢的冬芽或夏芽实现花芽分化后，通过适当措施促使其当年萌发，从而抽生出带花序的多次梢产生多次果，是在良好土肥水条件的基础上，再利用有关措施促使葡萄植株形成多次果的技术。目前主要是利用冬芽二次结果与利用夏芽副梢二次结果两种方法：

（1）利用冬芽二次结果技术　采用促发当年生枝上的冬芽进行二次结果，由于冬芽花芽分化较好，二次结果产量和品质均能得到保证，所以生产上常用冬芽副梢，形成一年二次结果。

利用冬芽副梢二次结果时，其技术关键一是要迫使、加速当年枝条上冬芽的花芽分化与形成，二是要使冬芽副梢按时整齐地萌发，以保证果实当年能充分成熟，主要措施是：主梢摘心，由于当年生枝上冬芽中花序分化在开花前至开花初期已开始进行，所以利用冬芽进行二次结果时，主梢摘心一般在花序上方有 4～6 个叶片平展时进行，这次摘心的主要目的是促进树体营养集中于冬芽之中，以促进花芽分化更为充分。主梢摘心后，将所有副梢除去，使养分完全集中运向顶端 1～2 个冬芽之中，促进冬芽提前萌发，若第一个萌发的冬芽枝梢中无花序时，可将这个冬芽副梢连用主梢先端一同剪去，以刺激枝条下面有花序的冬芽萌发，由于冬芽发育时间较长，所以冬芽副梢上的花序分化较好，结实力也相对较强。

生产上为了使冬芽副梢花序质量更好，一般抹除副梢分两次进行，第一次先抹除中下部的副梢而暂时保留上部的 1～2 个副梢，并对这 1～2 个副梢留 2～3 个叶片进行摘心，待到第一次副梢抹除后 10～15d，再将这 1～2 个副梢除去，以促发冬芽。这样新抽生的冬芽副梢不但整齐一致，而且冬芽中的花序大而健壮，结实率也高。

通过控制剪除顶端副梢的时间可以调控冬芽的萌发时间，虽然推迟冬芽萌发时间可使花序结实力提高，但冬芽二次枝抽生过晚将直接影响果实的生长和成熟时期，因此一定要注意冬芽抽发时间不能太晚，华北地区，剪除顶端副梢逼发冬芽的适宜时间是5月底至6月初，其他地区可根据当地具体的气候情况灵活决定。

（2）利用夏芽副梢二次结果技术　由于夏芽随即形成随即萌发，而且一次夏梢萌发后又易抽生二次夏梢，易造成营养分散，花芽不易形成或形成的花芽质量不高。利用夏芽副梢二次结果时，要保证夏芽中花序的良好形成，这是利用夏芽副梢进行二次结果的技术关键，因此，利用夏芽副梢二次结果时对摘心和抹除副梢的时间要求十分严格。

主梢摘心：利用副梢二次结果时，必须在夏芽尚未萌发之前及时摘心促其形成花芽，因此摘心时间不能过晚，欧亚种品种一般在主梢花序上方1～3叶腋节中的夏芽容易形成花芽，因此以促进二次结果为目的的主梢摘心的时间比一般摘心时间要早1周，同时也要结合该地区的具体环境和品种花芽形成的状况进行确定，关键是一定要在摘心部位以下有1～2个夏芽尚未萌动时进行，这一点务必要注意。

抹除全部夏芽副梢：在主梢摘心的同时，抹除主梢上已萌动的全部夏芽副梢，使树体营养全部集中在顶端1～2个未萌发的夏芽之中，促其花芽分化，一般主梢摘心后，顶端夏芽5d左右即可萌发，若加强管理即可形成良好的夏芽副梢花序。

对已抽发的有花序的副梢，应在副梢花序以上2～3片叶处摘心，以促进已抽生的花序正常生长。

若诱发的夏芽副梢无花序形成，在其展叶4～5片叶时应再次摘心，促发二次副梢结果，但要注意摘心时在摘心处以下一定要有1～2个尚未萌动的芽。

（三）影响葡萄产期调控的因素

1. 温度控制在葡萄产期调控中的作用　温度是葡萄产期调控的关键因素，是决定葡萄物候期进程的重要因素，开花前30～

40d的日平均温度与开花早晚及花器发育、花粉萌发、授粉受精及坐果等密切相关。在一定范围内，果实生长与温度成正相关。促成栽培和延迟栽培都需要适宜的生长温度和足够的生长期积温来保证。促成栽培通常是利用设施的增温保温效果，辅以温、湿度控制，创造葡萄生长发育的适宜条件，使其比露地提早生长、发育，提早浆果成熟和提高品质，从而满足市场需要。葡萄延迟栽培是利用设施栽培来保持低温，使越冬葡萄加长休眠期，推迟萌芽生长，生长期使葡萄延长生长，秋季利用棚内适宜的温度，使其达到推迟成熟、推迟上市。根据不同葡萄品种的积温需求量和特定地区的温度分布热点，可以用反推的方法，计算出葡萄在该地区的物候期。要把这一原理应用于延迟栽培，首先应确定栽培目标（如预定成熟期的安排），然后根据葡萄与生态的拟合情况推算出延迟栽培的生产进程和物候期。

2. 栽培措施在产期调控中的作用 栽培技术是葡萄产期调控成功的关键，包括品种选择、修剪技术、田间管理、催芽技术等。在延迟栽培模式中，葡萄新梢的管理、修剪时期和节位等对冬芽和夏芽中花序分化的程度有直接的影响。为保证葡萄二次果栽培中的果实产量和质量，需要在试验的基础上确定上述参数。吕智敏等在设施条件下，分别选择6月15日、6月30日、7月5日和7月15日进行新梢成熟部位修剪，促发冬芽副梢并形成二次果，使其成熟期延迟到元旦期间，该研究认为在6月30日和7月5日的修剪处理萌芽率、果枝率较高，可以获得较好的经济效益。在马艳等的研究中，巨峰新梢剪口粗度大于0.8mm时更有利于诱发大穗的二收果。利用葡萄低节位花芽分化早的特点，对长势中庸的发育枝，应降低修剪节位（剪口节数为4～6节），使其剪口粗度达到要求。新梢修剪时间最好在当地早霜前4个月左右。谢志兵等的研究表明，新梢短截后，对新梢生长量有明显作用，剪留部位越低，新梢生长越迅速。从修剪时间看，修剪越早，新梢生长越迅速。未修剪树的新梢生长量也很大，这可能与其主蔓的营养水平较高有关。采后修剪可明显提高结果系数和坐果率。修剪部位是主要的影响因子，修剪部位越低，提高结果系数、坐果率的效果越明显。

台湾葡萄产期调控的技术发展比较成熟，其产期调控的关键在于控制营养生长，促进花芽分化，从调控产期后的田间操作、提高果实品质以及植物生长调节剂的使用等方面着手。在一年两收的生产方式中，果农多采用落叶修剪的方法，在第一次果实收获后（8 月下旬至 9 月上旬），用一般冬季修剪的方法，留下适当结果母枝，并使用 5 波美度石硫合剂或高浓度尿素液将树上残叶打落，逼迫冬芽萌发并开花结果，约在 12 月采收。第二收葡萄果皮色深，糖酸比高，品质比第一收果高。

3. 葡萄产期调控中生长调节物质的应用 植物生长调控物质对葡萄产期可起到一定的调节，但必须与其他生产措施相配套才能发挥作用。乙烯及其类似物通过调节成熟基因而对葡萄成熟具有促进的效果。氰胺类化学物质则通过打破葡萄芽休眠，促进萌芽、开花和成熟期的提前。氰胺类药剂在台湾的葡萄产期调节中常用作催芽剂，来调整某些品种因休眠不足而发芽慢、不整齐的情况。在延迟栽培方式中，氰胺类药剂可用作落叶剂和催芽剂，以提高萌芽率和萌芽整齐度。目前，生产上广泛使用的葡萄破眠剂为单氰胺，如荣芽、朵美兹等。ABA 一直被称为“休眠子”或“休眠诱导因子”，人们普遍认为它是最重要的生长抑制剂，ABA 在阻止落叶果树萌发方面有突出的效果。

（四）葡萄产期调控的关键技术

1. 花芽分化的调控措施 葡萄花序、卷须与新梢是同源器官，环境条件和某些化学物质会促使三者之间相互转化，在葡萄植株上可看到各种花序和卷须的过渡体。花芽分化与果实发育、新梢生长同时进行，在了解花序分化进程的基础上，可在特定时期采取相应的技术措施使外界环境条件、内部营养与激素条件有利于花序的形成，从而调控收获期并使其高产、稳产、优质。

其栽培管理技术措施为：①用缓和植株生长势的架式，选用高、宽、垂的T形架式或水平架式，控制顶端优势；②严格控制第一茬果的负载量（15 000～22 500kg/hm^2）和氮肥用量，增大C/N比；③生长期多次摘心结合喷生长抑制剂，抑制营养生长，促进生殖生长；④冬季宜选留节间短、芽眼饱满的充实枝条留作结果母枝，采用中、长梢修剪，并适当多留结果母枝，待现蕾后再疏去空枝；⑤随着树龄的增长，有计划地间伐，扩大树冠；⑥对花芽量少的葡萄园可在花前适当断根。

2. 打破休眠的调控措施　葡萄完成自然休眠要一定的需冷量。关于葡萄的需冷量，各品种间存在较大差异。在不同年份，不同地区，由于气候条件的不同，即使同一品种对打破休眠的低温效应也有所不同。需冷量主要取决于葡萄自身的生物学特性，只有满足其需冷量，葡萄才能完成自然休眠。才能在适宜的温度、湿度、光照条件下萌芽。一般认为，葡萄冬季休眠的需冷量为7.2℃以下1 000～1 200h。

单氰胺或石灰氮溶液在一定程度上可以代替低温的生物学效应，能促进芽体萌发，提早萌芽，提高萌芽率。用单氰胺或石灰氮溶液涂抹在大棚促成栽培的葡萄结果母枝芽上，可使萌芽期提前2～11d。采用单氰胺或石灰氮溶液等生长调节剂处理打破休眠，结合生长期修剪等技术措施以调节葡萄的花芽分化，并加强栽培管理，促使其二次结果。

二、适合产期调控方式的品种

产期调控成败的关键之一是品种。研究表明，不同的品种有不同特色。只有优胜劣汰，扬长避短，才能收到产期调控的效果。

1. 大棚促成栽培品种　促成栽培以早、中熟品种为主，应选择大粒、优质、无核等经济效益高，耐弱光、耐湿，果实着色好等性状优良的品种。如粉红亚都蜜、维多利亚、夏黑无核、京玉、藤稔、巨峰、无核白鸡心、矢富罗莎、里扎马特等在南方各地推广面积大的品种。

2. 延迟栽培品种 品种以红地球为主，其成熟期为11～12月。除采用推迟萌芽生长，延长生长期生长等方法外，主要是利用葡萄的一年多次结果特性，在6月10日后，剪除副梢，逼发冬芽抽生花穗；也可在果实采收后，进行剪梢修剪，逼发冬芽萌发，开花结果，达到延迟采收。

3. 一年两熟或多熟栽培品种 在南方利用葡萄夏芽及逼发冬芽多次结果进行产期调控时，能多次结果的品种应以维多利亚、巨峰、户太8号、京优、奥古斯特、京玉、粉红亚都蜜、红双味、蜜红等早中熟品种为宜。

三、产期调控注意事项

葡萄产期调控技术是一种人为的调节生长结果的技术，若不按科学规律进行，会产生不良的效果。因此，在生产上利用葡萄产期调控技术时应注意以下几个问题。

1. 品种选择 不同品种花芽形成特点不同，同时一年中多次结果能力品种间差异较大，一般来讲，欧亚种中西欧品种群、黑海品种群及欧美杂交种品种多次结果能力较强，而东方品种群品种多次结果能力明显较差，但即使在同一品种群中，不同品种在不同的栽培条件下，一年多次结果能力都会有所不同，因此一定要进行观察、研究，选用适合进行产期调节的品种和相应的栽培技术，这一点在设施栽培上尤为重要。

2. 要注意当地的环境条件 采用葡萄产期调控技术中，特别是对于一年两收或多收的葡萄品种，植株生长期相对延长。因此，一定要注意到当地的气候状况，尤其是生长期中大于或等于10℃的有效积温、无霜期和日照状况；在我国南部地区秋季温度适宜，而且降水量较少、日照充足，适于采用葡萄调控技术。

3. 加强植株管理 葡萄产期调控中，对于一年多次结果使树体营养消耗显著增加，因此相应的管理技术一定要跟上，如水肥管理、土壤管理、病虫害防治等。在肥料管理上要重视全年均衡施肥，适当增加追肥次数；在水分管理上要注意夏秋季多雨季节的排水防涝和后期防旱工作；同时要高度重视病虫害防治，确保功能叶的健壮生长。在栽培管理上尤其要重视合理负载和适时采收；在上年多次结果的情况下，负载量不宜过大，否则会影响果实的成熟期和品质，而且对来年树体生长发育及产量和品质也有负面的影响。因此，必须强调合理负载，一个地区如何决定一次果和二次果的产量比例，可根据树体生长情况、栽培目的及管理状况来确定，若为了延迟成熟可重点多留二次果，若是为了避开成熟期遇雨而推迟果实成熟期时，可疏除一次果，只保留二次果等。采用一年多次结果技术时要注意适时采收，一定要在葡萄品种特点充分显示之后再进行采收，不能采收过早。

为了促进二次结果连年稳产优质，还要重视修剪整形、化学调控、增强叶片光合效率等一系列配套技术的应用。一般在第一次摘心后喷 1 000～2 000mg/kg 的矮壮素（CCC）以促进花芽分化，同时在坐果后利用 CPPU 20mg/kg 或 GA_3 25mg/kg 增大二次果的果粒。同时在二次结果开始成熟时采用 450～500mg/L 的乙烯利喷布果穗，以促进果实成熟。

第十一章

葡萄主要病虫害防治

一、主要病害与防治

（一）真菌性病害

1. 灰霉病

（1）为害症状　花穗发病处呈淡褐色、水渍状圆斑，逐步扩展成暗褐色斑，潮湿时病穗上长出灰色霉层。开花前染病，常在低温潮湿时引起花穗腐烂或脱落。落花后常在未脱落的帽状花托、雄蕊和发育不完全的果粒上长出灰色霉层。谢花后的小果穗易受侵染，发病初期被害部呈淡褐色水渍状，很快变暗褐色，整个果穗软腐，潮湿时病穗上长出一层鼠灰色的霉层，细看时还可见到极微细的水珠，此为病原物分生孢子梗和分生孢子，晴天时腐烂的病穗逐渐失水萎缩、干枯脱落。成熟果实及果梗被害，果面出现褐色凹陷病斑，很快整个果实软腐，长出鼠灰色霉层，果梗变黑色，不久在病部长出黑色块状菌核。病菌在 4～6 月为害叶片。发病叶片首先在边沿形成红褐色病斑，初呈水渍状，灰褐色斑，上生灰色霉层，然后逐渐引起整个叶片坏死、脱落。病害严重时，可引起树体全部落叶。病害的这种早期侵染与以后在果实上的侵染没有联系。

（2）发病规律　灰霉病是由灰葡萄孢菌侵染寄生而引起的，病原可在病蔓上或僵果上形成菌核越冬，也可以菌丝体在病皮和冬眠芽上越冬。越冬的菌核和菌丝体在葡萄开花前即可产生分生

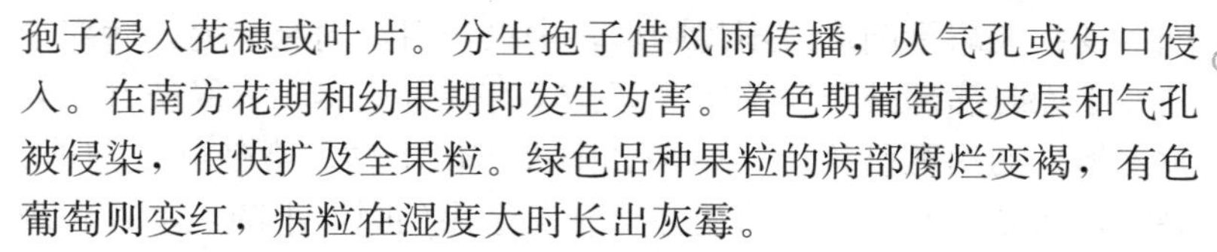

孢子侵入花穗或叶片。分生孢子借风雨传播，从气孔或伤口侵入。在南方花期和幼果期即发生为害。着色期葡萄表皮层和气孔被侵染，很快扩及全果粒。绿色品种果粒的病部腐烂变褐，有色葡萄则变红，病粒在湿度大时长出灰霉。

（3）防治方法

农业防治：①彻底清园，消灭病残体上越冬的菌核；春季发病后，于清晨趁露水未干，仔细摘除感病花穗以减少再侵染菌源。②增施磷钾肥，控制速效氮肥的使用，防止枝梢徒长，抑制营养生长，对过旺的枝蔓进行适当修剪，或喷生长抑制素，改善果园的通风透光，降低田间湿度等有较好的控病效果。

药剂防治：①花后喷药，用50%腐霉利可湿性粉剂800～1 000倍液，或50%异菌脲可湿性粉剂1 500倍液，或40%嘧霉胺1 000～1 200倍液，或25%菌思奇800～1 000倍液或50%凯泽1 000～1 500倍液。隔10～15d喷1次，连续2～3次，重点喷花穗。②由于灰霉病菌对化学药剂抗性较强，应注意农药的交替使用。③如转色始期结合施药防治，加喷上述灰霉病防治药剂。我国南方地区灰霉病的发生主要在开花前后。易发病的品种为巨峰、夏黑等欧美杂交种。塑料大棚湿度较高和阴雨天发病较重，应尽早预防。

2. 黑痘病

（1）为害症状　黑痘病为害葡萄果粒、叶、蔓、穗柄、果柄、叶柄、卷须等幼嫩绿色部分。幼果：被害处出现黑褐色圆斑点，后逐渐扩大，直径可达0.2～0.5cm，中央稍凹陷变灰白色，周边深褐色，有些品种周缘红色或紫红色，似鸟眼状，故有些地区又叫鸟眼病。发病严重时，一颗果实上数个病斑相连成片，病部硬化龟裂，病果不软烂，果粒小而酸，失去经济价值。发病较晚的果粒仍可长大，病斑只限于表层而不深入果肉，不软烂，果肉变酸。夏季近成熟的果粒发病较少。叶片侵染点初呈黄色小斑点，随后病斑扩大，中心变褐色，周缘有黄色或紫褐色晕圈，后

期病变扩大略呈圆形或不规则形，中央灰白，周缘紫褐，病部干枯，干燥时病部破裂脱落成大穿孔，直径可达1cm。侵染点在叶脉上形成的病斑呈梭形、凹陷、中央灰白干枯。常使叶片扭曲、皱缩。新蔓、叶柄、卷须受害处先发生褐色圆形小圆点，后病斑渐扩大呈不规则状，病斑周缘深褐色或紫褐色，中心灰白凹陷。病部组织坏死僵硬干裂，病斑上部枝蔓皱缩扭曲、不能正常发育，甚至枯死。穗轴、果柄部发病，病部坏死，果穗不能正常发育，果粒脱落或僵化。

（2）发病规律　春季葡萄展叶后和幼果期，越冬病菌即可形成大量分生孢子，借风雨传播到新生的枝蔓、卷须、叶片、幼果等各部位。分生孢子的产生及发芽侵入需要高湿条件，葡萄抽蔓、展叶和幼果期连续降雨时，在潮湿的南方或沿海地区为害较严重。一般在开花前后发病，幼果期为害较重。在葡萄发育后期黑痘病多发生在新蔓或叶片上，果实上发生很少。不同品种之间黑痘病的发生有明显差异，一般来说巨峰、夏黑、户太8号、黑奥林、红富士等品种比较抗病。红地球、红宝石无核、美人指等欧亚种容易感病。植株树势强，叶片厚而浓绿，叶背多茸毛，果皮较厚的品种比较抗病；树势弱，叶片薄而色泽浅，叶背茸毛少，果皮薄的品种抗病性弱。

（3）防治方法

农业防治：冬季进行修剪时，剪除病枝梢及残存的病果，刮除病、老树皮，彻底清除果园内的枯枝、落叶、烂果，集中烧毁。生长季节及时摘除病梢、病叶和病果，集中销毁。防止枝蔓叶过密，保证通风透光。果穗及时套袋。增施腐熟的有机肥，保证树体营养全面，健壮生长。注意氮的用量，防止贪青旺长。

药剂防治：萌芽前，将老蔓的翘皮仔细揭除，用3～5波美度的石硫合剂对植株、架材和地面进行1次全面喷施。苗木或插条用5波美度的石硫合剂浸泡2～3min，再取出定植或育苗。芽鳞膨大但未出现绿叶时喷一次3～5波美度的石硫合剂，萌芽展叶后，每10d左右，用10%世高1 500～2 000倍液，或40%氟硅唑8 000倍液、25%腈菌唑1 500～2 000倍液、50%多菌灵800～1 000倍液、27%铜高尚1 000倍液，或1∶0.7∶200的波尔多液全树喷施，重点喷嫩尖及花果、叶片。

3. 霜霉病

（1）为害症状　病菌可以侵害枝蔓、果穗、叶片等所有绿色组织，但以为害叶片最重。叶片：初期出现有透明感油渍状不规则形病斑（摘下叶片向阳光透视清楚可见），数日后病部变黄、形状不规则、边缘界限不清，病斑背面着生白色幼嫩霜状霉菌层，故而得名霜霉病，霉层后期变灰白色（孢子囊和孢子囊梗）。病斑逐渐扩大到1cm以上，后期变黄褐或红褐色而干枯，数斑相连可导致整叶干枯而脱落。病叶是果粒的主要侵染源。严重感染的病叶造成叶片脱落，从而降低果粒糖分的积累和越冬芽的抗寒力。新蔓：被害处生水渍状病斑，并逐渐扩大由近圆形变条状，病部停止生长，另一侧继续发育而使枝条扭曲。病部变黄乃至黄褐色，枝表形成灰白色霉菌层。幼嫩的果粒极易染病，病幼果变灰色，果粒和果柄表面密生白色霉菌，较大的果粒染病处形成褐色病斑，生长受阻发育不均衡，近成熟期遇雨易形成裂果。后期即使叶片严重发病果粒却发病较少，此特点和炭疽病、白腐病有明显区别。绿色品种果粒病部变灰绿色，红色品种病粒变粉红色，一般不生霜霉菌层。一般病粒近成熟时易脱落。穗轴发病处变褐、很易折断。花穗积聚的露水利于病菌侵染，发病小花及花梗初现油渍状小斑点，由淡绿色变为黄褐色，病部长出白色霉层，病花穗渐变为深褐色，腐烂脱落。

（2）发病规律　葡萄霜霉病是一种流行性病害，低温、多雨、多雾、多露的条件下有利此病发生和流行。据文献记载，广东5月开始发病，7月为发病盛期，秋季发病期可延续到11月，苗圃里3月即开始发病；江苏地区记载，日均温在10℃以上，降水量在10mm以上，新蔓长度在10cm以上，连续3～5日低温高湿即可发病。地势低洼、枝叶密挤、通风透光不良的小气候条件也有利此病发生。而高温、干旱的年份（或地区），此病发生较少。霜霉病发生和品种也有关系：容易感病的品种如玫瑰香、红地球、红宝石无核和我国的山葡萄等；比较抗病的品种如巨峰、黑奥林、先锋、红富士、户太8号、夏黑等。

（3）防治方法

农业防治：①秋末和冬季，结合冬前修剪进行彻底的清园，剪除病、弱枝梢，清扫枯枝落叶，集中烧毁，以及秋冬季深翻耕。②加强葡萄园的管理，春、夏、秋季修剪病枝、病叶，同时做到树无病枝、枝无病叶、穗无病粒、地无病残，早期架下喷石灰水杀死病残体中病原。

药剂防治：①清园后在植株和附近地面喷1次3～5波美度的石硫合剂，可大量杀灭越冬菌源，减少侵染。②5月上旬开始喷药防治，多雨年份提早到4月中、下旬。用1∶0.7∶200倍量式波尔多液，或72%克露可湿性粉剂750倍液、64%杀毒矾可湿性粉剂500倍液、75%泰克可湿性粉剂6 000倍液、75%猛杀生800～1 000倍液、90%疫霜灵粉剂600倍液、60%氟吗锰锌600～800倍液、50%烯酰吗啉2 000～2 500倍液。叶片正面和背面都要喷均匀才能取得良好的防治效果。上述杀菌剂或复配剂应交替轮换使用，隔10～15d防1次，全期防治3～5次。秋雨多的年份，中、晚熟品种采收后还应喷药2～3次，以免早期落叶。

4. 白腐病

（1）为害症状

枝干：在受损伤的地方、新梢摘心处及采后的穗柄着生处，特别是从土壤中萌发出的萌蘖枝最易发病。初发病时，病斑呈污绿色或淡褐色、水渍状、用手触摸时有黏滑感，表面易破损。随着枝蔓的生长，病斑也向上下两端扩展，变褐、凹陷，表面密生灰白色小粒点。随后表皮变褐、翘起、病部皮层与木质部分离，

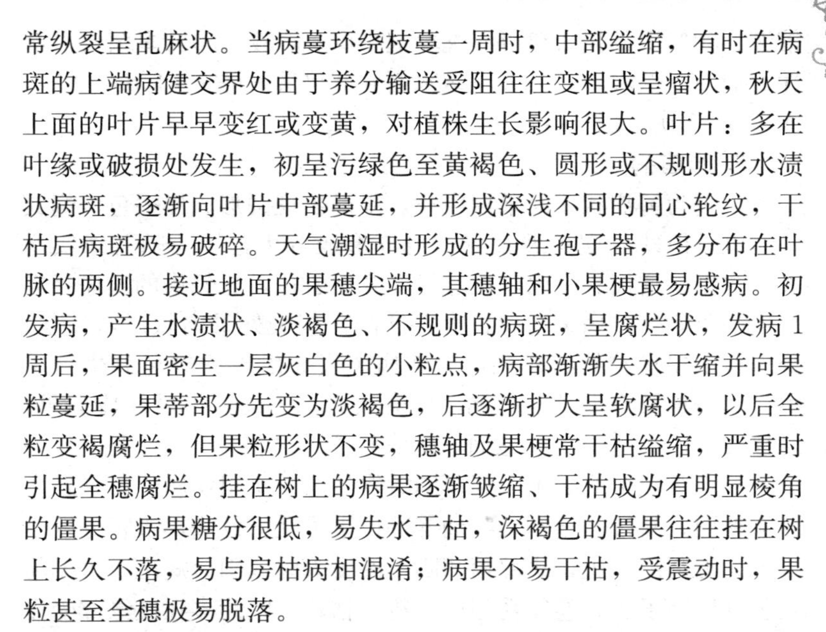

常纵裂呈乱麻状。当病蔓环绕枝蔓一周时，中部缢缩，有时在病斑的上端病健交界处由于养分输送受阻往往变粗或呈瘤状，秋天上面的叶片早早变红或变黄，对植株生长影响很大。叶片：多在叶缘或破损处发生，初呈污绿色至黄褐色、圆形或不规则形水渍状病斑，逐渐向叶片中部蔓延，并形成深浅不同的同心轮纹，干枯后病斑极易破碎。天气潮湿时形成的分生孢子器，多分布在叶脉的两侧。接近地面的果穗尖端，其穗轴和小果梗最易感病。初发病，产生水渍状、淡褐色、不规则的病斑，呈腐烂状，发病 1 周后，果面密生一层灰白色的小粒点，病部渐渐失水干缩并向果粒蔓延，果蒂部分先变为淡褐色，后逐渐扩大呈软腐状，以后全粒变褐腐烂，但果粒形状不变，穗轴及果梗常干枯缢缩，严重时引起全穗腐烂。挂在树上的病果逐渐皱缩、干枯成为有明显棱角的僵果。病果糖分很低，易失水干枯，深褐色的僵果往往挂在树上长久不落，易与房枯病相混淆；病果不易干枯，受震动时，果粒甚至全穗极易脱落。

（2）发病规律　白腐病一般发生在 6～8 月，发病盛期一般在采收前的 5～7 月。高温高湿的天气，易发病。地势低洼、土质黏重、排水不良、土壤瘠薄、杂草丛生或修剪不适、枝叶过于郁闭、病虫及机械损伤多，发病重。篱架比棚架发病重，东西架向比南北架向病重些。

（3）防治方法

农业防治：秋冬季结合休眠期修剪，彻底清除病果穗、病枝蔓、落叶，刮除可能带病原的老树皮。果园土壤深耕翻晒。生长季节田间侵染发生后，结合管理勤加检查，及时剪除早期发现的病果穗、病枝蔓，收拾干净落地的病粒。增施优质的有机肥料。结果部位尽可能提高到 40cm 以上。

药剂防治：开春前地面上喷 3～5 波美度的石硫合剂，发病初期喷 10％氟硅唑水乳剂 1 500～2 000 倍液，或 40％福星 8 000 倍液、10％世高水分散粒剂 1 000～1 500 倍液、10％赚实 3 500

倍液、50%甲基托布津可湿性粉剂1 000倍液、50%多菌灵可湿性粉剂600倍液、42%大生富水剂600倍液。隔7～15d喷1次，连续3～5次。

5. 炭疽病

（1）为害症状　幼果期染病，果面出现圆形、黑褐色、蝇粪状病斑，但幼果期扩展很慢，也不形成分生孢子。随着果实增大、含糖量增加、果肉软化、果面开始着色，先侵染的病斑果肉产生褐色病变，病斑迅速扩大并凹陷，侵染处果肉软烂水渍状，分生孢子器呈轮纹状排列，后期病斑表面出现粉红色分生孢子团，病斑扩及全果乃至全穗，病斑处失水干缩，最后变成僵果，悬挂架上，有些脱落在地面。果农称之为“黑烂”。大发生年一个果粒上常数个或数十个病斑同时发生，果实很快腐烂，果粒多掉落地面。新枝、穗柄和叶柄等部位也可受害发病，被害处发生褐色、近圆形病斑，病部稍凹陷。湿度大时或雨后病斑上可见粉红色分生孢子团。卷须受害后常造成枯死。叶片多在叶缘部受侵染，病斑圆形或长圆形，暗褐色，病斑由小到大，直径可达3cm。空气湿度大的雨季也可产生粉红色分生孢子团。穗轴、果柄上侵染发病，多发生褐色长椭圆形病斑，常使整穗果粒发病，湿度大时病斑表面长出粉红色病原物，后期果粒干缩，悬挂于果枝上。

（2）发病规律　病菌多在枝条、穗轴、卷须、僵果等处和枝条的节间部位越冬。越冬病菌在枝条长出绿色枝叶时，气温达15℃以上，有足够的湿度时即可产生分生孢子；发病早晚和降雨早晚有密切关系，降雨早则发病早，大量发病期在7～8月，高温高湿多雨年份尤为严重，流行年份果穗发病率可高达60%～70%；枝叶密挤、树冠层通风透光不良、湿度大、叶面常有水珠或露水发病则重；立架葡萄以近地面下层果穗先发病，棚架较轻；地面潮湿，排水不好，地下水位高，发病较重；树体营养均衡协调，枝叶发育好，抗病力强。

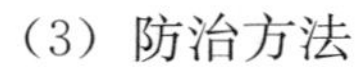

（3）防治方法

农业防治：收获后及时清除损伤的嫩枝及损伤严重的老蔓，增强园内的通透性。结合冬春修剪，彻底清除病残嫩梢、叶，拾净残屑，带出葡萄园处理，减少病源。结合培管，深沟高垄，降低园内温度，减轻发病程度。

药剂防治：春季萌芽时，对结果母枝喷 3 波美度石硫合剂。从 6 月上旬开始喷 25％溴菌腈 800～1 000 倍液，或 10％世高水分散粒剂 1 500～2 500 倍液、抑快净 52.5％水分散粒剂 2 000～3 000倍液、66.75％易宝水分散粒剂 1 200～1 500 倍液、50％施保功 1 500～2 000 倍液。隔 15d 左右喷 1 次，连续喷 3～5 次，在葡萄采收前半个月应停止喷药。

6. 白粉病

（1）为害症状　新梢发病先出现星状病斑，上有白粉；枝条木质化后出现褐色到黑色病斑。病芽发出的新梢生长缓慢，叶片卷缩。叶片上病斑与霜霉病症状相似，但病斑更小，叶背面的叶脉变黑。叶片表面覆盖白粉，严重时，白粉可布满叶片，叶片卷缩，枯萎而脱落。果实在转色前，病斑上被白粉，幼果可能干裂；转色后白粉病不能再在浆果上发展。

（2）发病规律　白粉病菌以菌丝体在被害组织或芽鳞片内越冬，翌年产生分生孢子，借风力传播。分生孢子落到寄主表面后，如条件适宜，温度在 25～30℃，相对湿度在较低时，分生孢子即萌发，蔓延极快，因此，在闷热干旱的夏季有利病害的发生。整个生长期可重复侵染多次。栽植过密，肥料过多，枝蔓徒长，通风透光不良时均有利于发病。

（3）防治方法　①加强田间管理，使其通风透光良好。②春天萌芽前喷铲剂。③生长季喷 0.2～0.3 波美度石硫合剂，或硫黄胶悬剂 300 倍液、70％甲基托布津可湿性粉剂 800～1 000 倍液、25％粉锈宁可湿性粉剂 1 500 倍液。自发病初，每半月喷 1 次。

7. 穗轴褐枯病

（1）为害症状　该病发生在穗轴、花序及幼果上。穗轴、花梗受害，初为淡褐色水渍状斑，扩展后为深褐色，稍凹陷的病斑，湿度大时呈现褐色霉层。当病斑绕花梗或小果梗一周时，其上面的花蕾或幼果萎缩、干枯脱落，严重时，几乎全部落光，造成大量减产。幼果受害，呈现黑褐色圆形斑点，直径约为0.2mm，仅为害果皮。随果实增大，病斑结痂脱落，对生产影响不大。

（2）发生规律　病原菌以分生孢子和菌丝体在芽的鳞片内及植株表皮上越冬。翌年春天花序伸出后至开花前后，越冬和新生分生孢子借风雨传播，侵染幼嫩的花梗、穗轴、幼果。5～6月的低温有利于病原菌的侵染蔓延，造成大量的落花落果。果园地势低洼，通风透光差，发病重。南方的梅雨天气，有利于该病害的发生蔓延。

（3）防治方法

农业防治：选用抗病品种。控制氮肥用量，增施磷钾肥，同时搞好果园通风透光、排涝降湿，也有降低发病的作用。在葡萄叶片4～5叶时摘心、摘卷须、整枝控梢，使枝条积累养分。清除病枝、病果，集中销毁，消灭越冬菌源。

药剂防治：葡萄芽萌动后，喷3波美度石硫合剂，重点喷结果母枝，消灭越冬菌源。喷药关键期是从穗轴抽生到果实加速膨大前，喷50%甲基托布津可湿性粉剂1 000倍液，或42%大生富水剂600～800倍液、1.5%多抗霉素500倍液、40%克菌丹可湿性粉剂500倍液。棚室栽培用50%甲基托布津可湿性粉剂800倍液，或75%百菌清粉剂600～800倍液交替使用。

8. 蔓割病

（1）为害症状　枝蔓基部4～5个节处发病，初期病斑暗紫褐色，逐渐变黑、变硬，表面纵裂，周围癌肿，容易折断，表面有许多黑色小粒点。木质部横切面可见暗紫色病变组织，呈腐朽状，一般要 2～3 年才发生枯死。病蔓生长衰弱，叶片色淡而小，卷缩变黄，多在冬季枯死，或春季发生黄绿叶丛死去。常在新梢抽出 2 周后发生，以致在绿枝叶中突然出现叶片枯黄的死蔓，十分明显。新梢发病时，叶色迅速变黄，叶缘卷缩，新梢全部萎缩，叶柄、叶脉、卷须常有紫黑色条斑。叶肉出现细小、浅绿色或褪绿的形状不规则或圆形病斑，病斑有黑色中心。幼果发病生灰黑色病斑，果穗发育受阻。果实后期发病与房枯病相似，黑色小点粒更为密集。

（2）发生规律　蔓枯病在欧亚种葡萄较美洲种葡萄易感病，如佳利酿、龙眼、法国蓝等品种，发病很重，有时造成毁灭性的危害。多雨、潮湿的天气利于发病。地势低洼、土质黏重、排水不良、土层薄、肥水不足的果园，以及管理粗放，虫伤、冻伤多或患有其他根部病害的葡萄树发病均较严重。

（3）防治方法

农业防治：剪除病蔓。在发病时期要勤检查，早期发现病蔓，要及时剪除。发现老蔓上的病斑，可以用小刀将病斑刮除，一直刮至见到无病的健康组织，将病残体烧毁，防止病菌传播。加强果园管理。葡萄树的生长势与对葡萄蔓割病的抗病性关系很大。肥、水供应充足、合理，田间管理精细、及时，挂果负载量适宜，可以保持植株旺盛的生命力，增强树体的抗病性。

药剂防治：以预防为主。葡萄出土后，喷布一次 3 波美度石硫合剂，于 5 月再喷布一次 53.8％氢氧化铜 1 000 倍液或 40％氟硅唑乳油 8 000 倍液，能减少和防止蔓割病的蔓延，同时兼治其他病害。剪除和刮治病蔓。剪除幼小病蔓，刮治大枝病疤，并涂以 S－921 抗生素 30 倍液，效果明显。

（二）主要生理性病害的防治

1. 水罐子病

（1）为害症状　水罐子病一般于果实近成熟时开始发生。发病时先在穗尖或副穗上发生，严重时全穗发病。有色品种果实着色不正常，颜色暗淡、无光泽，绿色与黄色品种表现水渍状。果实含糖量低，酸度大，含水量多，果肉变软，皮肉极易分离，成一包酸水，用手轻捏，水滴溢出。果梗与果粒之间易产生离层，病果易脱落。

（2）发病规律 该病是因树体内营养物质不足所引起的生理性病害。结果量过多，摘心过重，有效叶面积小，肥料不足，树势衰弱时发病重；地势低洼，土壤黏重，透气性较差的园片发病较重；氮肥使用过多，缺少磷钾肥时发病较重；成熟时土壤湿度大，诱发营养生长过旺，新梢萌发量多，引起养分竞争，发病重；夜温高，特别是高温后遇大雨时发病重。

（3）防治方法 ①注意增施有机肥及磷钾肥，控制氮肥使用量，加强根外喷施磷酸二氢钾叶面肥，增强树势，提高抗性。②适当增加叶面积，适量留果，增大叶果比例，合理负载。③果实近成熟时，加强设施的夜间通风，降低夜温，减少营养物质的消耗。④果实近成熟时停止追施氮肥与灌水。

2. 生理裂果

（1）为害症状 葡萄裂果病是葡萄果实接近采收期间，果皮开裂，随即果粒腐烂和发酵，严重者整株果实没剩几粒好果，造成减产甚至绝收，发病轻者，穗形不整齐，降低商品价值。

（2）发病规律 果实生长后期土壤水分变化过大，久旱逢雨或大水漫灌，根从土壤中吸收大量水分，输送到果实内，靠近果刷细胞生理活动和分裂加快，而靠近果皮的细胞活动较缓慢，使果实膨压骤增，果皮纵向裂开。葡萄裂果病与品种特性、栽培技术有关，具有裂果特性的品种，如果栽培技术得当可以防止裂果；不易裂果的品种，栽培条件失宜也易裂果。果皮不坚固的品种易发病，如藤稔葡萄果皮薄，极易裂果；果皮与果肉紧贴一起，不易剥离，如布朗无核等品种的果皮与果肉紧粘在一起，果肉增大后，往往使部分果皮受压紧绷以致裂口；果粒与果粒挤得太紧，像康太膨压增大后再加果粒间挤压就易裂口。土壤干湿变化太大，接近成熟时久旱逢雨或大水漫灌；成熟期大肥大水果实膨大速度太快；没有保护好叶片，叶片出现青枯或染病受损，以及叶果比太小，叶片的蒸腾作用弱，大量的水分不得不向果中输送，都容易造成裂果。

（3）防治方法 ①接近成熟期，要适当控制氮肥和水分，减缓果实增大速度。②适时灌水，低洼地要及时排水，经常疏松土壤，做到排灌畅通，防止土壤干湿变化过大。③果穗紧的品种，要于花后摘心和花序上适当多留叶片摘心，要及时疏花疏果粒。④有适宜的叶果比，要保证每千克果有 60 片左右正常大小的叶片，并保护好叶片，切勿使叶片受损。⑤及时摘除病粒，以免裂果流出的汁液感染其他果粒。

3. 日灼病

（1）为害症状 葡萄日灼病为生理性病害，受害果粒最初在果面上出现淡褐色小斑块，后逐渐扩大成直径 7～8mm 的椭圆形凹陷坏死斑，受害处易遭受炭疽病或其他病菌的侵染而引起果实腐烂，或病斑继续扩大，整个果实呈棕黑色，并有酒臭味，最后落粒或成僵果。硬核期的浆果较易发生此病，以朝西向南的果粒表面为多。

病害多发生在裸露于阳光下的果穗上，其原因系树体缺水，供应果实水分不足引起。当根系吸水不足，叶蒸发量大、渗透压升高，当叶内含水量低于果实时，果实里的水分容易被叶片夺走，致果实水分失衡出现障碍则发生日灼。当根系发生沤根或烧根时，也会出现这种情况。

（2）发生规律 葡萄不同的品种，日灼病发生的程度差异很大。气候反常，花后雨水少、气温高，易发病。朝西的山坡由于日照强，发病重，其他地方发病轻。灌水不及时，土壤干燥发白，发病重。调查发现，棚架葡萄发病最轻，双十字 V 形篱架次之，单篱架最重。偏施氮肥、树势徒长、幼嫩叶多、水分蒸腾量大，发病率较高，缺钙明显的园地，由于葡萄根系发育不良，易发病。高温天气露水未干时，早晨及中午套袋的发病重，傍晚套袋发病轻；雨后第一天套袋发病重，第二天套袋发病轻；疏果后，立即套袋发病轻，果粒增大期套袋发病重，遇特殊高温天气套袋发病重。另外，处在果穗阳面上部贴近纸袋部位发病重，果穗阴面和基部果发病轻。

（3）预防方法　①最好选择地势高、耕作层深厚、土质好、肥力高、透气性好、能排能灌的地块建设葡萄园。②冬春季要增施充分腐熟的有机肥，以提高植株的抗病能力，避免过多施用速效氮肥，以培养稳健的树势。③做好排水及灌溉工作，春雨、梅雨、秋雨、台风暴雨对葡萄正常生长不利，雨期棚外四周要开沟排水，做到雨停沟干。少雨时要进行灌溉，最好是滴灌，使果园土壤经常保持湿润。④选择好棚架架型，架向东西较好，注意架面管理。夏季修剪时，在果穗附近要适当多留叶片，以防果穗受暴晒。其他部位过多的叶片要适当摘除，以免向果实争夺水分。⑤套袋能减轻日灼病的发生，同时也能减少其他病虫为害，减少农药、尘土等污染，还能改善葡萄色泽、增进品质，提高商品价值。套袋时间以果粒长到绿豆大时为宜。套袋前喷一次杀菌剂，待药液风干后套上经杀菌剂浸过的葡萄专用纸袋，扎紧袋口。⑥挂盖遮阳网，篱架栽培的可用宽 70～80cm 的遮阳网横挂于果穗部位，东西行挂在南侧，南北行挂在西侧。

4. 气灼病

（1）为害症状　气灼病一般发生在幼果期，从落花后 45d 左右至转色前均可发生，但大幼果期至封穗期发生最为严重。首先表现为失水、凹陷、浅褐色小斑点，并迅速扩大为大面积病斑，整个过程基本上在 2h 内完成。从病斑横切面看，病斑表皮以下有些像海绵组织。病斑面积一般占果粒面积的 5%～30%，严重时，一个果实上会有 2～5 个病斑，从而导致整个果粒干枯。病斑开始为浅黄褐色，而后颜色略变深并逐渐形成干疤（几个病斑的果实，整粒干枯形成“干果”）。病斑分布具有一定随意性，一般在果粒侧面，近果梗处和底部也发生。在土壤湿度大（水浸泡一段时间后）遇雨水后（在葡萄粒上有水珠）忽然高温，有水珠的部分，易在底部出现气灼病。

（2）发病规律　葡萄气灼病，是特殊气候、栽培管理条件下表现的生理性病害。任何影响葡萄水分吸收、加大水分的流失和蒸发的气候条件、田间操作，都会引起或加重气灼病的发生。连续阴雨后，天气转晴后的闷热天气；连续雨水，土壤含水量连续处于饱和状态，天气转晴后的高温，易发生气灼病。

若葡萄地上部分和地下部分不协调，地上部分发达，而地下根系不好，易发生气灼病。若地下根系比地上部分发达（或地上的枝叶量与根系量协调一致），就不容易发生气灼病。气灼病的发生跟品种特性也有关系，红地球、龙眼、白牛奶等品种，气灼病发生比较严重，红地球由于根系不发达容易发生。另外，果皮薄、果皮表面粗糙、果皮保水性差的品种也容易发生气灼病。土壤通透性差、土壤黏重、长期被水浸泡，土壤持水量小、干旱，土壤有机质含量低，会引起或加重气灼病的发生。气温高、蒸发量大的时期浇水（比如中午浇水），会造成根系温度降低，影响水分吸收，也会引起或加重气灼病的发生。

（3）预防方法　①增施有机肥，增强树势，改善果园管理，增强枝叶的健壮程度，适时灌水。②避免高温前灌水，雨后应及时排水。③对于要套袋的果园，在套袋之前充分灌溉一次，避免在高温的时候套袋。④高温季节可以采用果园行间生草的方式，以减少地面热量的吸收，降低地面蒸腾，降低果实周围微环境的温度，减少气灼病的发生。⑤保持土壤通透性好，有利于根系呼吸，避免或减少气灼病。

（三）细菌性病害的防治

1. 葡萄酸腐病

（1）为害症状　果实腐烂、降低产量；果实腐烂造成汁液流失，造成无病害果粒的含糖量降低；鲜食葡萄烂到一定程度，不能食用；酿酒葡萄受酸腐病为害后，汁液外流会造成霉菌滋生，干物质含量增高（受害果粒腐烂后，只留下果皮和种子并干枯），使葡萄失去酿酒价值。

（2）发病规律　酸腐病是真菌、细菌和醋蝇联合为害。严格讲，酸腐病不是真正的一次病害，应属于二次侵染病害。首先是由于伤口的存在，从而成为真菌和细菌的存活和繁殖的初始因素，并且引诱醋蝇来产卵。醋蝇身体上有细菌存在，爬行、产卵的过程中传播细菌。从而形成果粒腐烂，最后残留果粒干枯只剩下果皮和种子。

酵母菌是引起酸腐病的真菌。空气中酵母菌普遍存在，并且它的存在被看作对环境非常有益。

另一种引起酸腐病的病原菌是醋酸菌。酵母把糖转化为乙醇，醋酸细菌把乙醇氧化为乙酸，乙酸的气味引诱醋蝇，醋蝇、蛆在取食过程中接触细菌，在醋蝇和蛆的体内和体外都有细菌存在，从而成为传播病原细菌的罪魁祸首。醋蝇是酸腐病的传病介体。

（3）防治方法

栽培措施：尽量避免在同一果园种植不同成熟期的品种；增加果园的通透性（合理密植、合理叶幕系数等）；葡萄的成熟期不能（或尽量避免）灌溉；合理施用或不要施用激素类药物，避免果皮伤害和裂果；避免果穗过紧（采用果穗拉长技术）；合理施用肥料，尤其避免过量施用氮肥等。

化学防治措施：成熟期的药剂防治是防治酸腐病的最重要的措施。可施用80%必备和杀虫剂配合施用，自封穗期开始施用3次必备，10～15d喷1次，80%必备800倍液。杀虫剂应选择低毒、低残留、分解快的杀虫剂，这种杀虫剂要能与必备混合施用，并且1种杀虫剂只能施用1次。可以施用的杀虫剂有10%歼灭乳油、40%辛硫磷、80%或90%敌百虫1 000倍液等。

2. 葡萄根癌病

（1）为害症状　在葡萄的根部、根颈、树干、枝蔓、新梢、叶柄、穗轴等器官上出现大小不等、形状各异的癌瘤。在葡萄的整个生长期内均可发生。病树初期形成的癌瘤较小，呈圆形突起，稍带绿色和乳白色，质地柔软，较光滑具弹性，可单生或群集。随着瘤体长大，颜色逐渐变深，后期呈褐色至深褐色，质地变硬，表面粗糙，龟裂，内部组织木栓化，瘤的大小不一，有的数十个瘤簇生成大瘤。在阴雨潮湿天气易腐烂脱落，具腥臭味。受害植株由于皮层及输导组织遭到破坏，生长衰弱，节间缩短，叶片小而黄，果穗少而小，果粒大小不整齐，成熟也不一致，春天萌芽迟，严重者全株枯死。

（2）发病规律　根癌病主要由土壤杆菌属细菌所引起，病菌随植株病残体在土壤中越冬，春天气温升高条件适宜时，病菌开始繁殖，近距离的传播主要通过雨水和灌溉水，也可通过剪口、机械伤口、虫伤、雹伤以及冻伤等各种伤口侵入植株。带菌苗木是该病远距离传播的主要方式。细菌侵入后，刺激周围细胞加速分裂，形成肿瘤。病菌的潜育期从几周至一年以上，病菌生长的最适宜温度为25～30℃，一般5月下旬开始发病，6月下旬至8月为发病的高峰期，9月以后很少形成新瘤。降雨多，湿度大，癌瘤的发生量也大。而且土质黏重，地下水位高，排水不良及碱性土壤发病严重。

（3）防治方法

栽培措施：选择无病苗木，杜绝在患病园中采取插条或接穗。在苗木或砧木起苗后或定植前将嫁接口以下部分用1%硫酸铜溶液浸泡5min，再放于2%石灰水中浸1min，或用3%次氯酸钠溶液浸3min，以杀死附着在根部的病菌。在苗圃或初定植园中，发现病苗应立即拔除并挖净残根集中烧毁，同时用1%硫酸铜溶液消毒土壤。

化学防治措施：在田间发现病株时，可先将癌瘤刮除，然后用3～5波美度石硫合剂、福美双等药液涂抹，也可用50倍菌毒清或100倍硫酸铜消毒后再涂波尔多液等，对此病均有较好的防

治效果。

（四）葡萄主要病毒病

1. 葡萄卷叶病 此病早在1936年已有报道，但病原一直不详。直到1980年，日本报道确认是卷叶病毒侵染所致。该病是世界上分布最广泛的葡萄病毒病。我国大多数葡萄产区已有不同程度的发生。

（1）为害症状 葡萄卷叶病毒病在生长前期无症状表现，只是在生长后期才显症状。首先在枝条基部比较成熟的叶片上出现症状，逐渐向新梢上部蔓延，尤其在果实采收前后至落叶前表现明显，红色葡萄品种叶脉间的叶肉开始出现红色斑点，以后整个叶片逐渐变红，直至整株叶片变红。白色品种则叶肉逐渐变黄。葡萄卷叶病毒病仅导致叶肉变色，而叶脉仍为绿色。多数感病品种的叶片变厚发脆、叶缘向背面反卷。对此，长期以来被误认为是品种特性，实为病毒侵染所致。有少数品种感病后其叶片的红斑或黄斑继续褪色，直至叶片坏死呈灼焦状，如无核白和葡萄园皇后等叶片褪绿、灼伤而不反卷是其主要症状。植株感病后，果实变小，着色不良，红色品种的颜色变淡，白色品种果实颜色变黄，含糖量明显降低，成熟期延迟，品质风味下降。由于此病毒有很多株系，加上气候条件的影响，使该病症状表现有很大变化。

（2）病原、传播规律及途径 葡萄卷叶病毒粒体为线状，长约1 000nm，宽约11nm。主要寄生于叶脉、果梗、果心维管束的筛管细胞内。引起筛管细胞轻度坏死，使叶片积累糖分过多，致使叶片硬化、变脆、卷缩。病害的自然传播速度很慢，一般每年只扩展18cm左右。大部分病害的传播主要是通过带病砧木、接穗及插条等繁殖材料，也有报道可由蚜虫和粉蚧传播。

（3）防治方法 ①采用无病毒母株繁育苗木。获得无病毒苗木的方法有热处理脱毒和微型嫁接和分生组织培养等。热处理脱毒的基本方法为：将盆栽葡萄植株置于38℃下，经3个月后，将新梢尖端剪下置于弥雾环境中生根，或取 0.3mm 茎尖进行组织培养，而获得无病毒苗木。脱毒后的苗木要经过指示植物或血清检测证明无毒，才可使用。检测葡萄卷叶病毒病的指示植物有品丽珠、赤霞珠、梅鹿辄、蜜荀、LN－33 等葡萄品种。目前，国外已有血清酶联盒作快速检测用，美国、法国、瑞士均有出售。我国正在研究试制。②加强检疫工作。引进苗木必须检疫，确认不带病毒后方可繁殖。③田间发现病株应及时拔除销毁，减少毒源。

2. 葡萄扇叶病　葡萄扇叶病毒病也叫扇叶退化症或侵染性退化症，是世界上普遍发生的病害之一。敏感性葡萄品种受害后，植株逐渐衰弱，坐果率降低，果实品质变劣，产量显著降低。病株上的枝条扦插后发根能力差，嫁接成活率低，植株萎缩，抗逆性差。我国各葡萄产区都有不同程度的发生。

（1）为害症状　由于病原物的不同反应和品种及气候的不同，可引起各种不同的症状。

扇叶形：植株矮化或生长衰弱，叶片变形，严重扭曲，叶形不对称，叶柄洼扩大，叶上表面皱缩，叶缘锯齿尖锐长短不齐。有时变形的叶片出现失绿斑驳。新梢有时出现不正常分枝，或双节、节间短、双芽、扁化簇生。病株坐果不良，果穗少，穗形小，果粒小，浆果成熟不一致。在先锋品种上表现明显。

黄化叶形：病株早春呈现铬黄色褪色，叶片上分布许多边缘不清楚、形状不规则的黄色斑块、条斑或网纹，使叶片呈黄、绿相间的花叶状，透过阳光更显而易见，严重时全叶变黄。叶片和枝梢变形不明显，果穗果粒较正常的小且松散。在巨峰品种上表现明显。

脉带形：在成熟的叶片上首先沿叶脉出现黄色斑纹，然后向脉间扩散，透过阳光可见半透明状，通常只在有限的叶片上发生，大多在中夏至晚夏出现。褪色叶片稍稍表现畸形，坐果率低，果穗小而松散，果粒小。在玫瑰露品种上明显。

（2）病原及传播　葡萄扇叶病毒属多角体病毒组，病毒粒子等轴，直径约30nm，外表有棱角，扇叶病毒自然寄主范围只限于葡萄属植物，试验寄主范围很大，如黄色藜、昆诺藜、千日红都可作为诊断该病毒的指示植物。木本指示植物有沙地葡萄圣乔治和蜜筍等葡萄品种。扇叶病毒的传播主要以线虫为媒介。中国农业科学院郑州果树研究所认为国内扇叶病毒的传播媒介为标准剑线虫。植株间的传播媒介除线虫外，还有嫁接。长距离的传播主要是通过感病插条和苗木的调运。

（3）防治方法　①繁殖无病毒母树。将所需品种的盆栽植株置于35℃条件下经3周可脱除该病毒，若在CO_2浓度高的条件下进行热处理，更易从休眠芽中除去此病毒。②栽植无病毒苗木。取脱毒后的绿枝或茎尖进行扦插，嫁接在无毒砧木上，或进行茎尖组培，大量繁殖无毒苗木。③土壤熏蒸处理。用溴甲烷或二硫化碳处理土壤，减少线虫虫口量，降低发病率。

二、主要虫害与防治

（一）吸食葡萄芽、叶片汁液的主要害虫

1. 葡萄斑叶蝉

（1）为害与分布　葡萄斑叶蝉以成、若虫在叶背刺吸汁液，叶面显苍白色小点，严重时全叶苍白枯焦，其排泄物可污染果面，降低品质。葡萄斑叶蝉在国内分布普遍，寄主植物中最喜取食葡萄。为害葡萄的叶蝉类害虫常见的还有桃一点斑叶蝉、桑斑叶蝉、棉叶蝉和小绿叶蝉等。

（2）形态特征　成虫：体长（至翅端）2.9～3.3mm，体大部分为淡黄白色。头向前突出呈钝三角形，头冠前部有2个黑色圆点，复眼黑色。前胸背板中域稍显淡灰褐色，前缘和两侧有数个淡褐色斑，其形状和浓淡多有变化，甚至有的全消失；小盾片淡橘黄色，基缘近侧角处各有1块近三角形黑斑。前翅淡黄白色较透明，翅端区淡褐色，其余部分尚有数个边缘模糊的深色斑，

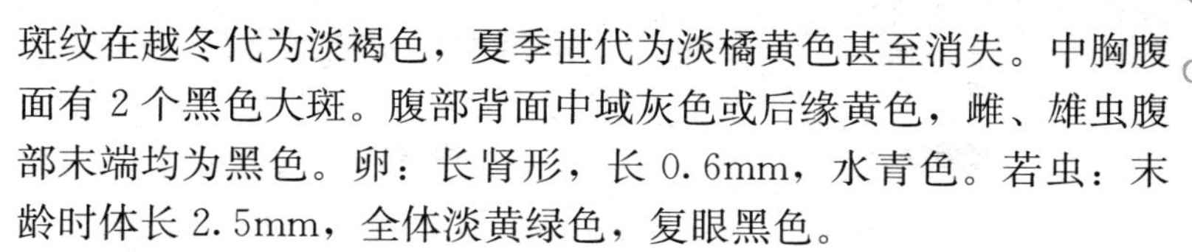

斑纹在越冬代为淡褐色，夏季世代为淡橘黄色甚至消失。中胸腹面有2个黑色大斑。腹部背面中域灰色或后缘黄色，雌、雄虫腹部末端均为黑色。卵：长肾形，长0.6mm，水青色。若虫：末龄时体长2.5mm，全体淡黄绿色，复眼黑色。

（3）发生规律　葡萄斑叶蝉在湖南每年3代，以成虫在落叶、杂草、灌木丛、石块等缝隙中越冬。在湖南于翌春3月中旬开始活动，但气温低时复又隐蔽，先在发芽早的杂草、桃、蜀葵、月季等寄主上取食，待葡萄发芽后陆续转到葡萄上为害。越冬代成虫于4月上旬开始产卵，5月中、下旬为第一代若虫盛发期，3代成虫分别发生在6、7月和8月下旬至9月，后期世代重叠，10月下旬以后陆续潜伏越冬。成虫性活泼，轻微受惊即迅速飞蹦，趋光性强，在叶背取食。产卵于叶脉间光滑的表皮下和叶脉组织中，叶背卵量多于叶正面；在苹果上，前期多产于嫩叶正面，后期多产于叶背面。雌雄性比约2∶1。若虫共4龄，在叶背取食，受惊时爬行迅速。喜荫蔽环境，一般树冠郁闭和通风不良的葡萄园发生较重，下部叶比上部叶受害重，喜为害叶片光滑少毛的品种，一般大叶欧美杂交品系受害重，而小叶型欧洲品系较轻。天敌有卵寄生蜂1种，捕食性天敌有姬猎蝽类。

（4）防治措施　①葡萄园远离常绿灌木，冬季清园，铲除园边杂草，以减少越冬虫源。②合理修剪和整枝，使通风透光。③尽量少喷广谱性杀虫剂，保护卵寄生蜂。④药剂防治可于5月中、下旬第一代若虫发生期进行。有效药剂有50%杀螟松乳油2 000倍液、75%辛硫磷乳油3 000倍液、25%速灭威可湿性粉剂1 500倍液等。

2. 斑衣蜡蝉

（1）为害与分布　成、若虫刺吸葡萄嫩茎和叶片汁液，嫩梢被害后多萎蔫变黑，嫩叶初期显黄褐色小点，逐渐形成枯斑以致穿孔、破裂，其排泄物污染枝叶和果实，引起霉菌寄生而变黑。影响光合作用和降低果品质量。最喜取食葡萄、臭椿和苦楝，其次为梨、杏、桃、李、洋槐、月季等约 20 余种植物。

（2）形态特征　成虫：体长 15～20mm，翅展 40～56mm，雄虫略小。体灰褐色，附有薄层白蜡粉。头顶向上翘起，复眼黑色。触角 3 节，基节膨大，红色，端节刚毛状。前翅基部 2/3 淡褐色，散生 20 余个黑斑，翅端 1/3 黑色，密布灰黄色网格状脉纹；后翅基部 1/2 红色，有 7～8 个黑斑，中部白色，翅端 1/3 黑色。卵：长约 3mm，短柱状，两端略尖似麦粒状，背面两侧有凹入线，中部隆起，其前半部有长卵形的卵盖。数十粒成行排列，上覆盖土灰色蜡质分泌物。若虫：第一至三龄若虫体黑色，背面散生白点，静止时前足将体支撑呈 45°角；四龄若虫体背红色，有黑斑纹和白点。

（3）发生规律　一年 1 代，以卵块在葡萄枝干和支架上越冬。翌春葡萄抽梢后卵孵化为若虫，在南京，始孵期约为 4 月中旬，湖南约在 5 月中旬，孵化期约延续 20d 左右。若虫群聚嫩梢和叶背为害，以后渐分散。成虫羽化期在 6 月中旬至 7 月，8 月中、下旬陆续交尾，产卵越冬。若虫期约 60d，成虫寿命长达 4 个月。成、若虫均白天取食，有一定的群聚性，弹跳力强，成虫每次飞翔距离 1～2m，交尾多在夜间。产卵时常自右至左，一排产完覆盖蜡粉后再产第二排，产完 1 个卵块需 2～3d，每卵块平均有卵粒 18～40 粒，约有 10%卵未受精而不能孵化。卵块多产在架蔓的腹面和阴面，更喜产在水泥柱上，邻近臭椿、苦楝、构树等树木的边行着卵量最多。喜为害欧洲系的葡萄品种。卵期的天敌有日本平腹小蜂，该蜂为单寄生，一年多代，以老熟幼虫在寄主卵内越冬，完成 1 代约需 30d。

（4）防治措施　①葡萄园应远离臭椿、苦楝、构树等。②结合冬剪，刮除老蔓上的越冬卵块，收集卵块放入寄生蜂饲养器中，待寄生蜂羽化飞离后再将卵处理。③4～5 月若虫孵化后进行药剂防治，最好在一龄若虫聚集嫩梢上尚未分散时进行局部挑治。药剂种类可选用 2.5%溴氰菊酯 3 000 倍液。春季防治叶蝉

时可得到兼治。

3. 葡萄缺节瘿螨

（1）为害与分布　成、若螨在叶背刺吸汁液，初期叶背呈现苍白色斑，叶组织因受刺激而长出密集的茸毛而呈毛毡状斑块，斑常受较大的叶脉所限制，茸毛初为灰白色，渐变为茶褐色以致黑褐色；在叶面则呈肿胀而凹凸不平的退色斑，嫩叶面的虫斑多呈淡红色，严重时叶皱缩干枯；花梗、嫩果、嫩茎、卷须受害后使生长停滞。寄主植物只有葡萄。国内葡萄产区均分布普遍。

（2）形态特征　成螨：体长 0.15～0.20mm，宽 0.05mm，雄比雌略小。淡黄白色或淡灰色，近长圆锥形。腹末渐细。喙向下弯曲，头胸背板呈三角形，有不规则的纵条纹，背瘤紧位于背板后缘，背毛伸向前方或斜向中央。具 2 对足，爪呈羽状，具 5 个侧枝。腹部具 74～76 个暗色环纹，体腹面的侧毛和 3 对腹毛分别位于第 9、26、43 和倒数第 5 环纹处，尾端无腹毛，有 1 对长尾毛。生殖器位于后半体的前端，其生殖盖有许多纵肋，排成二横排。卵：球形，淡黄色。若螨：共 2 龄，淡黄白色。

（3）发生规律　一年发生多代，以成螨潜伏在芽鳞茸毛内、少数在粗皮裂缝内和随落叶在土壤内越冬，以枝条上部芽鳞内的越冬虫口最多，多者可达数十头至数百头。春季葡萄发芽后越冬虫出蛰为害，先在基部 1、2 叶背面取食，随着新梢生长，由下向上蔓延，喜取食嫩叶，5、6 月为害最盛，7、8 月高温多雨时对发育不利，虫口有下降趋势。成、若螨均在毛斑内取食活动，将卵产于茸毛间，秋季以枝梢先端嫩叶受害最重，秋末渐次爬向成熟枝条芽内越冬。

芽螨系主要在芽的外层鳞片基部取食，也可钻入芽的深部取食梢原基的胚组织，引起越冬芽死亡，新梢扁平，基部节间短或新结果枝芽死亡而侧芽丛生，叶片皱缩。卷叶螨系多在夏季出现症状，叶片翻卷，严重时成粗糙球状，使新梢生长受阻。

（4）防治措施　①苗木和插条应处理杀虫后再行栽植，可用热水处理或辛硫磷液处理。②冬季清园，将修剪下的枝条、落叶、翘皮等收集携出园外并加以处理。③药剂防治应在春季大部分葡萄芽已萌动，芽长在 1cm 以下时进行，可喷石硫合剂，此次药基本可控制为害，并可兼治病害。④数量少时，尽早摘除被害叶片烧毁，阻止继续蔓延。

4. 葡萄短须螨

（1）为害与分布　以成、若螨刺吸叶、嫩梢和果穗汁液。叶上出现黑褐色斑块，严重时全叶枯焦；嫩茎、卷须、穗轴和果柄等处呈黑褐色凹凸不平的坏死斑，俗称“铁丝蔓”，质脆易折断；果粒被害后表面呈铁锈色，皮粗糙易龟裂，后期被害影响着色，糖分降低。该螨在山东、湖南等葡萄老产区均普遍发生严重。寄主有葡萄、爬山虎、连翘、紫丁香、紫花地丁等，在国外还为害柑橘、核桃、安石榴以及 30 余种观赏植物。

（2）形态特征　雌成螨：体长 0.27mm，宽 0.16mm，椭圆形，背中央纵向隆起，后半体稍扁平，赭褐色，腹背中央鲜红色，眼点红色；越冬雌虫淡褐色。前足体背毛 3 对，后半体背毛 3 对，肩毛 1 对，背侧毛 6 对，均短小。体背中央表皮纹不清晰，其两侧呈不规则的长形网格状，后半体两侧具 1 对孔状器。4 对足均短粗多皱，足Ⅰ、Ⅱ的股节背面各有 1 根宽阔具锯齿的叶状毛，跗节顶端各有 1 根枝状感毛。雄成螨：体长 0.27mm，体后半部较雌螨狭窄，足体与末体之间有一收窄的横缝。卵：长约 0.04mm，椭圆形，红色，有光泽。幼、若螨：幼螨体鲜红色，足 3 对，白色。若螨淡红色或灰白色，足 4 对，前足体第二、第三对背毛和肩毛以及后半体第三对至第六对背侧毛均为宽阔具锯齿的叶状毛，其余毛均短小。

（3）发生规律　在南方地区每年发生 6 代以上，以浅褐色的雌成螨在老蔓裂皮缝、叶腋及松散的芽鳞茸毛内越冬。3 月下旬葡萄发芽时雌螨出蛰，先在靠近主蔓的嫩芽和嫩梢基部为害。半月左右开始产卵，散产于叶背和叶柄等处，每雌成螨可产卵21～30粒。随着新梢的生长螨群不断向上部蔓延，7、8月是发生盛期，各虫态同时存在，10月下旬出现越冬雌虫并逐渐转移到叶柄基部和叶腋间，至11月中旬潜伏越冬。

虫体多分布在叶背基部和主、侧脉两侧，行动不太敏捷，常拉有少量丝网。生长发育的最适温度为29℃，相对湿度为80%～85%。一般叶片茸毛短的品种，如玫瑰香、佳丽酿等受害较重，而茸毛密而长或少而光滑的品种则受害较轻。天敌中有数种捕食螨和深点食螨瓢虫、塔六点蓟马等，均颇具威力。

（4）防治措施　①新建园时，应清除园周围的其他寄主植物，带虫苗木应先行药剂处理后再栽植。②早春葡萄萌芽初期喷密度石硫合剂，杀灭出蛰雌螨；6月虫量多时可喷1次杀螨剂，防止7、8月繁殖盛期猖獗成灾，可选用2.5%功夫乳油6 000倍液或20%双甲脒乳油1 000倍液、40%水胺硫磷2 000倍液，其他有效杀螨剂还有克螨特、噻螨酮、溴螨酯、霸螨灵和苦楝油等。应交替轮换用药，避免螨类产生抗药性。③保护和利用天敌，尽量少用广谱性杀虫剂。

（二）啃食葡萄芽、叶片和果实的主要害虫

1. 十星瓢萤叶甲和黑跗瓢萤叶甲

（1）为害与分布　两种萤叶甲均以成虫和幼虫啃食葡萄叶片和嫩芽，严重时将叶肉食尽仅残留叶脉。寄主有葡萄和野葡萄，前一种还可为害爬山虎和黄荆树。一般管理粗放的果园发生普遍而严重。国内南、北葡萄产区均分布普遍。

（2）形态特征

十星瓢萤叶甲　成虫：体长9～14mm，卵圆形，背面隆起近半球形，似瓢虫，全体黄褐色；头小，触角线状，末端3～4节黑褐色；前胸背板前角略向前伸突，每鞘翅上有5个近圆形黑斑，略呈2-2-1排列，后胸腹板外侧、各腹板两侧各有1个黑斑，有时消失；雄腹末三叶状，雌腹末微凹入。卵：椭圆形，长

约1mm，表面密布不规则小突起。初为黄绿色，渐变为暗褐色。幼虫：老熟时体长12～15mm，体扁而宽，近长椭圆形，土黄或淡黄色，除前胸和末节外，各节背面有2横列黑斑；除末节外，各节两侧有顶端黑褐色的肉质突起3个。蛹：体长9～12mm，金黄色，裸蛹，腹部两侧成齿状突起。

黑跗瓢萤叶甲　成虫：体长12.5～14.5mm，体形与十星瓢萤叶甲相似，体黄色至黄褐色；头顶中央有1条纵沟；触角末端4节（有时5～6节）、后胸腹板、各腹板两侧以及足跗节为黑褐至黑色，前胸背板两侧各有1小黑点，有时消失，鞘翅上无斑点。卵：椭圆形，长1.5mm，表面有网状纹，灰绿至土黄色。幼虫：老熟时体长16cm，体黄色，中、后胸和各腹节具横褶，体表有排列规则的瘤突和刚毛，瘤突尖端黑色，体侧的瘤突呈三角形。蛹：体长9.5mm，裸蛹，腹末有1对锥状突起。

（3）发生规律

十星瓢萤叶甲：在山东、湖南、四川成都、湖北均一年1代；江西南昌2代，部分1代；四川、重庆2代。均以卵在枯枝落叶下或根颈附近土中越冬；南方温暖地区可以成虫在土块、树皮等缝隙中越冬。在1代区，越冬卵于5月下旬开始孵化，6月上旬为盛期，6月底幼虫陆续老熟入土化蛹，当年成虫于7月上、中旬开始羽化，8月上旬至9月中旬产卵越冬。在2代区，2代成虫分别发生在6月中旬和9月下旬。卵期约10d（越冬卵约240d），幼虫期20～30d，蛹期约10d，成虫寿命60～100d（越冬代成虫120～150d）。幼虫自卵中孵出后，先群集在近地面的叶上为害，逐渐向上转移，三龄开始分散，白天潜伏荫蔽处，早晨和傍晚于叶面取食，有假死性。幼虫共3龄，老熟后入土在3cm深处筑土室化蛹。成虫羽化后在蛹室内停留1d后出土，以每日上午6～10时出土最多，白天活动取食，喜荫蔽，怕强光直射，受触动时分泌黄色具恶臭的黏液，并假死落地。取食6～8d后交尾，交尾后8～9d产卵，将卵块产在树盘半径0.3m范围的土面上，尤以根颈处最多，每雌可产卵700～1 000粒。

黑跗瓢萤叶甲：在贵州省每年1代，以成虫在向阳灌木丛、石缝等处越冬。4月中旬当气温达8℃以上时出蛰取食，4月下旬始产卵，5月下旬孵化为幼虫，当年成虫于8月上旬至10月羽化，10月下旬气温低于8℃时潜伏越冬。成、幼虫的习性与十星瓢萤叶甲大体相似，不同的是将卵成堆产于老枝剪口孔穴内，每雌可产卵600～700粒。

（4）防治措施　①冬季清园和翻耕土壤，杀灭越冬卵；化蛹期土壤中耕，可破坏蛹室。②利用成、幼虫的假死性，振落捕杀；也可于初龄幼虫未分散前摘除有虫叶片。③低龄幼虫期和成虫产卵前，树冠喷90%敌百虫1 000倍液或2.5%溴氰菊酯乳剂3 000倍液或杀灭菊酯等。④5月在两种叶甲的卵孵化前施药，杀卵和初孵幼虫，阻止其上树为害。对十星瓢萤叶甲可用75%辛硫磷乳剂处理树盘土壤，每公顷7.5kg，制成毒土撒施后浅锄。

2. 葡萄沟顶叶甲和葡萄叶甲

（1）为害与分布　葡萄沟顶叶甲和葡萄叶甲的为害习性相似，成虫啃食葡萄地上部分，叶片被咬成许多长条形孔洞，重者全叶呈筛孔状而干枯；取食花梗、穗轴和幼果造成伤痕而引起大量落花、落果，使产量和品质降低，葡萄在整个生长期均可受害；幼虫生活于土中，取食须根和腐殖质。葡萄沟顶叶甲的寄主植物有葡萄和乌头叶蛇葡萄，还可为害核桃、榆、香椿、桑等20多种植物；主要分布于亚洲东南部，中国南方地区有江苏、浙江、湖北、湖南、江西、福建、广东、广西、海南、贵州、云南和台湾。

（2）形态特征

葡萄沟顶叶甲　成虫：体长3.2～4.5mm，长椭圆形，宝蓝色或紫铜色，具强金属光泽，足跗节和触角端节黑色。头顶中央有1条纵沟，唇基与额之间有1条浅横沟，复眼内侧上方有1条斜深沟。鞘翅基部刻点大，端部的细小，中部之前刻点超过 11 行。后足腿节粗壮。卵：长棒形稍弯曲，半透明，长 0.9～1.1mm，淡乳黄色。幼虫：老熟时体长 2.4～2.6mm，头淡棕色，胴部淡黄色，柔软肥胖多皱，有胸足 3 对。蛹：裸蛹，体长 3.0～4.0mm，初黄白色，近羽化前蓝黑色。

葡萄叶甲　成虫：体长 4.5～6.0mm，椭圆形，暗黑色或鞘翅为棕红色；触角基部 4 节棕黄色，其余黑色。头顶具皱纹，中央有 1 条纵沟，鞘翅刻点密，基半部有 11 条左右不甚明显的纵凹纹。后足腿节粗壮。卵：长椭圆形，长 1.0mm，半透明，乳白色。幼虫：老熟时体长 7.5mm，头淡黄色，胴部乳白色，肥胖多皱，有胸足 3 对。蛹：裸蛹，体长 5.0mm，乳白色略带粉红色，刚毛在复眼上方有 2 根，胸背前方横列 4 根，其后方还有 4 根排成梯形，腹末有 1 对臀刺。

（3）发生规律

葡萄沟顶叶甲：在南方地区每年发生 1 代，以成虫在葡萄根际土壤中越冬。翌春 4 月上旬葡萄发芽期成虫出蛰为害，4 月中旬葡萄展叶期为出蛰高峰。5 月上旬开始交尾，5 月中、下旬产卵。5 月下旬至 6 月上旬孵化为幼虫，在土壤中生活，6 月下旬筑土室化蛹。越冬代成虫陆续死亡。6 月底至 7 月初当年成虫开始羽化，取食为害至秋末落叶时入土越冬。全年中 5 月上旬和 8 月下旬为两个成虫高峰期。卵期 7～8d，幼虫期 15～20d，蛹期约 15d，成虫寿命 330d 左右。

成虫越冬场所以葡萄根际半径 15cm，深 5cm 土层内数量最多，越冬死亡率约 10%。春季气温高于 10℃时开始出土，爬行上树为害，5 月大多于 8 时前后开始上树，18～20 时数量达高峰，20 时后陆续下树入土潜伏；8 月上树高峰在 10～11 时和 16～18 时，中午高温和 19 时以后均入土潜伏。成虫 1 次飞行距离可达 4m，受惊时假死坠地。取食约 15d 后开始交尾、产卵，雌虫一生只交尾 1 次，以 16～17 时交尾最多。单雌产卵 19～34

粒，在4～5d内产完，多产在深10～15cm的土壤中，少数产在叶面上，散产或数粒聚产。在温度20～25℃，相对湿度70%～100%条件下，卵的孵化率为70%～100%，35℃以上的高温和湿度50%以下时对卵和幼虫均不利。品种中以开花早、果穗松散的品种如北醇、巨峰等受害较重。

葡萄叶甲：以成虫和不同龄幼虫在土中越冬，5月中旬成虫开始出土为害，6月初始产卵，以幼虫越冬者6月底开始羽化为成虫。成虫期拖延很长。越冬代和当年成虫重叠发生，田间成虫数量有2次高峰，分别在5月下旬至6月上旬和7月中、下旬。卵成堆产在枝蔓翘皮下，极个别产在叶片密接处和表土中。每雌一生平均产卵20次，总卵量300～500粒。成虫昼夜均取食，风雨天多静伏枝叶间或土下，9月下旬早晨气温达－1℃时仍可见成虫取食。成虫有假死性。

（4）防治措施　①人工防治：利用成虫假死性，振落收集杀死。6～7月刮除老翘皮，清除葡萄叶甲卵。②农业防治：冬季深翻树盘土壤20cm以上，开沟灌水或浇灌稀尿水，阻止成虫出土和使其窒息死亡。③树盘施药：春季越冬成虫出土前，在树盘土壤喷施50%辛硫磷乳剂500倍液或制成毒土，还可用3%杀螟松粉剂，每公顷22.5～30kg，施后浅锄。虫量多时在7、8月还可增施1次，杀灭土中成、幼虫。④树冠喷药：春季葡萄萌芽期和5、6月幼果期进行。可选用2.5%溴氰菊酯3 000倍液、5%来福灵2 000倍液、90%敌百虫800～1 000倍液等，对成虫均有良好效果。

3. 金龟甲类

（1）为害与种类　金龟甲属昆虫纲，鞘翅目，金龟甲总科的昆虫，是一类多食性害虫，为害各种果树的金龟甲就有数十种，其成虫可取食多种果、林、花卉和农作物的芽、叶、嫩茎、花和果实，常成群飞入果园，造成芽、叶光秃和果实腐烂；其幼虫统称蛴螬，取食植物地下部的根、块根、块茎和播下的种子等，果苗和幼树根部被害后可致整株枯死。一般滩地和山地果园因周围树木和杂草多，适合其滋生繁殖，因而受害较重。

在葡萄园最常见且具代表性的种有：

①中华弧丽金龟　又称四斑丽金龟。属丽金龟科。

②斑喙丽金龟　又称茶色金龟、葡萄金龟。属丽金龟科。

③白星花金龟　属花金龟科。

④华北大黑鳃金龟　属鳃金龟科。（其近缘种还有东北大黑鳃金龟、华南大黑鳃金龟、江南大黑鳃金龟和四川大黑鳃金龟）。此外，黑绒鳃金龟、苹毛丽金龟和铜绿丽金龟等也是果园中的常见种类。以下重点介绍前 4 种。

（2）形态特征和生活史、习性　金龟甲类成虫体多为椭圆形或长椭圆形；触角为鳃叶状，雄者比雌者发达；前足胫节外侧有硬齿，适于掘土。卵乳白色，椭圆形，产于土壤中。幼虫头发达，体黄白色，肥胖多皱，向腹面弯曲呈 C 形，末节膨大，3 对胸足发达，鉴别种类时多根据肛腹板刺毛排列形状、肛孔形状及头、内唇刚毛等特征。化蛹于椭圆形的土室中，裸蛹，黄白色。

大多数种类 1 年或 2 年 1 代，以成虫或幼虫在土中越冬，深度 40～60cm。以成虫越冬者早春出土，常对果树的芽、花造成严重危害。例如黑绒鳃金龟和苹毛丽金龟，幼虫越冬者成虫发生于 6～9 月，取食叶片，花金龟科的种类喜食花和果实，幼虫在春、秋两季为害，还有以成、幼虫相间越冬的，其成、幼虫隔年交替数量猛增。成虫白天或夜间活动取食。夜间活动者趋光性强；多数种类有假死性，尤其气温低时明显，雌虫分泌的性激素对雄虫有强的引诱作用，食果的种类对酸甜味有较强趋性。幼虫在土中常随四季土温的变化作垂直迁移，一般春、秋季在表土层为害植物根部，冬季潜入深层越冬。

（3）防治措施　金龟甲种类多、数量大、寄主广，果园虫源多来自附近山林、渠旁杂草和农田，必须园内和园外同时开展防治，并要做好虫情测报工作。

①农业防治：深翻改土，经机械、暴晒和鸟食可消灭蛴螬等地下害虫50%～70%；不施未经腐熟的厩肥；禾谷类和块根、块茎作物受害重，应避免连种，果园行间不要种这些作物。②药杀成虫：成虫发生初期，树冠喷胃毒剂或触杀剂如敌百虫、菊酯类等药剂，但花期应避免施药；可在树盘和园边杂草等处施75%辛硫磷乳剂1 000倍液或毒土，施后浅锄，杀灭潜伏土中的成虫。树冠喷石灰过量式波尔多液对成虫有一定驱避作用。③诱杀和捕杀成虫：对趋光性强的种类可用黑绿单管双光灯和黑光灯诱杀；对食果种类可用腐果液或糖醋液加入数粒腐果和少量敌百虫，装入容器内或吸入棉球内挂于树上诱杀；用人工合成的金龟甲性诱剂诱捕雄虫；利用其假死性，于夜间或清晨低温时振落后杀死。④药杀幼虫：播种和栽苗前用药剂处理土壤，也可沟施或穴施毒土。苗期受害可顺垄沟施毒土或浇灌药液，常用药剂有50%辛硫磷乳剂每公顷用3 750～4 500ml。药剂拌种，用药量为种子量的0.1%～0.2%，常用药剂有辛硫磷等。⑤生物防治：已用于生产的蛴螬寄生菌有乳状菌和卵孢白僵菌；从土壤中还分离到一种绿僵菌（长孢型），对白星花金龟幼虫的专化性很强。寄生性昆虫有白毛长腹土蜂 *Campsomeris annulata* Fabr. 和大黑臀钩土蜂 *Tiphia* sp. 可寄生多种蛴螬，后一种每公顷施放15 000头，对大黑鳃金龟幼虫寄生率可达60%～70%。

4. 葡萄天蛾

（1）为害与分布　为害葡萄的天蛾有多种，本种为最常见的一种，以幼虫蚕食葡萄叶片，常将叶肉食尽仅残留叶柄和粗大叶脉，数量多时使枝蔓光秃，影响光合作用。寄主植物有葡萄、黄荆、乌蔹莓等。在国内分布普遍，多零星发生。除本种外，还有雀纹天蛾、缺角天蛾等也是葡萄园的常见种。

（2）形态特征　成虫：体长31～45mm，翅展85～100mm，体翅茶褐色，前胸至腹末和复眼后至前翅基部各有1条灰白色纵线。前翅基线和内线前宽后狭，中线较宽，前端弯曲，外线呈细波状，顶角有1个较宽的三角形斑，其后接波形的亚端线，外缘有近三角形大斑，各线和斑均棕褐色。后翅基半部黑褐色，外缘有1条波状横带。前、后翅反面土黄褐色，各有2条。卵：长圆形，宽1.3～1.5mm，高1.2～1.4mm，初为绿色，孵化前褐绿色。卵孔位于一侧中央，周围有乳头状突，花冠分4层，不太规则，其外围有纵横交错的棱，其余部分光滑。幼虫：老熟时体长69～73mm，黄绿色，第八腹节有1尾角。头两侧各有2条略平行的黄白色纵线。胴部各节背面又分4～6个小环，布满黄色颗粒；亚背线黄白色，中胸至第七腹节两侧各有1条黄白色斜线，第一至第七腹节背面前缘中央各有1个深绿色点，其两侧各有1黄白色短斜线，气门黄色，胸足上方有1黄斑，尾角粉绿色，端部向下弯。

（3）发生规律　在江西3代，均以蛹在土下3～7cm处土室中越冬。越冬代成虫5月底至6月上旬开始羽化，6月中、下旬为盛期。第一代成虫始于8月上旬，盛期在8月中、下旬，9月上旬为末期。两代幼虫为害期分别在6月中旬至7月下旬和8月中旬至9月下旬。卵期约7d，幼虫期40～50d，蛹期第一代10d余，越冬代约240d，成虫寿命7～10d。

成虫白天潜伏，黄昏开始活动，有趋光性，将卵散产于叶背和嫩梢上，边飞边产，每雌可产卵400～500粒。幼虫夜晚取食，其活动迟缓，白天静伏于枝叶上，将头、胸部收缩稍扬起，受触动时头、胸部左右摇摆，口器吐出绿色液体。

幼虫期的寄生性天敌有天蛾绒茧蜂；蛹期天敌有凤蝶金小蜂，每年发生4～5代，5月出现成虫，产卵于寄主蛹内，幼虫在寄主体内越冬，多寄生。

（4）防治措施　①休眠期，挖除越冬蛹。②低龄幼虫期进行人工捕杀或喷50％杀螟松乳剂1 000倍液或2.5％溴氰菊酯4 000倍液或青虫菌等。③保护和利用天敌。可收集被寄生的幼虫和蛹，待寄生蜂将羽化时施放于田间，并避免喷广谱性杀虫剂。

（三）钻蛀葡萄枝蔓的主要害虫

1. 葡萄透翅蛾

（1）为害与分布　以幼虫蛀食葡萄枝蔓髓部，被害处肿大，表皮变色，其上部枝叶和果穗枯萎，被害枝易被折断，使植株生长衰弱，果品产量和品质降低。寄主植物有葡萄和蛇葡萄。国内葡萄产区发生普遍，是一种重要的葡萄害虫。

（2）形态特征　成虫：体长 18～20mm，翅展 25～36mm，体蓝黑色至黑褐色，头顶、下唇须、颈片、翅基片、后胸两侧和后缘以及足基节端部、胫节基部 1/2 为橙黄色，腹部第四至第六节（雄虫为第四至第七节）后缘有明显的橙黄色横带，以第四节的 1 条最宽。前翅红褐色，前缘、外缘及翅脉黑褐色；后翅透明，翅脉上具少量黑色鳞片。雄蛾触角内侧有两列灰黑色短毛，腹末节细长，两侧各有 1 束长毛，外生殖器。卵：椭圆形，稍扁，长约 1.1mm，红褐色，表面有网状纹。幼虫：老熟幼虫体长 25～38mm。头红褐色，额区黄褐色呈人字形。胴部黄白色微带紫红色，老熟后黄白色，前胸盾片有倒八字形褐色纹，第八腹节气门显著大而位于近后沿的背面。腹足趾钩单序二横带式。蛹：体长 16～20mm，黄褐色，腹部背面有横刺列，第二至第六节各 2 列，前列较粗大，第七至第八节各 1 列（雄虫第七节 2 列），第十节有 12 枚短刺，腹面的 8 枚排成弧形。

（3）发生规律　各地均 1 年 1 代，以老熟幼虫在被害枝蔓内越冬。翌春 3～4 月葡萄萌芽期开始化蛹，始蛾期大多与开花期相吻合，5～7 月发生成虫，因不同地区和各年间气温有变化，各地发生期有差异。在南方地区成虫发生于 5 月中旬至 7 月上旬，盛期在 6 月上、中旬。成虫高峰后 1、2 日即为产卵高峰，卵孵化后幼虫先蛀入嫩梢中为害，在 7～8 月多已转入一至三年生粗蔓中，至 10 月幼虫陆续老熟越冬。

卵期平均 10d，幼虫期约 300d，蛹期 30～50d，成虫寿命 3～6d。田间发蛾期延续较长，30～50d，但高峰期多集中在 7～

10d 内。一般庭院葡萄比大田发生期早且集中，野生葡萄较栽培葡萄约晚 1 个月。

成虫于白天 7～15 时羽化，羽化时将蛹壳的前半部带出羽化孔外，白天活动，飞翔力强。羽化当日下午或次日即交尾、产卵，14 时前后为求偶高峰，雌雄性比约 1∶0.8，一生只交尾 1 次，雄蛾对雌性性激素有强的趋性。人工合成性诱剂的主要成分为反、顺-3，13-十八碳二烯醇（E，Z-3，13-18：OH），与白杨透翅蛾（*Parathrene tabaniformis* Rottenberg）的性诱剂相同。每雌产卵量 39～145 粒，持续数日产完，以第一、第二日产卵量最多。卵散产于新梢的芽腋、叶柄、叶背叶脉、穗轴和卷须等处，尤以直径在 0.5cm 以上新梢的 4～6 节着卵量最高。

幼虫于清晨孵化，以 8 时前后居多，从芽腋、叶柄基部或穗轴、卷须基部蛀入嫩茎内，初咬下的碎屑不吞食，经 7～10d，茎髓被食空后即外出向粗蔓转移。转移时间均在夜间，从叶节处蛀入，每头幼虫需转移 1～3 次，每蛀道长 1～2 个茎节，被害节间肿胀，幼虫常在蛀孔内壁先环蛀一大空腔，故被害枝易被折曲和枯死，粪便排出蛀孔外。并随即用丝封闭孔口。幼虫老熟后在蛀道近中部处啃取木屑将蛀道堵塞，在其中越冬。翌春向外咬一直径约 0.5cm 的近圆形羽化孔，并用丝封闭孔口，筑 3cm 长的蛹室在其中化蛹。幼虫共 10 龄，少数 9 龄。

天敌中有 1 种球螋 *Forficula* sp.，可从羽化孔进入枝条内捕食蛹。

（4）防治措施　①性诱剂测报成虫发生期：于 4 月下旬或 5 月上旬开始，田间挂人工合成葡萄透翅蛾性诱剂诱捕器，一个葡萄园挂 3～5 个，相距 50m 以上，根据每日诱蛾量确定成虫始、盛、末期，以指导田间适期进行防治。采用水盆诱捕器或黏胶诱捕器均可，一般挂在篱架式葡萄架中上部铁丝上或棚架式距架面 20cm 处。②诱杀雄蛾：降低交配率，成虫始期，每 0.2～0.33hm^2 挂 1 个性诱剂诱捕器，每日黄昏时清除所诱雄蛾。此法

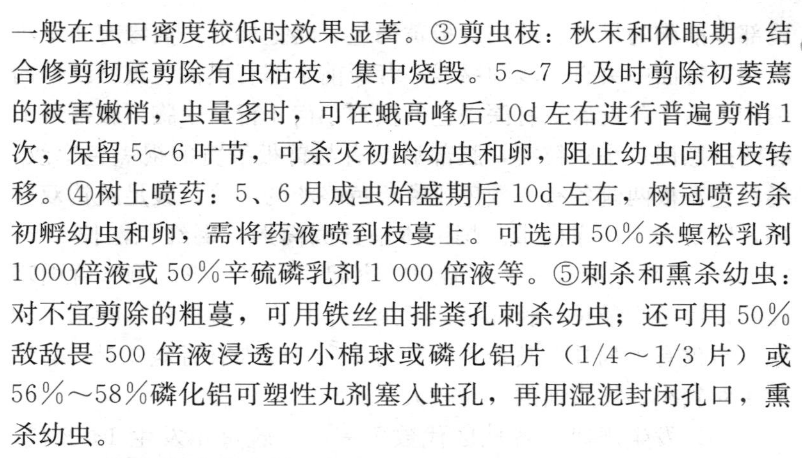

一般在虫口密度较低时效果显著。③剪虫枝：秋末和休眠期，结合修剪彻底剪除有虫枯枝，集中烧毁。5～7 月及时剪除初萎蔫的被害嫩梢，虫量多时，可在蛾高峰后 10d 左右进行普遍剪梢 1 次，保留 5～6 叶节，可杀灭初龄幼虫和卵，阻止幼虫向粗枝转移。④树上喷药：5、6 月成虫始盛期后 10d 左右，树冠喷药杀初孵幼虫和卵，需将药液喷到枝蔓上。可选用 50%杀螟松乳剂 1 000倍液或 50%辛硫磷乳剂 1 000 倍液等。⑤刺杀和熏杀幼虫：对不宜剪除的粗蔓，可用铁丝由排粪孔刺杀幼虫；还可用 50%敌敌畏 500 倍液浸透的小棉球或磷化铝片（1/4～1/3 片）或 56%～58%磷化铝可塑性丸剂塞入蛀孔，再用湿泥封闭孔口，熏杀幼虫。

2. 葡萄咖啡豹蠹蛾

（1）为害与分布　以幼虫蛀食枝干木质部，导致被害的枝条凋萎干枯，幼树衰弱，甚至死亡。幼虫蛀食枝干木质部时，隔一定距离向外咬 1 排粪孔，多沿髓部向上蛀食，造成折枝或枯萎。该虫在新葡萄园发生多，对幼龄葡萄危害较大。成虫产卵于幼嫩枝梢上，幼虫孵化后即蛀入梢内，向下蛀时，可直达主干基部，且常有回转向上蛀入其他枝条之现象。转枝为害时，多从直径 1cm 左右的主干蛀入。葡萄咖啡豹蠹蛾在我国南方分布普遍，食性杂。

（2）形态特征　成虫：雌成虫体长 18～26mm，翅展 40～52mm，灰白色，触角丝状。雄成虫体长 18～20mm，翅展 33～36mm，触角基部羽毛状，端部丝状。雌、雄蛾体被灰白色毛，胸背有 2 行、6 个青蓝色斑点，前翅各室和后翅亚中褶以前散布有青蓝色斑点，但后翅上的斑点色较淡，有光泽，雄蛾翅上的点纹较多。卵：长椭圆形，长 0.9～1.2mm，淡黄白色，孵化前为紫黑色。幼虫：初孵时为紫红色，随幼虫成长，渐变为暗紫红色，虫体有稀疏的白色细毛，末龄幼虫体长 22～30mm，体橘红色至紫红色。上腭黑褐色，坚硬，前缘两侧各有一深褐色小斑。

胸部以前胸为最大。前胸背板黄褐色，略呈梯形，前缘有 4 个小缺刻，背面中央有一浅细纵线，背板前半部有黑褐色翼状纹伸向两侧，后半部近后缘有深褐色的横列小齿 4 行。中胸至腹部各节有两排黑褐色小颗粒突，腹部后端有与臂板等宽的褐黑色窄纹，褐黑色臀板两侧各有一颜色比臀板色略淡的斑纹。腹足趾钩双序环，臀足的为单序横带。蛹：体呈长圆筒形，褐红色，长 19～25mm，头部先端有一上下略扁的突起，形似鸟喙。胸部背面略隆起，以中胸最长。腹部第二至第八节均有小刺横列，除第二和第八节仅有 1 列外，其余各节皆为 2 列。腹末有臀棘 6 对，靠背面 1 对较小，靠腹面的 5 对较大。

（3）发生规律　各地区代数不一，一般每年发生 1～2 代，以幼虫在蛀道内越冬。发生两代的地区以翌年 2 月下旬化蛹，蛹期 15～20d，第一代成虫出现于 4～6 月，第二代成虫发生在 8 月至 10 月初，成虫寿命 5～7d。成虫白天静伏，黄昏后开始活动，有弱趋光性。雄蛾飞行力较强。羽化后不久即可交尾产卵。雌虫产卵前在枝干上爬行，并用产卵管不断探寻产卵场所，卵喜产于孔洞或缝隙处，几十粒至数百粒产成块状。每一雌虫的产卵量为 275～667 粒。未经交尾的雌虫也能正常产卵，但产出的卵不能孵化。卵经 15d 左右即可孵化，幼虫为害长达 240～250d，蛀害孔道一般长 300～800mm，少有转枝为害现象，绝大多数是一虫蛀害一枝。初孵幼虫有群集取食卵壳的习性，3～5d 后渐渐分散。分散的方式以吐丝下垂借风迁移为主，也有爬行迁移。幼虫多从嫩枝基部逐渐食害蛀入。当蛀至木质部后多在蛀道下方环蛀一圈，并咬一通外的蛀孔，然后向上蛀食，同时不断向外排出粪粒。粪粒呈长颗粒状，随虫龄的增加，粪粒由小变大，颜色由灰蓝变为淡黄蓝色。老熟幼虫化蛹前，先吐少量丝缀合木屑堵塞蛀道下方，然后在填塞处上方咬一斜向上方的圆形羽化孔。幼虫一般 11 月底逐渐停食，12 月进入越冬阶段。

（4）防治措施　①成虫发生期设黑光灯诱杀。②幼虫发生为害季节，及时检查，剪除被害枝条，也可用细铁丝从蛀孔或排粪孔插入向上反复穿刺，可将幼虫刺死。③及时剪除受害枝，集中烧毁或深埋，经1～2年可将其控制。④成虫盛发期结合防治其他害虫喷90%晶体敌百虫500倍液，10%氯氰菊酯乳油2 000倍液，2.5%敌杀死乳油2 000～3 000倍液等。⑤幼虫初蛀入韧皮部或边材表层时，用40%乐果乳油柴油液（1∶9）涂虫孔，防效高。

3. 葡萄脊虎天牛

（1）为害与分布　以幼虫在枝蔓髓部蛀食，被害部以上枝条枯萎，被害处表皮变黑褐色，遇风易折断。寄主只有葡萄。

（2）形态特征　成虫：体长8～15mm，体大部分黑色，前胸背板、小盾片和前、中胸腹板深红色，触角和足黑褐色。头部额区略显出3条纵脊，复眼前上方极度凹入，触角11节，长达翅鞘基部。前胸背板隆起，两侧圆弧形；鞘翅端缘平切，外端角尖锐呈刺状，翅基1/4处有1C形黄毛带，两翅合拢呈X形，翅端部1/3处另有1条黄色宽横带。雄虫后足腿节伸展后略超过腹末，雌者稍短，仅达腹末。卵：长约1mm，长椭圆形，向一侧稍弯曲，一端稍尖，乳白色。幼虫：老熟时体长约17mm，淡黄色，无足。头小，黄褐色，前胸背板淡褐色，其后缘有山字形细沟纹，中胸至第八腹节背、腹面有椭圆形突起（称“步泡突”）。蛹：裸蛹，体长12～15mm，黄白色，复眼淡赤色。

（3）发生规律　每年发生1代，以长约3mm的低龄幼虫在被害枝条内越冬。翌年4、5月恢复取食，7月幼虫老熟，在蛀道内化蛹，蛹期7～10d，7～9月发生成虫并产卵，8月中、下旬为盛期。卵期5～7d，初孵幼虫经芽蛀入枝内，先在皮下浅处纵向蛀食，逐渐蛀至木质部，11月在蛀道内越冬。

成虫羽化后在枝内停留4～5d，然后蛀羽化孔外出，经1～2d即交尾产卵。卵多产在发育良好的一年生枝的芽鳞片间及芽腋处，每处1粒，少数多年生枝亦可被害，每雌可产卵数十粒至

100粒左右，成虫寿命约半个月。越冬幼虫活动初期先在蛀道内横向蛀一环沟，然后纵向蛀食，因而被害处极易被风折断，葡萄显蕾开花期即可见到枝条枯萎症状。幼虫将虫粪堵塞于蛀道内，枝条外无虫粪，秋冬季被害枝表皮呈黑褐色。

（4）防治措施　①剪除虫枝：冬季结合修剪，剪除节间变黑枝；春、夏季随时剪除枯萎枝，及时处理。②药杀成虫：虫量多时可于成虫发生期喷触杀剂。药剂种类参看葡萄透翅蛾。③涂药杀幼虫：秋季幼虫在浅皮下为害时，用敌敌畏乳剂或乐果乳剂与煤油（1∶1）的混合液，也可用杀螟松与二溴乙烷（1∶1）混合乳油的20～50倍液，局部点涂在节间变黑处。

（四）危害葡萄根系的主要害虫

1. 葡萄根瘤蚜

（1）为害与分布　葡萄根瘤蚜是一种具毁灭性的害虫，被中国列为对外、对内检疫对象。主要以成、若虫刺吸葡萄根和叶的汁液，在新生须根端部形成比小米粒稍大的菱角状根瘤，在粗根上多呈关节状肿大，蚜体聚集在根瘤表面缝隙处，被害根皮逐渐腐烂，使树势衰弱，产量下降，一般在5年内可使整株枯死。在美洲系葡萄品种的叶背还可形成粒状虫瘿，蚜体聚集其中，虫瘿开口在叶正面，受害叶萎缩早落。寄主只有葡萄属（*Vitis*）植物。

该虫原产于北美洲东部，现已遍布世界30多个国家和地区，1860年传入法国后，在25年内使1/3的葡萄园约100万hm^2遭毁灭。中国最早于1892年从欧洲引进苗木而传入山东省烟台，以后在辽宁省大连、盖平、辽阳、安东、昌图、兴城和陕西省杨陵均曾有发生（杨陵于1961年采取了彻底毁园措施），在台湾局部地区也有分布。

（2）形态特征

①根瘤型无翅孤雌成蚜：体卵圆形，长1.2～1.5mm，鲜黄、污黄或略带绿色，触角及足黑褐色，无翅、无腹管。体表粗

糙，有明显的暗色鳞形或梭形纹，胸、腹各节背面各具一横形深色大瘤突，国外标本在头、胸、腹背面各节分别有4、6、4个灰黑色瘤突；各胸节腹面内侧有肉质小突起1对。复眼红色，由3个小眼组成；触角3节，第三节端部具1个圆形感觉孔，末端有3～4根刺毛；喙7节。足跗节2节，末端有2根冠状毛和1对爪。尾片末端圆形，有毛6～12根。卵：长0.3mm，长椭圆形，黄色略有光泽，渐变为绿色。若蚜：共4龄，淡黄色。

②叶瘿型无翅孤雌成蚜：体近圆形，长0.9～1.0mm，黄色，体表有微细凹凸纹，无黑瘤。触角第三节有1个感觉孔，末端有刺毛5根。其他与根瘤型相似。卵：淡绿色，卵壳薄而光亮。

③有翅有性型成蚜：体长0.9mm，翅展2.8mm，长椭圆形，橙黄色，中、后胸赤褐色。触角第三节有2个感觉孔，末端有刺毛5根。翅2对，静止时平叠于体上，前翅有长形翅痣和3条斜脉，后翅无斜脉。卵：淡黄或赭色，大卵长0.36～0.5mm；小卵长0.27mm。若蚜：三龄时各节有黑瘤并出现黑灰色翅芽。

④无翅有性型雌性蚜：体长椭圆形，长约0.4mm；雄性蚜长约0.3mm。黄褐色，触角、足灰黑色，喙全退化。触角第三节有1个感觉孔，顶端刺毛5根。足跗节仅1节。由卵孵出后不蜕皮即为成虫。两性卵为椭圆形，深绿色，长0.27mm。

（3）发生规律　葡萄根瘤蚜的生活史周期因寄主和发生地的不同有两种类型，在北美原产地有完整的生活史周期，即两性生殖和孤雌生殖交替进行，以两性卵在枝蔓上越冬，春季孵化为干母后只能为害美洲野生种和美洲系葡萄品种的叶，成为叶瘿型蚜，共繁殖7～8代，并陆续转入地下变为根瘤型蚜，在根部繁殖5～8代，以上均为无翅、孤雌卵生繁殖，至秋季才出现有翅产性雌蚜，在枝干和叶背孤雌产大（雌）、小（雄）两种卵，分别孵出雌、雄性蚜，不取食即交配，每雌仅产1粒两性卵在枝条上越冬。

该蚜在传入欧、亚等地区后，其种型逐渐发生了变异，在以栽培欧洲系葡萄为主的广大地区，主要以根瘤型蚜为主，不发生或很少发生叶瘿型，秋季只有少量有翅蚜飞出土面，虽然在美洲野生种、美洲系品种、欧美杂交种和以美洲种作砧木的欧洲系葡萄上也可发生叶瘿型蚜，但从未在枝干上发现过两性卵。

在南方地区，以根瘤型蚜为主，每年发生8代，以初龄若蚜和少数卵在根叉缝隙处越冬。春季4月开始活动，先为害粗根，5月上旬开始产卵繁殖，全年以5月中旬至6月和9月的蚜量最多，7、8月雨季时被害根腐烂，蚜量下降，并转移至表土层须根上造成新根瘤，7～10月有12%～35%成为有翅性蚜，但仅少数出土活动。在美洲品系上也发生少量叶瘿型蚜，但除美洲野生葡萄外，其他品种上的叶瘿型蚜均生长衰弱不能成活。枝条上未发现过两性卵。

根瘤型蚜完成一代需17～29d，每雌可产卵数粒至数十粒不等。卵和若蚜的耐寒力强。在－13～－14℃时才死亡，越冬死亡率35%～50%，4～10月平均气温13～18℃，降水量平均100～200mm时最适其发生，7、8月干旱少雨可引起猖獗，多雨则受抑制。一般疏松、有缝隙的壤土、山地黏土和石砾土均发生重，而沙土因间隙小、土温变化大可抑制其为害。葡萄根瘤蚜的近距离传播主要靠虫体爬行、水流、风力和生产工具等携带，而有虫苗木、插条和包装材料的异地调运则是远距离传播的主要途径。

葡萄根瘤蚜在长期对环境的适应过程中还在不断发生着变异，例如对某些欧洲种葡萄品种有逐渐适应产生叶瘿型蚜的趋向，对某些抗蚜品种也逐渐产生了适应性；又如据前苏联研究，少数有性蚜可在根部产越冬卵；中国也曾发现少数有翅蚜可产3种卵，其中1种卵孵出的若蚜有口器。以上问题均有待进一步深入研究。

（4）防治措施

①严格检疫：定期进行疫情普查，以确定疫区和保护区；对疫区实行封锁，不从国内和国外的疫区调运各种栽植材料，对可

疑者需将苗木、插条及包装材料进行灭虫处理，经检疫部门检验合格后方可调运。苗木处理方法：a. 热水处理。将苗木先浸于40℃热水中预热3～5min，立即浸入54℃热水中保持5min。b. 药液处理。苗木、插条每10～20枝一捆，先清除其上杂物，在50%辛硫磷乳剂1 500倍液中浸蘸1min，阴干后包装；包装材料的处理方法相同。

②药剂处理土壤：对已感染葡萄根瘤蚜的葡萄园，可选用以下药剂处理土壤：a. 50%辛硫磷乳剂，每公顷7.5kg，加水30倍后与细土750kg拌和，撒施于树盘内并深锄覆土。b. 六氯丁二烯，用药量21～25g/m^2，均匀打孔6个，将药施入孔内后踏实。残效期可达3年以上，不仅在几年内土壤有吸附作用，且存在于根内。前苏联和美国多采用此药。c. 六氯环戊二烯，用药量25g/m^2，施用方法与六氯丁二烯相同。d. 二硫化碳，用药量36～72g/m^2，于花前和采果后施，适宜土温为12～18℃，高于18℃会发生药害。在行间每平方米打孔9个，孔深15cm，但药孔距蔓茎不得近于25cm。否则易发生药害，每孔注药7～8mL，将孔踏实。

③沙地建园和繁殖无蚜苗木，沙土地不适宜葡萄根瘤蚜生存，在疫区选沙地建园和繁殖苗木可抑制葡萄根瘤蚜的发生。

④选用抗蚜品种和以抗蚜品种作砧木可减轻受害，并应培育出适合当地种植的优质、高产、抗蚜新品种。

2. 金龟甲类的幼虫　为害葡萄根系的主要是金龟甲类的幼虫蛴螬，取食植物地下部的根、块根、块茎和播下的种子等，果苗和幼树根部被害后可致整株枯死。其特性及防治方法参考本章金龟甲类。

（五）葡萄主要害虫综合防治的基本原则

近年来由于大气环境的变化，以及在葡萄园内大量使用化学农药等，使葡萄园的生态环境遭到了破坏，葡萄虫害的发生逐年加重，对葡萄的安全生产造成了很大的威胁，因此在尽量保护葡

萄园的生态环境的前提下，葡萄主要害虫综合防治应从以下几个方面考虑：

1. 从栽培措施方面进行防治

①繁殖材料的处理：由于许多害虫是通过苗木、接穗、砧木等繁殖材料进行远距离传播的，因此需要对调运的繁殖材料进行处理，常用的方法是药剂处理。

②清园：大多数害虫的越冬场所是葡萄园内的枯枝、落叶、老皮缝隙、土壤及杂草等，因此应在秋冬修剪时尽可能的清除园内的枯枝、落叶、剥除老皮，并集中烧毁。

③及早控制并消灭害虫：在葡萄生长期，应根据害虫的生活习性观察害虫的发生情况，并及时杀灭，减少虫源。

2. 生物防治和天敌的保护及应用 应尽量保护葡萄园内的天敌昆虫，及合理利用商用的天敌昆虫来防治害虫，还可利用可防治害虫的生物制剂及其应用技术来控制病虫害的发生。

3. 物理及化学方法防治 物理防治方法是利用葡萄害虫的一些生活习性来进行诱杀以达到防治害虫的目的，主要是利用害虫的趋光性、性诱剂、食物诱剂等方法来诱捕害虫。

化学防治是现今葡萄生产者主要的防治措施，但是大量的化学杀虫剂的使用对葡萄园生态环境的破坏和污染是需要引起高度重视的，应根据葡萄生产中的实际情况，合理利用化学药剂来防治葡萄害虫。利用化学药剂进行害虫防治要根据害虫的生活习性、繁殖习性进行喷施，不能无目的、无节制的滥施药剂，既无效又破坏环境和污染环境。

三、葡萄园常用农药的配制和使用

（一）常用农药的配制

1. 波尔多液 波尔多液是葡萄园经常使用的预防保护性的无机杀菌剂，成品为天蓝色，微碱性悬浮液，一般现配现用。其黏着力强，较耐雨水冲刷，是优良的保护剂和杀菌剂，也是目前运用范围较广，历史悠久的主要药剂之一。它对预防葡萄黑痘病、霜霉病、白粉病、褐斑病等都有良好的效果。

（1）配制方法与使用　大面积果园一般要建配药池，配药池由一个大池、两个小池组成，两个小池设在大池的上方，底部留有出水口与大池相通。配药时，塞住两个小池的出水口，用一小池稀释硫酸铜，另一小池稀释石灰，分别盛入需兑水数的1/2（硫酸铜和石灰都需要先用少量水化开，并滤去石灰渣子）。然后，拔开塞孔，两小池齐汇注于大池内，搅拌均匀即成。如果药剂配制量少，可用一个大缸，两个瓷盆或桶。先用两个小容器化开硫酸铜和石灰。然后两人各持一容器，缓缓倒入盛水的大缸，边倒边搅拌，即可配成。

采用稀硫酸铜液倒入浓石灰液中的效果也很好。先将硫酸铜用2/3的水溶解，用1/3的水化开石灰而成石灰乳，然后将硫酸铜液倒入石灰乳中，并不断搅拌，使两液混合均匀即可，此法配成的波尔多液质量好，胶体性能强，不易沉淀。要注意不能反倒，否则易发生沉淀。

波尔多液中硫酸铜、石灰和水的比例，是按照葡萄不同时期对石灰和铜的敏感程度决定的。所谓半量式、等量式和多量式波尔多液，是指石灰与硫酸铜的比例。而配制浓度1%、0.8%、0.5%、0.4%等，是指硫酸铜的用量。例如施用0.5%浓度的半量式波尔多液即用硫酸铜1份、石灰0.5份、水200份配制。也就是1：0.5：200倍波尔多液。一般采用石灰等量式，病害发生严重时，可采用石灰半量式以增强杀菌作用，对容易发生药害的树种和品种则采用石灰倍量式或多量式。

（2）注意事项

①必须选用洁白成块的生石灰，硫酸铜选用蓝色有光泽、结晶成块的优质品。

②配制时不宜用金属器具，尤其不能用铁器，以防止发生化学反应降低药效。

③硫酸铜液与石灰乳液温度达到一致时再混合，否则容易产生沉降，降低杀菌力。

④药液要现用现配，不可贮藏，同时应在发病前喷用。

⑤波尔多液不能与石硫合剂、退菌特等碱性药液混合使用。喷施石硫合剂和退菌特后，需隔10d左右才能再喷波尔多液；喷波尔多液后，隔20d左右才能喷石硫合剂、退菌特等农药，否则会发生药害。

2. 石硫合剂　石硫合剂是用石灰、硫黄和水熬制而成的，是一种红褐色半透明液体，有臭鸡蛋味，呈强碱性，对皮肤有腐蚀作用。石硫合剂具有杀虫、杀螨、杀菌作用。

（1）配制方法与使用　石硫合剂是由生石灰、硫黄加水熬制而成，其配比为生石灰∶硫黄∶水＝1∶2∶10，先将生石灰放于生铁锅内，加少量水化开后，再加水至足量制成石灰乳，然后加热至近沸腾时，沿锅边缓缓倒入事先用少量水调成糊状的硫黄浆，边倒边搅拌，标好水位高度，用热水补充蒸发掉的水分。待药液熬成红褐色，锅底渣滓呈黄绿色时即成。冷却后滤去渣滓，即得到红褐色透明的石硫合剂母液，用波美比重计测定原液浓度备用，一般熬制的原液浓度在28波美度左右。

能否熬制成较高的原液度数的关键是：①生石灰要求质量好，杂质少；②硫黄粉磨得越细越好；③熬制过程中要始终保持大火力。

原液浓度的测定和稀释：测定原液浓度时，如果没有波美比重计，可用一个不带颜色的干燥玻璃瓶，称一下瓶的重量，盛入1斤*水，把瓶子放正，在齐水面的地方划条线作记号，把水倒出再装入凉石硫合剂原液到原记号处，称出重量。然后计算出石硫合剂与水重量之差，乘以11.5波美度就得出石硫合剂的实际浓度。例如：差数是1.2两*，石硫合剂的浓度就是1.2×11.5

* 斤、两为非法定计量单位，1斤＝500g，1两＝50g。

波美度＝13.8 波美度。使用前必须计算出加水量进行加水稀释，每千克石硫合剂原液稀释到目的浓度需加水量的公式为：加水量（千克）/每千克原液＝（原液浓度－目的浓度）/目的浓度。

（2）注意事项

①熬制石硫合剂时必须选用新鲜、洁白、含杂物少而没有风化的块状生石灰；硫黄选用金黄色、经碾碎过筛的粉末，水要用洁净的水。

②熬煮过程中火力要大且均匀，始终保持锅内处于沸腾状态，并不断搅拌，这样熬制的药剂质量才能得到保证。

③不要用铜器熬煮或贮藏药液，贮藏原液时必须密封，最好在液面上倒入少量煤油，使原液与空气隔绝，避免氧化，这样一般可保存半年左右。

④石硫合剂腐蚀力极强，喷药时不要接触皮肤和衣服，如已接触应速用清水冲洗干净。

⑤石硫合剂为强碱性，不能与肥皂、波尔多液、松脂合剂及遇碱分解的农药混合使用，以免发生药害或降低药效。

⑥喷雾器用后必须喷洗干净，以免被腐蚀而损坏。

（二）农药使用准则及方法

1. 科学使用农药　在日常生产中，常常发生一些因农药使用不当，甚至是滥用、乱用农药造成作物药害、人畜伤亡等事故。安全、合理的农药使用方法如下：

（1）选用适当的农药品种　根据不同作物不同病虫草害正确选择所需农药品种，做到对症下药，是取得良好防治效果的关键。否则，不仅效果差，还会浪费农药，耽误防治时机，给农业生产造成损失。

（2）适时用药　不同发育阶段的病、虫、草害对农药的抗药力不同。在虫害方面，一般三龄前幼虫抗药力弱，提倡三龄前用药，效果较好。在病害方面，病原菌休眠孢子抗药力强，孢子萌发时抗药力减弱。在草害方面，杂草在萌芽和初生阶段，对药剂较敏感，以后随着生长抗药力逐渐增强。所以，在使用农药时必须根据病、虫、草情及天敌数量调查和预测预报，达到防治指标时及时用药防治。

（3）严格掌握用药量　农药标签或说明书上推荐用药量一般都是经过反复试验才确定下来的，使用中不能任意增减，以防造成作物药害或影响防治效果。

（4）喷药要均匀周到　现在使用的大多数内吸杀虫剂和杀菌剂，以向植株上部传导为主，很少向下传导。因此喷药时必须均匀周到，不重喷不漏喷，刮大风时不要喷，以保证取得良好的防治效果。

（5）坚持轮换用药，延缓有害生物抗药性的产生　农药在使用过程中不可避免地会产生抗药性，如果一个地区长期单独使用一种农药，将加速其抗药性的产生。为此，在使用农药时必须强调合理轮换使用不同种类的农药以延缓抗药性的产生，提高农药使用寿命。

（6）合理复配混用农药　复配、混用农药时，必须遵循的原则：

①两种或两种以上农药混用后不能起化学变化。因为这种化学变化可能导致有效成分的分解失效，甚至可能会产生有害物质，造成危害。比如有机磷类、氨基甲酸酯类、菊酯类杀虫剂和二硫代氨基甲酸衍生物杀菌剂均对碱性条件较敏感，不能与碱性农药或物质混用。有机硫杀菌剂大多对酸性比较敏感，不能与酸性农药混用。

②田间混用的农药物理性状应保持不变。两种农药混合后产生分层、絮状或沉淀，这样的农药不能混用。另外，混合后出现乳剂破坏、悬浮率降低甚至结晶析出，这样的情况也不能混用。因此，农药在混用前必须先做可混性试验。

③混用农药品种要求具有不同的作用方式和兼治不同的防治对象，以达到农药混用后扩大防治范围、增强防治效果的目的。

④混剂使用后，农副产品的农药残留量应低于单用药剂。

⑤农药混用应达到降低使用成本的目的。

2. 农药浓度表示与稀释方法

（1）常用农药浓度的表示方法

①百分浓度（%）：用百分法表示有效成分的含量。如40%乐果乳油，表示有100份这种乳油中含有40份乐果的有效成分。

百分浓度又分为重量百分浓度与容量百分浓度两种。固体与固体之间或固体与液体之间，配药时常用重量百分浓度，液体之间常用容量百分浓度。

②百万分浓度（mg/kg）：指一百万份药剂中含有多少份药剂的有效成分。如200mg/kg的九二〇溶液，表示一百万份的这种溶液中含有200份的九二〇有效成分。

③倍数法：药液（或药粉）中稀释剂的用量为原药剂用量的多少倍，也就是说把药剂稀释多少倍的表示方法。如80%敌敌畏800倍液，即表示1kg 80%敌敌畏乳油应加水800kg。因此，倍数法一般不能直接反映出药剂的有效成分。稀释倍数越大，药液的浓度越小。稀释后有效浓度（%）=（商品农药有效浓度÷稀释倍数）×100

（2）稀释计算法

①按有效成分的计算法：

公式：原药剂浓度×原药剂重量=稀释药液浓度×稀释药剂重量

以上公式若有三项已知，可求出任何一项来。

②根据稀释倍数的计算法：

公式：稀释药剂重量=原药剂重量×稀释倍数

第十二章 葡萄园自然灾害及防御措施

一、寒害

（一）寒害对葡萄的影响

葡萄对低温有一定的抵抗能力，但超过其限度就会发生冻害，轻则会造成芽眼枯死、树势衰弱、减产，严重的甚至导致植株死亡。

不同生长发育时期、不同的葡萄品种对低温的抵抗能力有所不同。葡萄在生长期时的抗寒性很弱，膨大的芽眼在－3～－4℃的低温时会发生冻害，嫩梢和叶片在－1℃时开始受冻，花序在0℃时开始受冻，秋季叶片和果实在－3～－5℃时受冻。葡萄植株处于休眠期时对低温有一定的抵抗能力，一般说来当外界气温低于－15℃时，葡萄植株就容易发生冻害。植株不同部位的抗寒力差别也很大。芽的抗寒力最强，大部分的品种能忍耐－20℃左右的低温，一般欧洲种可忍耐－16～－18℃的低温，美洲种可忍耐－20～－22℃的低温，欧美杂种可忍受－18～－22℃的低温，山葡萄可忍耐－30～－40℃以下的低温。根系的抗寒力最弱，一般当土壤温度低于－5～－7℃时欧美杂种就会产生冻害，美洲种可忍耐－7～－9℃，河岸葡萄可忍耐－11～－15℃，山葡萄可忍耐－15～－16℃。枝蔓的抗寒能力介于芽和根之间。

（二）葡萄园防寒措施

1. 提高树体耐寒能力 通过加强葡萄园综合管理，可增强葡萄植株的抗寒能力，在秋季葡萄采收后增施磷、钾肥，避免施用氮肥和灌水过量，来防止植株旺长，促进枝条、芽眼充分成熟，提高树体营养积累水平，保证正常进入休眠，增强抗寒力。

防寒时间应当安排在当地土壤结冻前一周左右进行，不宜太早也不宜太晚。这样既可以使植株得到充分的抗寒锻炼，提高其抵御低温能力，又可防止土温过高，湿度过大而造成病菌滋生浸染枝蔓和芽眼。

2. 防寒措施　在我国南方大部分地区，冬季的土壤温度一般在−5℃以上，地上温度也比较高，不会对葡萄枝蔓与根系造成冻伤，因此不需要将枝蔓埋入土中，只需要进行适当防寒的措施即可，但是在偏北的部分地区或海拔很高的地方还是需要进行埋土防寒。

防寒措施主要有以下几种方法：

（1）埋土防寒

①防寒时间　葡萄的埋土防寒时间，总的要求是在园地土壤冻结前适时晚埋。因为埋土过早，一方面葡萄植株没有得到充分抗寒锻炼，在土层保护下会降低葡萄植株的越冬抗低温能力，冬季深度寒冷时葡萄植株容易遭受冻害；另一方面，当时土层内温度较高，微生物（特别是霉菌）还处于活跃时期，附着在葡萄枝蔓上的霉菌在土壤中遇到较合适的温湿度条件，就会大量滋生，损伤枝芽。埋土也不宜过晚，当气温较低时，葡萄根系在埋土覆盖前就有可能受冻，而且土壤一旦结冻，埋土困难，冻土块之间易产生较大空隙，防寒土堆易透风，枝芽和根系仍然易受冻害。适时晚埋，就是在气温已经下降接近零度、土壤尚未结冻以前埋土。为了避免埋土过早或过晚产生的不利影响，一般可分两次埋土防寒：第一次在枝蔓上覆有机物，在有机物上覆一薄层土；第二次在园地土壤夜间开始结冻时，趁白天土壤解冻后立即埋土至防寒土堆所要求的宽度和厚度。

②埋土技术

a. 地上埋土防寒法　葡萄芽眼的抗寒力要比根系强得多，如欧亚种芽眼可比根系能多忍受－12℃左右的低温，美洲品种的芽眼要比根能多忍受－15℃左右的低温。在冬剪后，将根部周围垫上土枕，一是为了防止将蔓压倒时断裂，二是增加根部防寒作用。将压倒的枝蔓捆成捆，一株挨一株地顺放在根部，用秸秆或树叶覆盖 5～10cm 厚，再从距根干 1.5m 之外取土埋严。当地冬季冻土中－4℃位置距地表间的厚度，即埋土防寒覆土的厚度。地表下－4℃距地表越厚，葡萄冬季防寒埋土就越厚。这种防寒方法安全可靠，一般在北方埋土防寒地区普遍采用。如采用抗寒砧苗时，要减少 1/3 左右的覆土厚度。沈阳地区一般在 11 月中、下旬完成埋土工作。

b. 地下埋土防寒法　地下埋土防寒法，主要应用于棚架树龄较大的葡萄园，因树龄大主蔓较硬，难以顺绑在一起埋土防寒。方法是就地沿主蔓生长的方向，挖深 30～50cm、宽 50cm 的沟，将枝蔓捆好放在沟中，其上覆 10cm 左右厚的秸秆或树叶，再培土防寒。其枝蔓埋土的厚度较薄，欧亚种芽眼对寒冷的忍耐度为－16～－17℃，所以，在地表距－16℃的厚度，就是枝蔓覆土厚度。但在根系上部覆土，要按葡萄种类根系抗寒能力，决定覆土厚度，其覆土厚度测定方法同前。

c. 冬季防寒覆盖物撤除方法　在树液流动期前，就开始撤除防寒物。一般分 2～3 次进行，沈阳地区最后撤除防寒物的时间在 4 月中下旬。过早撤除防寒物，易遭受晚霜冻害和寒风抽干，尤其是冬春季节干旱地区，更要注意，因此要分 2～3 次撤除防寒物为宜。第一次在覆土化冻后，将防寒土撤掉一大部分；第二次在当地山杏花蕾吐红时将防寒土或塑料膜全部撤掉，只留秸秆或部分树叶；第三次杏花大蕾时将全部防寒物撤掉。如防寒物撤除过晚，芽眼萌动后，上架引绑容易伤害主芽，影响产量。

（2）塑料膜防寒法　近年有的葡萄园试用塑料膜防寒，效果良好。做法是：先在枝蔓上盖麦秆或稻草40cm厚，上盖塑料薄膜，周围用土培严。但要特别注意不能碰破薄膜，以免因冷空气透入而造成冻害。

（3）简化防寒法　采用抗寒砧木嫁接的葡萄，由于根系抗寒力强于自根苗的2～4倍，故可大大简化防寒措施，节省防寒用土1/3～1/2。如沈阳地区可取消有机覆盖物，直接埋土宽度1.2m左右，在枝蔓上覆土20～25cm，即可保证枝蔓和根系的安全越冬。因此，采用抗寒砧木、实行简化防寒是冬季严寒地区葡萄生产的方向。

3. 冻害的补救措施　我国南方地区在春季易出现倒春寒现象，有时会产生霜冻，易导致葡萄植株产生冻害，葡萄植株一旦发生冻害，应因地制宜采取下列补救措施：

（1）枝芽冻害的补救措施

①剪去不能恢复生机的枝条，加强地下土肥水管理，促使尚有希望的枝芽得到较充足养分和水分，使其发芽整齐，新梢健壮生长。

②冻害较严重时，还应大量疏减花序，减少结果量或不让结果，以恢复树势增加枝量为主要管理目标。

③出现严重光秃带时，可采取曲枝促梢（将光秃蔓卷曲使隆起高点发梢）、留长梢母枝补空、压蔓补梢（将光秃蔓压入土表促发新梢）等。

（2）根系冻害的补救措施

①地下催根　发现根系受冻的植株后，将根颈周围约1.5m的土壤散开，边撤土边检查，发现死根全部剪去，对半死的根系（形成层还是绿白色，木质部和髓部已变褐色）和未受冻害的健壮根系要尽量保留。撤土深度40～50cm，然后铺上腐殖土约厚10cm，浇水浸透，并在上面扣上塑料小拱棚，以利迅速提高地温，促使半死根群恢复生机，活根提高吸收功能，充分发挥供给地上部所需养分和水分的作用，促进枝蔓正常萌芽和生长。一般

20d后半死根群即可恢复生机并产生大量新根，逐渐填平根颈周围的土层，同时追施优质粪肥，适当灌水，以利发挥肥效。

②控制枝蔓生长　凡是根系受冻植株，应根据根系受伤的程度，相应削减枝芽量和疏花疏果，以减少地上部养分和水分消耗，从而尽量达到地上地下的营养供需平衡。

二、水涝

水涝是农业气象灾害的一种，是由于降水过多，果园土壤过湿、淹水或洪水泛滥而造成的自然灾害。葡萄对水淹敏感，如果雨水过于集中，果园排水不畅，田间积水时间过长会使葡萄根系的呼吸作用受到抑制，因缺氧而生长滞缓，吸收能力下降，影响到根系和地上部的生长及结果，严重时甚至会引起根系腐烂和植株死亡。而且南方多雨的季节正值葡萄幼果膨大期，排水不良会加剧生理落果，或出现果实裂果、上色难等现象。

防涝抗涝的主要措施有：①建园选址时应避开易发生水涝的田地；②在地下水位高的地方要采用开深沟起垄栽培，并且要搞好排涝系统，使排水通畅，大暴雨时不会淹水；③在河道、水库附近建园，要注意疏通河道、加固堤防。

三、旱灾

（一）干旱胁迫对葡萄的影响

干旱胁迫是指长期缺少降雨或灌溉造成空气干燥、土壤缺水，从而导致葡萄体内水分亏缺，影响其正常生理代谢和生长发育。葡萄是较耐旱的植物，但干旱仍然对葡萄生长发育具有较大的影响，主要表现在：

（1）干旱胁迫下葡萄的光合作用会减弱，根和枝叶的生长量都会降低，导致枝叶生长衰弱、花芽分化不良，干旱时间过长会造成根系断层，但总的来说对于葡萄枝叶的影响大于根系。

（2）在葡萄果实膨大的早期，如发生干旱胁迫就会阻止果粒长到正常体积，即使之后充分供应水分，也仍难使果粒达到应有大小。

（3）在果实成熟期，如果发生干旱胁迫会推迟浆果成熟，使果粒颜色暗淡及果粒发生日灼。

（4）在成熟期适当控水，能提早果实成熟，因为轻度的水分胁迫可以减慢新梢生长速度，同时由于果皮收缩降低果粒体积，从而增加果汁糖分含量。

（5）在葡萄花芽生理分化期适度控水，轻度的水分胁迫可促进花芽形成，有利于丰产。

（二）葡萄园抗旱措施

葡萄园的抗旱措施主要有以下几种方法：

（1）选择适宜的耐旱品种和抗旱砧木。

（2）进行地面覆草、覆膜。在树盘内盖 20cm 厚杂草或覆盖地膜，可有效减少地面蒸腾、稳定各层土壤的温度和湿度，增加保蓄水分能力。

（3）在葡萄园内安装滴灌等节水灌溉设施，比普通灌溉一般可以省水 70%以上。

（4）对葡萄园进行土壤深耕是防止土壤水分大量蒸发的有效措施，并可深蓄降水，增加土壤含水量。

四、风灾

（一）大风对葡萄园的影响

在我国南方地区葡萄园主要遭受的风害是由台风及雷雨大风（飓风）、龙卷风所造成，特别是东南沿海几乎每年都会遇到不同程度的台风袭击，如果防风措施没有做好，会造成严重的经济损失。

风害对葡萄园的影响主要有以下几方面：

（1）机械损伤　大风可造成葡萄植株倒伏、断枝、破叶、落叶，在葡萄成熟期可导致果实掉落、破裂等。

（2）生理危害　台风来临时带来的强降水导致果园受淹，时间较长可导致小树死亡。大风可加速水分蒸腾，造成叶片气孔关闭，光合强度降低，造成树势衰弱，代谢机能紊乱，产量降低等现象。

（3）棚架倒塌　由于我国南方地区葡萄大部分采用避雨栽培，如果棚架不够结实或遇到大风时防范措施没有做好，大风会导致棚架倒塌，造成惨重的经济损失。

（二）葡萄园防风措施

葡萄园可采取的防风措施主要有：

（1）选择地势较高的地块建园，易涝的田地不宜建园。

（2）建立果园防护林，不仅可以降低风速，减少冷热空气对流，还可改善葡萄园小气候条件。

（3）由于我国东南沿海地区在 7、8 月易遭到台风的袭击，因此可以在品种选择上以早、中熟品种为主，或采用促成栽培，使采收期尽量提前以避开台风袭击的时间，避免直接的损失。

（4）采用耐涝砧木，可减少大风带来的强降水对葡萄植株造成的危害。

（5）棚架建造要牢固，不要为了降低成本而使用劣质的棚柱，并且棚架周围要安设牢固的地锚增加抗风力。

（6）在大风来临前可揭开薄膜，减低风对棚架的危害，以保住棚架。

五、雹灾

（一）冰雹对葡萄的危害

冰雹袭击对葡萄园所造成的雹灾，主要是雹块对葡萄植株造成的机械危害和短时大风的破坏作用。冰雹对葡萄植株造成的危害轻者撕破叶片、砸伤枝干树皮、打断小枝、打烂花序、击落幼果，重者折断大枝、打烂树皮、打掉全部叶片和果实，伴随的阵性大风还可能刮倒树体或连根拔出。冰雹危害的程度取决于雹块大小、降雹强度和雹块降下的速度，也与葡萄所处物候期有关。

（二）葡萄园防雹和雹害后的管理

葡萄园防雹和雹害后的管理主要有以下几点：

（1）根据当地降雹规律，避免在多雹区和“雹线”区内建立葡萄园。

（2）在葡萄园上架设防雹网，防止和减少在降雹和暴风中折枝、断干、落叶和落果，并可以结合防鸟将防护网下垂至地面。

（3）灾后及时摘除烂果，剪除折枝，清理园中的落叶、落果、残枝，全园喷药防病保叶，追施肥料增加树体营养，促进树势的恢复。

六、环境污染

环境污染主要包括大气污染、水质污染、土壤污染和农药污染四个方面。

（一）大气污染

在大气污染物中对葡萄危害最为严重的物质主要有二氧化硫、氟化氢、氯气、臭氧、二氧化氮、一氧化碳和碳氢化合物等，若空气中污染物浓度太高会直接造成叶片、花果表面出现伤害斑，有时空气污染物也会通过雨水而造成酸雨对葡萄植株造成伤害。葡萄植株吸收有害物质后，有时暂时植株表面不显症状，但会在植株体内不断积累有毒物质，造成生理代谢异常，影响果实产量和品质。

因此为避免大气污染对葡萄产生的影响，应尽量避免在污染严重的地块或重工业园区附近建葡萄园，或在果园周围种植具有净化大气功能的防护林。

（二）水质污染

对葡萄园造成危害的水质污染一般主要是来自于工业废水、城市污水，或被污染的地下水。用污染了的水灌溉果园，将会造成土壤酸化或碱化，并积累有害物质，影响葡萄的生长，或引起植株中毒。因此要采用干净的水源，或者经过污水净化处理达到

国家规定安全标准的水进行灌溉。

（三）土壤污染

土壤污染主要是由大气污染和水质污染所造成，使土壤中积累有毒或有害物质超过土壤自净能力，危害葡萄生长发育，甚至有毒有害物质残留在果品中，危害人体健康。特别是土壤中的重金属是具有潜在危害的污染物，很难被微生物分解，常常富集于植株体内造成危害，甚至重金属元素通过水分进入土壤而被葡萄植株吸收和积累，引起葡萄中毒，最终通过果实被人食入造成伤害。

因此，在建园时要避免在污染严重的地块建立葡萄园，要控制和消除工业污染物向果园排放，灌溉用水一定是来自于干净的水源或净化后的水。

（四）农药污染

农药污染主要是通过大气、水质和土壤三种途径对葡萄的生长环境产生污染。使用农药后，其中的一部分被葡萄吸收积累在植株体内，或残留在葡萄枝叶、果实表面。农药残留的数量即残留量，标志着农药污染的程度。农药残留物可通过果品间接进入人体，可造成急性或慢性中毒或致癌。

因此应采取一些相应的措施尽量减少农药的污染：①选择抗病虫害的优良葡萄品种，采用果穗套袋、合理种植密度、控制枝梢数量、控产等先进的栽培技术以减少病虫害的发生，从而减少农药的施用量；②采用低毒、低量或超低量喷洒农药方法，用药少，药效高，可减少污染；③合理交替使用农药种类，既可提高、延长药效，又可减少污染；④严格控制剧毒农药及有机磷、有机氯农药的使用范围；⑤使用生物防治、物理防治、植物性农药防治病虫害。

七、鸟、兽害

（一）鸟害

葡萄园周围若林木较多，当葡萄果实成熟时，各种鸟雀即到葡萄园啄食危害果实。葡萄果穗经鸟类啄食后，穗形不整齐，更主要的是鸟类啄破果粒，致使果汁流溢染湿其他果粒，很快引起病害，造成烂果，直到全部果穗烂掉，损失很大。啄食时间，以清晨天亮时为多。凡被鸟类啄食过的果穗，都是快要成熟糖分较高或已着色的果粒。

葡萄园鸟害的防范措施，应该在保护鸟类的前提下防止或减轻鸟类活动对葡萄生产的影响。一般主要采取以下几种方法：

（1）果穗套袋是最为简便的一种防鸟害方法，同时也可防止病虫、农药、尘埃等对果穗的影响。但要使用质量好、坚韧性强的纸袋，也可用尼龙线网袋进行套袋，这样不仅可以防止鸟害，而且不影响果实上色。

（2）在葡萄园架上设防鸟网，防鸟网可用尼龙线制作，也可用细铁丝制作，应尽量采用白色尼龙网，不宜用黑色或绿色的尼龙网。在冰雹频发的地区，还可将防雹网与防鸟网结合设置。

（3）在果实成熟期采用惊吓的方式驱赶鸟类，不能采用毒鸟或打鸟方法，可利用放鞭炮、扬声器等来惊吓鸟类。

（4）在果园内挂设闪光防鸟彩色带、金属光盘等物品，通过反射光线来驱赶鸟类，防鸟类啄食葡萄。

（二）兽害

葡萄园内的兽害主要是鼠害，是荒地、山地、靠近林边的葡萄园常常遇到的灾害。危害果实较重的有黄鼠、松鼠等，危害植株者有鼹鼠、鼢鼠（俗称地老鼠、地拍子、瞎老等），严重时，可将整行葡萄全吃掉或咬碎造成严重减产，也可能将葡萄树的根部吃掉，致使第二年春季不能发芽而死亡。

对于葡萄园的兽害主要的防治方法有：①保护天敌，主要是雕鹗、狐及蛇；②水漫灌的果园，对地老鼠等可采用灌水淹死的方法；③人工捕打，包括枪击、网捕、下套子或用夹子等；④加强防护设施，如在葡萄园四周安装木栅栏，在树干基部包扎草或废塑料布以防鼠类啃咬嫩枝或树皮等。

第十三章 葡萄采收与产后处理

一、果实采收

（一）浆果成熟度的标准

采收是葡萄生产中一项重要工作，是葡萄生产的最后一个环节，也是运输贮藏保鲜的第一环节。葡萄采收应在果实成熟期适时进行，这对果实的商品性及贮藏性都有很大的影响。采收过早，浆果尚未充分发育，产量减少、糖分积累少、着色差，未形成品种固有的风味和品质，鲜食乏味，酿酒贫香，不能充分显示该品种应有的优良性状和品质，且贮运期易失水、失鲜、感病，商品性差。采收过晚，易落果，果皮皱缩，果肉变软，有些皮薄品种还易裂果，招来蜂蝇和病虫，造成丰产不丰收，贮运过程中易掉粒，衰老加快，并由于大量消耗树体贮藏养分，削弱树体抗寒越冬能力，甚至影响来年生长和结果，引起大小年结果现象。

葡萄果实进入成熟期后，果实体积重量逐渐停止增长，果色达到品种特有的颜色，果皮角质层及果粉增厚，果实含糖量增加。从穗梗、穗轴特征上看，穗梗、穗轴逐渐半木质化至木质化，色泽由绿变褐，蜡质层增厚。葡萄成熟期采收的标准可依据浆果可溶性固形物含量及糖酸比作为成熟指标，有色品种的着色程度，也作为判断成熟度的指标之一。

葡萄果实的成熟度一般可根据以下几个方面来判断，但不同栽培地区、不同葡萄品种成熟度指标也有差异：

（1）果皮色泽　果皮色泽应达到品种成熟时固有的颜色。白色品种由绿色变黄绿或黄白色，略呈透明状；紫色品种由绿色变浅紫或紫红、紫黑色，具有白色果粉；红色品种由绿色变浅红或深红色。但是不同地区品种表现不同，如鲜红色品种在光照充足的地区能正常着色，光照特别强的地区会着色过深为紫红色，而在多雨的地区由于光照不足，很难着色至其固有的色泽。

（2）果肉硬度　浆果成熟时无论是脆肉型或软肉型品种，果肉都由坚硬变为富有弹性，变软程度因品种而异。

（3）糖酸含量　根据各品种应有的糖酸含量指标来确定。如巨峰、醉金香可溶性固形物含量达到15%以上，巨玫瑰达到16%～18%即可采摘。酒用葡萄常以含糖量达到一定标准作为确定收购价格的基数，随含糖量的增减，价格上扬或下跌。

（4）果实风味　根据品尝果实甜酸、风味和香气的综合口感来判断是否达到该品种固有的特性。

（5）果实种子　有核品种可根据果实种子的外皮是否变得坚硬，颜色是否由绿色变为深褐色来判断其是否成熟。

（二）采收期的确定

当葡萄完全成熟表现出品种的固有特性以后，可根据葡萄的不同用途来进行采收。若作为蜜饯、罐藏等加工，可在果实七八分成熟时进行采摘，如康拜尔早生、康太等可提前采收用于去皮、去籽、罐藏加工。远距离运输也应在此时采收。作为鲜食时，为了提早供应市场可在保证其充分成熟的前提下适当早采。而作为酿酒、制汁等加工则一定要等到完全成熟，达到品种应有的色、香、味时才进行采摘。

采收时间首先应根据果实成熟度的标准和用途确定；其次，同一品种在同一地块、同一树上的果实成熟期也会不一致，一般应分批采收，即熟一批采一批，以减少损失和提高品质。

（三）采收前的准备

做好葡萄采收前的准备主要有以下几项工作：

（1）修剪果穗　首先应剪去果穗最下端甜度低、味酸、柔软和易失水干缩的果粒；其次疏掉不易成熟、品质差的青粒、小粒，同时把伤粒和病粒及时疏掉。

（2）施磷、钾肥　采前一个月用0.3%磷酸二氢钾溶液或0.4%硫酸钾溶液进行叶面喷雾，一般连喷2次为好，这样可提高果粒糖度和品质，增强耐贮性。

（3）严格控水　为了保证葡萄品质，提高耐贮性，要求在采收前一个月内严格控制灌水，大雨来临前要特别注意做好排水防涝工作。

（4）防止裂果　果实膨大期可采取在畦面铺草、覆膜等措施来保持土壤水分均衡供应，可有效减轻裂果。

（5）防治病害　在果实着色时，应及时预防病害发生，在采收前30d禁止喷洒农药。

（四）采收技术

1. 采收时间　在雨后、阴雨天气、露水未干或浓雾时都不宜采摘。因为此时采摘的葡萄，容易造成机械损伤，加上果实表面潮湿，有利于微生物侵染，并且味淡不易贮藏。也不适宜在炎热日照下采收，因果实体温高，其呼吸、蒸腾作用旺盛也不利贮藏，浆果易发病腐烂。

采摘适宜在清晨露水干后的上午或在阴天气温较低时进行，此时温度较低，浆果不易热伤。若在气温较高时采收的葡萄，必须迅速运到阴凉处摊开散热，才可包装，否则因浆果呼吸作用强，蒸发量大，会降低品质和重量。

2. 采收方法　葡萄采收的方法有人工采收和机械采收两种。无论是国内还是国外，机械采收都不适合于鲜食葡萄，仅用于酿酒葡萄。采收时，为保证质量，要一手持果穗梗或手撑住果穗，另一手握剪刀，在果梗部留3～4cm处剪下，以便于提取和放置又不会刺伤其他果穗，然后轻放在采果篮中，不要擦去果粉，尽量使果穗完整无损。采果篮中以盛放3～4层果穗为宜，及时转

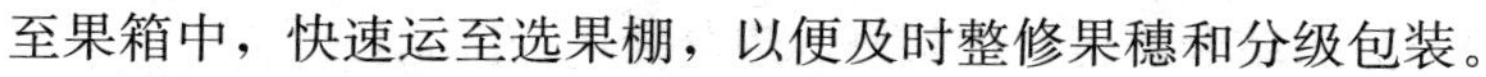

至果箱中，快速运至选果棚，以便及时整修果穗和分级包装。

（五）注意事项

葡萄采收时应注意以下几点：

（1）葡萄果实含水量大、皮薄，故在采收时，要轻放，浅装，尽量不擦掉果粉、不碰伤果皮、不碰掉果粒，避免机械伤口，减少病原微生物入侵之门，造成不应有的损失。

（2）对鲜食品种，应分期分批采摘，以保证果实品质及入库后葡萄快速降温。

（3）巨峰等品种果刷短、易掉粒，应尽量避免倒箱。

（4）对采收下来的果穗，如有病虫害、破损、小青粒、畸形果，随时剪除后装箱。

（5）葡萄不耐贮运，因此采收、装运、分选、包装、运销等各个环节要迅速，尽量不过夜以保持葡萄新鲜度和商品性。

（6）采摘时用的容器不宜过大、过深。若采用竹篮或竹筐等容器时，采摘前需要在篮子或筐中放布、纸或其他的柔软物品，防止葡萄受到摩擦或划伤。要选择遮阴通风处并在地上铺干净的薄膜作为葡萄集中修整装箱的场地。

二、果实分级与包装

（一）果实分级

葡萄分级是葡萄商品化生产中的重要环节，世界各国都制订有相应的葡萄分级标准。葡萄分级标准主要项目包括果粒大小、果穗整齐度、果穗形状、果形、色泽、可溶性固形物含量、总酸含量、机械伤、药害、病害、裂果等。

对于鲜食用葡萄要力求商品性高，分级前必须对果穗进行整修，达到穗形规整美观。整修是把每一串果穗中的青粒、小粒、病果、虫果、破损果、畸形果等，影响果品质量和贮藏的果粒，用疏果剪细心剪除，对超长穗、超大穗、主轴中间脱粒过多或分轴脱粒过多的稀疏穗等，要进行适当分解修饰，美化穗形。整穗一般与分级结合进行，边整修、边分级，一次到位。

分级通常按果穗和果粒大小、整齐度、松紧度、着色度等指标来进行分级，一般可将鲜食葡萄分为三级：

1. 一级品　果穗较大而完整无损，果粒大小一致，疏密均匀，呈现品种固有的纯正色泽，着色均匀。

2. 二级品　对果穗和果粒大小要求并不严格，基本趋于均匀，着色稍差，但无破损果粒。

3. 等外品　余下的果穗为不合格果，可降价销售。

在美国，鲜食葡萄一般分为 3 个级，即 AA 为一级品，A 为二级品，B 为三级品，C 为等外品（表 13－1），有时也分出特级品。

表 13－1　美国加利福尼亚州和智利鲜食葡萄收购等级划分标准

规格 品种	一等品		二等品		三等品		可溶性固形物（%）
	直径（mm）	长度（mm）	直径（mm）	长度（mm）	直径（mm）	长度（mm）	
红地球	>28.0		25.0～27.9		23.0～24.9		16.5
无核白	>19.0	>29.0	17.5～18.9	27.0～28.9	16.0～17.4	25.0～26.9	16.5
意大利	>25.0		23.0～24.9		21.0～22.9		16.0
神奇无核	>19.0	>30.0	17.5～18.9	28.9～29.9	16.0～27.9		15.5
皇帝	>22.0		17.0～21.9		17.0～18.9		15.5
皇后	>22.0		19.0～21.9		19.0～21.9		15.5
圣诞玫瑰	>22.0		19.0～21.9		19.0～21.9		16.5
瑞必尔	>24.0		22.0～23.9		20.0～21.9		16.0
黑大粒	>24.0		22.0～23.9		20.0～21.9		14.5
绯红	>24.0		22.0～23.9	27.0～28.9	19.0～21.9	25.0～26.9	14.5
红宝石无核	>19.0	>29.0	17.5～18.9		16.0～17.4		16.0

引自胡若冰《红提、黑提葡萄优质栽培》，2000 年。

（二）果穗包装

包装是商品生产的最后环节，一切商品凡是需要分装的，需要通过包装增加商品外观，提高市场竞争能力，保护商品不变形、不挤压、不损坏，耐贮运，提高商品安全系数，防止污染等。

葡萄浆果极不耐挤压，不抗震，易失水，易污染，包装容器不宜过深、过大，应呈扁平形状，最好使用既能透气又能保水的带小孔无毒塑料保鲜袋或蜡纸盒先行小包装，然后根据运销的远近、品种的档次，选择外包装材料。包装容器应该清洁、无污染、无异味、无有害化学物质，内壁光滑、卫生，美观、重量轻、易于回收及处理等，容器要有通气孔，包装容器外面应注明商标、品名、等级、重量、产地、特定标志及包装日期。根据国内外市场的需求，选择如下合适的类型：

1. 产地市场 采用竹、木条箱，长 50cm、宽 33cm、高 30cm，内衬包装纸，每箱装葡萄约 20kg。

2. 国内市场 根据运输远近、市场档次、品种档次的不同，大致又可分成如下包装类型：

（1）远距离运输、高级商场、高档品种 一般采取透气、无毒、有保鲜剂的塑料薄膜或蜡纸先行每穗小包装，再装入小硬纸盒（分 1kg、2kg、2.5kg 装），然后装入具有气孔的 10kg 或 20kg 扁木板箱，规格分别为 50cm×30cm×15cm 和 50cm×40cm×25cm 或采用容量 5kg 的方形硬纸板箱（25cm×25cm×25cm），6kg 的扁硬纸板箱（46cm×31cm×12cm），内衬透气、无毒、有保鲜剂的塑料薄膜。

（2）运输较远、批发市场、中高档品种 一般采用内衬透气、无毒、有保鲜剂的塑料薄膜的竹、木箱或塑料周转箱，每箱装葡萄 20kg。

（3）运输较近、批发市场、中低档品种 一般选用硬纸板箱或竹、木条箱，内衬包装纸，容量 20～30kg。

3. 国际市场 大多采用硬纸板箱或钙素板箱，容量

5～10kg，内衬包装纸、放保鲜剂；或容量为1kg、2kg的手提式小包装盒，外包装为20～40kg的木板箱。

包装本身有兼容广告宣传的作用，包装上应印有精美的产品图像和注册商标，以及厂（场）商名称、地点、各种联系方式等。

三、果实贮藏保鲜

（一）影响葡萄贮藏保鲜质量的因素

影响葡萄贮藏保鲜质量的主要因素有以下几点：

1. 种类、品种间的差异

（1）种间差异　一般来说欧亚种葡萄的耐贮性较好，要求的贮藏湿度较低，而欧美杂交种整体耐贮性较差，要求的贮藏条件较严。美洲种及欧美杂交种葡萄果梗穗轴上的皮孔比欧亚种大且多，采后蒸发失水快，而且呼吸强度大，生理活性高，果刷短，易褐变、坏死而与果肉分离。此外，具有明显囊性的品种其周围维管束分布在肉囊之外，贮藏期间不利于从果肉内吸收水分，因此巨峰葡萄常温下裸放7d即变软皱皮脱粒。

（2）品种间的差异　同一种群不同品种之间耐贮性也有很大差别。中早熟品种成熟季节气温高，果实呼吸强度大，不利于贮藏。用于贮藏的葡萄大都是晚熟、极晚熟品种。影响晚熟品种耐贮性的主要因素是果肉质地、果皮厚度、果刷长短及穗梗特征。欧亚种果肉有脆肉和多汁两种类型。新玫瑰、瑞必尔、红地球等均属于脆肉型，这种类型的品种贮运后品质变化较小；酿酒品种及龙眼、玫瑰香、黑罕、白玫瑰香、和田红等属于多汁型品种，即使是很耐贮藏的品种如龙眼，贮藏之后果肉易变软，品质有所下降。

2. 栽培管理水平之间的差异

（1）树体负载量　用于贮藏保鲜的葡萄，应以含糖量达到17％为最低标准来控制产量，一般栽培条件下每667m^2不宜超过2 000kg。

（2）肥水管理　肥料的种类、使用量对葡萄贮藏性有显著影响。多施、偏施氮肥易造成新梢旺长、果园郁蔽，使葡萄上色差、糖度低，不耐贮藏。葡萄是喜钾果树，施钾肥有利于着色增糖。秋季多施有机肥，追肥用氮磷钾复合肥，有利于提高果品质量。钙对于延缓果实采后的生命活动、降低呼吸消耗有明显作用，因此采前对果实喷钙，如喷施 0.5%的硝酸钙，有利于增加耐贮性。采前半个月内灌水或降雨明显增加损耗率、缩短贮藏期。前期干旱、后期灌溉过多或多雨，会导致贮藏期裂果，所以要合理、均衡灌溉，尤其要注意转色期前的水分均衡，后期及时排涝、控制灌水。

有下列情况的葡萄不能入贮：高产但成熟不充分的葡萄；含糖量低于 15%、有软尖、水罐子病的葡萄；采前灌水或遇大雨后采收的葡萄；黑痘病、穗轴褐枯病、霜霉病及果实病害较重的葡萄园的葡萄；遭受霜冻、水涝、雹灾等自然灾害的葡萄。

（3）病虫害防治　葡萄园中的病虫害严重影响着果实的耐贮性。霜霉病危害严重的果园虽然在果穗上用肉眼看不见病菌，但菌丝已潜入果梗，在贮藏中易导致干梗脱粒。灰霉病已成为我国南方第一大果实病害，是一种严重的贮藏病害。带有白腐病、房枯病等果实病害的果穗在温度偏高的土窖中贮藏也会发病。因此，加强葡萄病虫害防治对于贮藏的葡萄特别重要。

（4）果穗管理与采收质量　采收时应选择松紧度适宜的紧凑果穗作为贮藏果实。过紧的果穗在贮藏中因果穗中心部位湿度大、温度高，易出现霉菌侵染所致“烂心”现象；过松的果穗，易出现失水干梗现象。因此，要求果粒及果穗大小均匀，上色均匀，充分成熟；凡穗形不整齐，果粒大小不均匀的果穗，不能作贮藏果。而且葡萄是浆果，轻微的翻动都能造成不易察觉的伤害，因此用于长期贮藏的品种采摘时最好不要倒箱，而将合格的果穗小心剪下后直接放入包装箱内，最好放在 PVC 保鲜袋内。

3. 贮藏葡萄的环境因素

（1）温度　是影响贮藏性最重要的因素。欧美杂交品种比欧亚种耐低温，可在－1℃±0.5℃条件下贮藏；欧亚种晚熟、极晚熟品种采收时温度低，可在－0.5℃±0.5℃条件下贮藏；中早熟品种、果梗脆嫩、皮薄及含糖量偏低的品种，以及南方或温室的葡萄耐低温能力稍弱，宜在0℃±0.5℃贮藏。保持低而稳定的温度是贮藏好葡萄的关键技术之一。

（2）湿度　保持贮藏环境较高的湿度是防止葡萄干缩、脱粒的关键。欧亚种葡萄要求贮藏库和塑料袋内的相对湿度不低于85%，以90%～95%为宜；欧美杂交种贮藏湿度要95%以上，最佳95%～98%，以不出现袋内结露为止。

（3）气体　随着气调贮藏在苹果等水果上的广泛应用，葡萄气调贮藏也越来越受到重视。降低贮藏空间的氧气含量，提高二氧化碳浓度，能明显抑制果实的呼吸作用以及霉菌活性，延长贮藏。适宜的二氧化碳浓度为3%～10%，氧气浓度为2%～5%。应用PVC气调袋可达到此效果。

（二）冷库贮藏

鲜食葡萄采用冷库贮藏是目前广泛应用的方法之一。选择的贮藏条件适宜，可以获得理想的贮藏效果，因为冷藏库内的温度、湿度可以满足不同果实的要求，再加上其他技术的应用，使鲜食葡萄的供应期越来越长，几乎可达到周年供应。葡萄在低温下，其生理活性受到抵制，物质消耗少，贮藏寿命可以得到延长。

1. 冷库贮藏原理　冷库指的是在有良好隔热效能的库房中，装置制冷设备，可人为控制贮藏温、湿度，它不受气候条件的限制，可以周年进行贮藏。机械制冷是利用沸点很低的液态制冷剂，在低压下蒸发而变成气体，在气化时吸收贮藏库内的热量，从而达到降低库温的目的。常用的制冷剂有氨、一氯甲烷、氟利昂等。

2. 冷库的建设　冷库应由设计院专门设计施工，在设计和施工中应注意以下问题：

（1）库址选择　在交通方便、地下水位低、雨季排水容易、具有电源且可增容的地方建库。

（2）建筑材料　库房的隔热效能非常重要，冷库的墙壁、地面、天棚等，都必须具有良好的隔热效果，以维持适宜低温和减少能源（电能）消耗。所以，在建筑材料中，应尽量选择热阻大、质量坚、体积轻、不霉烂、无异味、无毒性、价格廉的材料。

（3）库门建造　要求质轻、热阻大、密封好。

（4）排气设备　安装排气管道和排气窗。

（5）库房容积与制冷量　库房容积应与冷冻机的制冷能力相适应。一般具有良好隔热效果的冷库，有效库容为45%左右。

3. 冷库的管理

（1）灭菌防病　浆果入库前库房要消毒灭菌，入库后要放保鲜片灭菌。

（2）温度的控制　浆果初入库时，库温4～5℃进行预冷，然后逐渐降至0℃，以后保持在－1℃～2℃，通过制冷量来调整。

（3）湿度的控制　冷库贮藏葡萄的空气相对湿度为90%～95%，在库内置放干湿度计自动记录湿度，当湿度不足时应在地面洒水补湿。

（4）气体的控制　浆果初入库，呼吸作用强烈，产生二氧化碳和乙烯等气体较多，需在夜间打开气窗及时排除。待库温稳定在－1～2℃时，可适当降低氧气和提高二氧化碳的浓度，以削弱果实呼吸作用，减少葡萄养分内耗，保持品质，延缓衰老，延长保鲜贮藏期。

（5）果实出库　从冷库取出的果实，遇高温后果面立即凝结水珠，果皮颜色发暗，果肉硬度迅速下降，极易变质腐烂，因此，当库内外温差较大时，出库的果实应先移至缓冲间，在稍高温度下锻炼一段时间，并逐渐升高果温后再出库，以防果实变质。

（三）气调贮藏

气调贮藏是目前世界上较为流行和先进的果蔬贮藏方法。是在密闭条件下通过调整气体中各成分的比例，达到较理想的贮藏效果。因为当浆果在最适的温度和相对湿度下，降低氧的含量，升高二氧化碳的浓度会延长葡萄的贮藏寿命。一般在库房中可分设不同体积的冷库间，或利用塑料薄膜帐（袋）封闭进行气调。可根据适当降低贮藏场所空气中的氧浓度和适当提高二氧化碳浓度，抑制果实呼吸强度，从而延缓果实衰老过程，以达到延长葡萄贮藏期的目的。

适宜葡萄贮藏的气体成分比是，二氧化碳为3%，氧气为3%～5%，但不同的葡萄品种所需的气体成分比会有所不同。采收后的葡萄果穗在装入木制标准箱后在温度为0℃、相对湿度90%的冷藏库，在气调贮藏下一般贮藏6～7个月基本完好。在气调贮藏中，导致葡萄病烂的霉菌孢子的平均数比在普通大气中贮藏明显降低，提高CO_2的浓度，抑制了霉菌的繁殖，低温、高湿加气调是葡萄贮藏的最佳方案。

(四) 其他贮藏方法

北方葡萄栽培老产区，有许多简易贮藏方法，介绍如下：

1. 塑料袋小包装低温贮藏保鲜法　我国庭院栽培的葡萄较多，选择充分成熟而无病、无伤的葡萄果穗立即装入宽30cm、长10cm、厚0.05cm无毒塑料袋中（或用大食品袋），每袋装2～2.5kg，扎严袋口，轻轻放在底上垫有碎纸或泡沫塑料的硬纸箱或浅篓中，每箱只放1层装满葡萄的小袋。然后将木箱移入0～5℃的暖屋或楼房北屋，或菜窖中，室温或窖温以控制在0～3℃为好。发现袋内有发霉的果粒，立即打开包装袋，提起葡萄穗轴，剪除发霉的果粒。要在近期食用，不能长期贮藏。

2. 葡萄沟藏保鲜法　在气候冷凉的北方省份，选用晚熟耐贮藏葡萄品种，果实充分成熟时采收，将整理完的葡萄果穗放入垫有瓦楞纸或塑料泡沫的箱或浅篓中，每箱20～25kg，放2～3层果穗即可。先将装好的果箱或果篓放在通风背阴处预冷10d左右，降低果温和呼吸热，以便贮藏。

选择地势稍高而干燥的地方挖沟，沟南北向，宽100cm、深100～120cm，沟长按葡萄贮量而定。沟底铺5～10cm的净河沙，将预冷过的葡萄果穗，集中排放于沟底细沙上，一般摆放2～3层，越紧越好，以不挤坏果粒为原则。约在“霜降”后，昼夜温差大时入沟，沟顶上架木杆，其上白天盖草席，夜晚揭开。在沟温3～5℃时，使沟内湿度达80%左右。白天沟温在1～2℃时，昼夜盖草席。白天沟温降至0℃时，贮藏沟上要盖草栅保温防冻。总之沟里温度要控制在0～3℃，湿度在85%左右为宜。

3. 葡萄窖藏保鲜法　山西、河北、新疆、辽宁等地区群众创造了许多经验，均收到了较好的效果。例如辽宁锦州市太和种畜场设计的永久性地下式通风贮藏窖，颇为经济实用。窖长5m、宽2.2m、深2.2m，窖的四壁用石头或砖砌成，不勾缝，以增加窖内湿度，窖顶用钢筋混凝土槽型板，其上覆土80～100cm，以利保温隔热。窖内左右设立两排水泥柱，既作为水泥板顶柱，又为挂藏葡萄的骨干架。窖中间留60cm宽通道，水泥柱上设6层横杆，每层间隔30cm左右，在横杆上拉5道8号铅丝，5m长的铅丝可吊挂50kg葡萄，全窖可贮3 000kg葡萄。窖的四角各设1个25cm见方的进气孔，一直通到窖底20cm深的通风道。窖门设在顶盖的中央，60cm见方，除供人出入用外，还用作排气孔道。葡萄采收时穗梗上剪留一段5～8cm的枝段，以便挂果穗之用。在10月中旬入窖，立即用二氧化硫燃烧熏蒸60min，$4g/m^3$硫黄粉，以后每隔10d熏蒸1次，每次熏30～60min。1个月后，待窖温降至0℃左右时，要每隔1个月熏1次，窖内相对湿度保持在90%～92%。用此法贮藏龙眼葡萄，可以保鲜到次年4～5月，穗梗不枯萎，果粒不霉粒，风味基本正常，果实损耗率为2%～4%，贮藏效果良好。

永久性地下式通风窖，结构简单，经济耐用，管理方便。温度调节主要通过通气孔的开关进行，温度高时白天将通气孔都关闭，晚上打开降温，湿度大时利用通风降低湿度，如湿度不足90%左右时，可在地上喷水调节。此种方法适于庭院贮藏葡萄，管理方便，经济效益较高。

附录

附录Ⅰ　湖南澧县避雨栽培欧亚种葡萄病虫害防治规范

时间		措施	备注
发芽前		5波美度石硫合剂	绒毛期使用，使用越晚防治效果越好，但注意不要伤害幼芽和幼叶
发芽后至开花前	2～3叶	80%水胆矾石膏800倍液	一般使用2次杀菌剂，1次杀虫剂
	花序分离	50%保倍福美双1 500倍液＋（40%嘧霉胺1 000倍液）＋21%保倍硼2 000倍液	
	开花前	20%苯醚甲环唑3 000倍液＋50%啶酰菌胺1 200倍液＋锌钙氨基酸400倍液	
谢花后至套袋前	谢花后2～3d	40%嘧霉胺1 000倍液＋锌钙氨基酸300倍液（＋杀虫剂）	根据套袋时间，使用2～3次药剂，套袋前处理果穗（蘸果穗或喷果穗）；处理果穗药剂＋展着剂
	8～10d	20%苯醚甲环唑3 000～4 000倍液＋50%多菌灵·乙霉威600倍液＋钙锌氨基酸300倍液	
	套袋前1～3d	50%保倍3 000倍液＋97%抑霉唑4 000倍液（＋杀虫剂）	

（续）

时　间		措　施	备　注
套袋后至摘袋前	套袋后	（50%保倍福美双 1 500 倍液）＋（甲维盐）	对于上年生理落果较重的果园，可以另外施用磷钾氨基酸 300 倍液 3～6 次
	转色期	80%水胆矾石膏 600 倍液＋杀虫剂（如高效氯氢或联苯菊酯、菊马乳油、灭蝇胺等）	
采收期			不使用药剂
采收后至落叶		0～2 次药剂，以铜制剂为主	根据揭膜时间和天气确定

注：引自王忠跃，《中国葡萄病虫害与综合防控技术》，2009。

附录Ⅱ 湖南岳阳避雨栽培欧亚种葡萄病虫害防治规范

时间		措施	备注
发芽前		5波美度石硫合剂	茸毛期使用，使用越晚防治效果越好
发芽后至开花前	2～3叶期	80%水胆矾石膏800倍液＋杀虫剂	一般使用3次杀菌剂，1次杀虫剂
	花序分离	50%保倍福美双1 500倍液＋（40%嘧霉胺1 000倍液）＋21%保倍硼2 000倍液	
	开花前	20%苯醚甲环唑3 000倍液＋50%烟酰胺1 500倍液＋锌钙氨基酸400倍液	
谢花后至套袋前	谢花后2～3d	40%嘧霉胺1 000倍液＋锌钙氨基酸300倍液（＋杀虫剂）	根据套袋时间，使用2～3次药剂，套袋前处理果穗（蘸果穗或喷果穗）；处理果穗药剂＋展着剂
	谢花后8～10d	20%苯醚甲环唑3 000～4 000倍液＋锌钙氨基酸300倍液	
	套袋前1～3d	50%保倍3 000倍液＋97%抑霉唑4 000倍液（或50%烟酰胺1 000倍液）（＋杀虫剂）	
套袋后至摘袋前	套袋后	（50%保倍福美双1 500倍液）＋（甲维盐）	对于上年生理坐果较重的果园，可以另外施用磷钾氨基酸300倍液3～6次
	转色	80%水胆矾石膏600倍液＋杀虫剂（如高效氯氢或联苯菊酯、菊马乳油、灭蝇胺等）	

（续）

时　间		措　施	备　注
采收期			不使用药剂
采收后至落叶		0～2 次药剂，以铜制剂为主	根据揭膜时间和天气确定

注：引自王忠跃，《中国葡萄病虫害与综合防控技术》，2009。

图书在版编目（CIP）数据

南方葡萄优质高效栽培新技术集成/石雪晖，杨国顺，金燕主编．—北京：中国农业出版社，2014.8
（2015.12 重印）
（优质葡萄生产丛书）
ISBN 978-7-109-19361-1

Ⅰ.①南…　Ⅱ.①石…　②杨…　③金…　Ⅲ.①葡萄栽培　Ⅳ.①S663.1

中国版本图书馆 CIP 数据核字（2014）第 146662 号

中国农业出版社出版
（北京市朝阳区麦子店街 18 号楼）
（邮政编码 100125）
策划编辑　张　利

中国农业出版社印刷厂印刷　　新华书店北京发行所发行
2014 年 8 月第 1 版　　2015 年 12 月北京第 2 次印刷

开本：850mm×1168mm　1/32　　印张：10.25　　插页：1
字数：258 千字
定价：25.00 元